新疆塔里木河流域
生态保护与可持续管理

陈亚宁　主编

科学出版社

北　京

内 容 简 介

本书作者从服务于塔里木河流域综合治理的角度出发,结合对塔里木河流域主要生态问题的分析梳理,研究确定了塔里木河流域生态红线、生态敏感区、生态保护目标,分析计算了流域生态红线和生态敏感区保护范围内的天然植被生态需水量,系统论证了急需开展的重点生态工程,并针对性地就塔里木河流域水资源管理、生态水权、生态补偿机制和体制创新等方面提出了相应的建议与对策措施。

本书的读者对象为从事干旱区水资源管理及生态学、地理学、环境学与生态经济学研究的管理与科技人员,以及相关学科的高等院校师生。

图书在版编目(CIP)数据

新疆塔里木河流域生态保护与可持续管理/陈亚宁主编.—北京:科学出版社,2015.4
ISBN 978-7-03-043832-4

Ⅰ.①新… Ⅱ.①陈… Ⅲ.①塔里木河-流域-生态环境-需水量-研究②塔里木河-流域-生态环境-环境管理 Ⅳ.①X143②X321.245

中国版本图书馆 CIP 数据核字(2015)第 055317 号

责任编辑:李秀伟 白 雪 / 责任校对:郑金红
责任印制:肖 兴 / 封面设计:北京图阅盛世文化传媒有限公司

科学出版社出版
北京东黄城根北街 16 号
邮政编码:100717
http://www.sciencep.com

北京通州皇家印刷厂 印刷
科学出版社发行 各地新华书店经销

*

2015 年 4 月第 一 版 开本:720×1000 1/16
2015 年 4 月第一次印刷 印张:21 插页:8
字数:300 000
定价:128.00元
(如有印装质量问题,我社负责调换)

序

　　塔里木河流域地处中亚腹地,位于天山山脉和昆仑山山脉之间,东西长 1100km,南北宽 600km,全长 2179km,面积约 102 万 km^2,是中国第一大内陆河,世界第二大流动沙漠——塔克拉玛干沙漠位于其中部。塔里木河流域以其丰富的自然资源和脆弱的生态系统著称于世,严峻的荒漠化现实使得这一地区水资源开发利用中的生态与经济的矛盾日益突出,随着经济社会发展对水资源需求的增加,对生态的压力也不断加大,对生态保护的需求更为迫切,成为国家和社会各界关注的热点地区。深入研究塔里木河流域生态保护与可持续管理、准确诊断流域生态环境问题、科学定位生态保护重点和治理难点,对于从根本上解决塔里木河流域的生态问题、提高流域综合管理和可持续发展能力、促进流域经济社会可持续发展与生态安全具有重要意义。

　　塔里木河流域以山地、荒漠为主体,绿洲不足国土面积的 5%。绿洲是人类生存、生产和生活的载体。绿洲经济以农业为主体,绿洲农业是塔里木河流域的最基本发展模式,水资源的开发利用是以绿洲农业生产为核心的。长期以来,塔里木河流域水土资源利用格局已经形成,伴随着耕地增多和农业灌溉用水量的不断增加,农业用水比例高达 96% 以上,生态用水被强烈挤占。在塔里木河流域普遍存在着上游开发、下游断流,上游绿洲面积扩大、下游荒漠化加剧、生态风险加大的趋势。并且,伴随着全球气候变化,极端气候水文事件的频度和强度加剧、水文波动性加大,由气候变化带来的水资源不确定性和生态风险也进一步加剧。塔里木河流域水资源开发利用与生态安全的维护面临着严峻挑战,有诸多与水资源相关的科学问题需要回答。

　　《新疆塔里木河流域生态保护与可持续管理》一书汇集了陈亚宁研究员团队以及塔里木河流域管理局的 20 余位科研、管理、监测人员的长期工作积累和研究成果。该项成果以塔里木河流域的阿克苏河、叶尔羌河、和田河、开都-孔雀河、渭干-库车河、迪那河、喀什噶尔河、克里雅河、车尔臣河以及塔里木河干流,即"九源一干"为研究对象,对塔里木河流域目前主要的生态问题进行了诊断、梳理,对过去10年流域土地利用/覆被变化进行了解析,从塔里木河流域综合治理的角度,详细论证了塔里木河流域生态红线、生态保护目标、生态需水量、生态工程、保护对策以及流域生态水权、生态补偿机制等。结合对塔里木河流域生态安全的分析,提出塔里木河流域生态红线的保护目标为确保流域平原区天然植被不再退化和减少,生态红线的保护范围为 $477.71 \times 10^4 \mathrm{hm}^2$,生态需水量为 $87.93 \times 10^8 \mathrm{m}^3$,并结合对塔里木河流域生态需水的计算,提出了在塔里木河流域尽快实施"退耕、减地、还水"建议;同时,针对塔里木河流域的突出生态问题,提出了塔里木河流域近期三大生态保护与建设工程,即湖泊、湿地生态保护工程,荒漠河岸林保育修复工程,以及地下水监测与管理工程等。这一研究成果为塔里木河流域的生态用水配置、天然植被保护以及生态系统可持续管理提供了科学依据,也为塔里木河流域综合治理和南疆水利规划提供了重要科技支撑。

衷心希望通过该书的出版开启塔里木河流域科学研究的新篇章,促进科研人员与水行政管理者对流域综合治理的密切合作与交流,产、学、研、政结合,实现流域的生态安全和经济社会可持续发展。

2014 年 9 月 28 日

前　言

塔里木河流域地处新疆南部,北连天山,南依昆仑山,西接帕米尔高原,面积约 102 万 km²。塔里木河是我国最长的内陆河,也是世界著名的内陆河之一,以其鲜明的地域特色著称于世。流域内相对丰富的自然资源与极端脆弱的生态环境交织在一起,具有自然资源丰富和生态环境脆弱的双重特点,水资源开发过程中的生态与经济的矛盾十分突出,水资源短缺以及与此相联系的生态环境问题是制约塔里木河流域经济社会发展的关键要素。自 2000 年以来,国家实施了塔里木河流域近期综合治理工程,在流域"增水"、"节水"、"输水"等方面取得了显著成效,塔里木河下游垂死的大片胡杨得到拯救,"绿色走廊"得以保护,绿洲生产力大幅提升。然而,伴随着塔里木河流域近期综合治理工程的实施,流域内耕地面积不断增加,灌溉面积持续扩大,农业用水比例过高,生态环境需水被严重挤占,地下水位大幅下降,生态隐患与危机日益凸显,解决塔里木河流域生态问题任重道远。

在国家科技支撑计划课题"新疆干旱区典型荒漠生态系统综合整治技术开发"(2006BAC01A03)、"塔里木河下游退化生态系统恢复重建技术研发与示范"(2014BAC15B02)以及多个国家自然科学基金项目和塔里木河流域管理局"塔里木河流域生态需水量及重要生态工程研究"等项目的资助下,课题组在大量野外观测和数据采集分析的基础上,以塔里木河流域的"九源一干"(阿克苏河、叶尔羌河、和田河、开都-孔雀河、渭干-库车河、迪那河、喀什噶尔河、克里雅河、车尔臣河及塔里木河干流)为研究对象,从服务于塔里木河流域综合治理的角度出发,对塔里木河流域当前主要生态问题进行了系统诊断,从流域综合治理、生态保护的角度对生态红线、生态保护目标、生态需水、重点生态工程、生态水权、生态补偿和生态保护对策等方面进行了深入分析,形成了以下研究成果。

在流域生态红线与生态保护目标确定方面,综合考虑塔里木河流域天然荒漠植被在保障绿洲生态安全、绿洲城市文明以及区域生物多样性保育等方面的重要功能,依据天然植被分布格局和水分条件,确定了塔里木河流域生态红线、生态敏感区以及生态保护目标。

在流域生态需水量研究方面,分析了气候变化对生态需水的影响,确定了适宜生态水位,计算得出了塔里木河流域生态红线和生态敏感区保护范围内的天然植被生态需水量。

在流域重点生态工程建设方面,遵循生态重要性、保护紧迫性、物种稀缺性、实施可行性等原则,提出急需开展的重点生态工程有:湖泊、湿地生态保护工程,荒漠河岸林保育修复工程,以及地下水监测与管理工程等内容,并对上述三大重点生态工程具体实施地点、范围、目标、内容进行了分析阐述。

在流域生态保护对策与措施方面,针对性地就塔里木河流域水资源管理、生态水权、生态补偿机制和体制创新等方面提出了相应的建议和对策措施。

全书约 30 万字,分为 7 章。第一、第二章主要对流域生态问题和过去 10 年的土地利用变化进行了剖析;第三、第四章分析确立了塔里木河流域生态红线和生态保护目标,并计算了生态需水量;第五章研究提出了塔里木河流域重点生态工程;第六、第七章围绕流域水资源管理、生态保护、生态水权、生态补偿等内容进行了讨论。参与本项研究、讨论和编写的人员有:中国科学院新疆生态与地理研究所陈亚宁、郝兴明、黄湘、付爱红、杨玉海、朱成刚、李卫红、叶朝霞、陈亚鹏、汪洋、罗万云、陈海燕、张永雷;塔里木河流域管理局石泉、托乎提·艾合买提、吾买尔江·吾布力、陈跃滨、马玉琪、黄小宁、毛晓辉、何宇等。陈亚宁、石泉对全书进行了统稿。

本项研究得到了国家科技部、国家自然科学基金委员会、新疆科技厅、中国科学院新疆生态与地理研究所、塔里木河流域管理局等单位的大力支持,中国工程院院士王浩为本书写序,在此一并表示最诚挚的感谢!

作　者

2014 年 9 月 29 日

目　　录

彩图

第一章 塔里木河流域生态环境现状及问题分析

塔里木河流域深居中亚腹地,干旱少雨,多风沙天气,是我国生态环境最为脆弱的地区。塔里木河流域自然资源的相对丰富与生态环境的极端脆弱交织在一起,由于历史和自然的原因,经济发展相对滞后。在过去 60 年里,塔里木河流域的社会经济和人口都得到了迅速发展,各族人民的生活条件和生活水平得到了极大改善和提升,但同时,人类对水土资源的大规模开发利用,强烈改变了水资源的时空分布,改变了水-生态过程,导致流域内生态用水不断减少,生态问题日益突出。在自然和人为活动的共同作用下,塔里木河流域的生态问题日趋严重,已成为社会各界关注的热点地区。塔里木河流域生态维护和环境保护面临着前所未有的机遇和挑战。当前,塔里木河流域存在的主要问题有以下三个方面。

(1) 农业灌溉面积持续扩大,农业用水比例过高,严重挤占生态用水

塔里木河流域在过去 10 年间耕地面积增加了约 20%,由 2001 年的 $354.28 \times 10^4 \mathrm{hm}^2$ 扩大到 2010 年的 $422.92 \times 10^4 \mathrm{hm}^2$,其中 2005 年以来是增加最快的时期。比较塔里木河流域 1990-2000 年和 2001-2010 年这两个时段的耕地面积变化可以发现,塔里木河流域后 10 年耕地的动态度是前 10 年的 2.81 倍,说明 2001 年以后塔里木河流域耕地面积扩张迅速,土地开发强度有加大的趋势。

从区域分布看,近 10 年塔里木河流域的新增耕地主要分布在河流中下游及湖泊湿地周边。例如,阿克苏河主要是河道两岸灌溉面积增加迅速,增幅达 5%;叶尔羌河的新增耕地主要位于下游河道两侧;和田河流域的新增耕地集中分布在玉龙喀什河与喀拉喀什河中段河道两侧;渭干-库车河灌区 2010 年耕地面积比 2001 年增长约 36.60%,尤其是库车河南部地区耕地面积迅速扩大;开都-孔雀河流域耕地面积 2010

年增加到 $38.04 \times 10^4 hm^2$，增长了 31.10%，新增耕地分布在湖泊湿地周边和博斯腾湖出湖口河道两侧及普惠灌区；在塔里木河干流区，2001-2010 年耕地面积增加十分迅速，增幅达 80%，新增耕地主要分布在输水堤防外围以及恰拉水库下游。据统计，塔里木河流域 2001-2010 年新增耕地面积 $68.64 \times 10^4 hm^2$。

从用水结构看，塔里木河流域农业的用水量过高，用水比例过大（达 96% 以上），亟待改变用水结构，提高用水效益。据 2010 年度新疆塔里木河流域水资源公报，2010 年塔里木河流域水资源总量约为 $540.66 \times 10^8 m^3$，属丰水年。2010 年塔里木河全流域总引用水量为 $324.85 \times 10^8 m^3$，其中农业需水量为 $314.24 \times 10^8 m^3$，农业的用水比例为 96.73%，所占比例最大。万元国内生产总值（GDP）用水量高达 $4530.6 m^3$，远高于全疆当年平均水平的 $984.10 m^3$，相比于全国 $129 m^3$ 的平均水平更是高出 34 倍。灌溉面积的大幅增加不仅消耗了塔里木河流域综合治理节约出的水资源和新开发的地下水资源，而且还挤占了流域的生态用水，加剧了用水矛盾，致使生态用水难以得到保证，同时，大量开采地下水还导致地下水位大幅下降。塔里木河流域耕地面积的持续增长，过度占用了流域有限的水资源，已经大大超过了流域水资源承载力，生态用水的严重萎缩导致流域生态危机日益加剧。

由表 1.1 可以看出，叶尔羌河、和田河和开都-孔雀河农业用水量均呈增加态势，增加量分别为 $7.69 \times 10^8 m^3$、$8.11 \times 10^8 m^3$ 和 $3.30 \times 10^8 m^3$；而生态用水量均大幅减少，减少量分别为 $1.15 \times 10^8 m^3$、$2.13 \times 10^8 m^3$ 和 $0.74 \times 10^8 m^3$。地下水开采量呈显著增加态势。

表 1.1　塔里木河四源流用水结构　（单位：$\times 10^8 m^3$）

内容　　河流	地下水供应量		农业用水		生活用水		生态用水		总用水量	
	2007 年	2010 年	2007 年	2010 年	2007 年	2010 年	2007 年	2010 年	2007 年	2010 年
阿克苏河	4.31	7.05	98.93	97.50	0.53	0.60	0.44	1.16	101.27	100.24
叶尔羌河	10.82	20.95	107.27	114.96	0.92	0.78	1.49	0.34	110.96	116.81
和田河	3.31	3.74	36.62	44.73	0.39	0.40	3.11	0.98	40.47	46.40
开都-孔雀河	4.26	9.01	37.60	40.90	0.39	0.51	2.00	1.26	40.68	44.10

（2）水资源的过度开发加剧了生态与经济的矛盾，生态问题日趋突出，对流域经济社会可持续发展的潜在威胁日益加大

塔里木河流域资源性缺水严重，持续不断地开荒和扩大灌溉面积，打破了流域生态系统平衡，生态危机加剧。塔里木河流域耕地面积不断扩大、人工绿洲扩张的同时，林地、草地面积大幅减少，地下水位明显下降，天然植被衰败死亡，荒漠生态系统的稳定性下降、生态功能降低。

2000 年以来，塔里木河流域约有 256.71×10^4 hm² 林地转化为草地、耕地和裸地。例如，阿克苏河流域，林地面积减少了 46.20%，大部分转化为耕地和裸地；和田河中游 13.70% 的林地转化为耕地。林地向草地、耕地和裸地转化的同时，多被斑块状耕地所分裂，以防护林的形式呈带状或破碎化斑块状分布，这一变化趋势充分表明伴随着以农业水土开发为主的经济发展，流域内荒漠河岸林萎缩趋势日益加剧。值得一提的是，塔里木河干流中游河道输水堤防的修建，促进了向下游的输水和生态恢复，但同时也促进了堤防外围的垦荒。近 10 年来，塔里木河干流的林地每年以 1.0×10^4 hm² 速度减少，减少幅度达 47.65%；草地的减少幅度达 34.68%。

在塔里木河流域"九源一干"中，除阿克苏河和车尔臣河外，和田河、叶尔羌河、喀什噶尔河、渭干-库车河、迪那河、克里雅河以及开都-孔雀河下游的天然植被均处在干旱胁迫和退化状态。塔里木河下游在 2000-2013 年生态输水的影响下（2000 年开始向塔里木河下游输生态水），"绿色走廊"得到拯救和保护，沿河流两岸的生态恢复效应明显。然而，由于采取的是以沿自然河道下泄输水为主的方式，在输水过程中，河道两侧地下水和天然植被的最大响应范围也仅分别在 1000m 和 800m 左右（陈亚宁，2011），影响范围有限，生态恢复的范围也仅仅是沿河流呈一条线。也就是说，虽然塔里木河下游河道两岸胡杨等天然植被退化和衰败的态势得到了有效遏制，但是，塔里木河下游"绿色走廊"的维系和荒漠河岸林生态系统的保育工作还很艰巨，塔里木河下游生态退化的威胁仍然存在。

博斯腾湖作为开都河的尾闾和孔雀河的源流，是我国最大的内陆淡水湖，备受社会各界关注。在过去的 10 年，伴随着周边灌溉面积的

扩大和农业用水量的增加,入湖水量不断减少、水域面积缩小,水环境恶化、矿化度升高、水生态威胁加大。湖面水位和水域面积分别由 2002 年的 1049.39m 和 1300km^2,降至 2013 年的 1045.05m 和 880km^2,湖水矿化度由 2003 年的 1.17g/L 升至 2013 年的 1.5g/L。博斯腾湖的水环境、水生态及湿地生态安全问题日益突出(陈亚宁等,2013)。

不仅如此,2005 年以来,塔里木河流域地下水开采力度加大,造成地下水位大幅下降,生态隐忧加剧。例如,开都-孔雀河地下水可开采量 6.08×10^{8}m^3,2011 年实际提取 11.05×10^{8}m^3,2013 年达 13×10^{8}m^3,超出红线 113.8%,地下水位的大幅下降,对地表生态过程的影响十分强烈,使得一些耐旱性差的浅根系植物死亡,物种多样性减少。近些年,塔里木河流域天然植被的覆盖率总体呈现降低趋势。同时,研究表明,在过去的 10 年,由于塔里木河流域农业灌溉面积的不断扩大和农业用水量的不断增加,以及地下水的严重超采,塔里木河流域的陆地水储量变化呈明显递减趋势(Yang and Chen,2014),塔里木河流域的生态隐忧和潜在风险在日益加大。

(3) 流域生态水权管理体制缺失,地表水-地下水尚未实现联合调度利用,水资源实时化监控网络不健全

流域生态水权管理体制缺失,生态用水难以得到保障。生态水权就是分配给生态环境使用水资源的权利。以塔里木河流域为主体的我国西北干旱区生态环境对水的依赖性很强,由于灌溉面积的不断扩大,流域农业用水量大幅增长,严重挤占了生态用水,从而导致了一系列生态与环境问题。我们实施的应急生态输水是对生态严重受损地区生态用水亏欠的补偿。目前,流域生态水权管理体制的缺失,使得这类补水用的是谁的水权、补水责任的主体应当是谁都并不十分清楚,从而导致补水难以持续、生态用水难以得到保障。在我国现行的水资源管理体制下,政府必须承担生态水权代言人的责任,并将生态水权以法律的形式确定下来,将生态水权制度纳入水资源管理体制,实现流域水资源合理配置和生态系统的可持续管理。

流域地表水、地下水无法联合调度利用,流域综合管理能力亟待提升。塔里木河流域地跨南疆 5 个地(州)的 42 个县(市)和 4 个兵团师的 55 个团场,国民经济与生态系统之间、地区间和部门间用水矛盾尖锐,近年来塔里木河地表水资源基本实现了统一调度管理,但是地表水、地下水统一管理和联合调度机制缺失。地下水的开发利用处在各地州、兵团及水管部门多头管理状态,未能真正实现流域水资源的统一管理,从而导致出现无序开发利用地下水资源的现象,造成流域内地下水过度开采,2007 年与 2010 年相比,阿克苏河、叶尔羌河和开都-孔雀河流域地下水机井数量大幅增加,有些灌区已超过 8000 眼。地下水的不合理开发,一方面导致地下水位大幅下降,部分地区出现"掉泵"现象,对农业生产的负面影响已经凸显;另一方面,有些地下水开采井布置在河道、湖泊附近,地下水的超量开采加大了对河道地表水的袭夺。在博斯腾湖湖周超采地下水,导致博斯腾湖湖水下渗损失量不断增加,正常的湖水位难以维系。湖周湿地面积萎缩,生态功能下降,天然植被大面积死亡,生态退化和沙漠化过程加剧。

地表水、地下水动态监控能力不足,流域水资源调度管理和监控能力有待提高。对主要河流和灌区的水文水情信息数据的实时化、网络化监控能力亟待提升。塔里木河流域现有国家及专用水文站 55 处,其中四源流地区共有水文站 24 处,塔里木河干流水文站 5 处,分属于新疆维吾尔自治区水文水资源局下属的和田、喀什、阿克苏与巴州 4 个水文水资源局,以及塔里木河流域管理局、兵团农一师和农二师 4 个系统。各级水文站的多头管理、运行导致各水文站运行链接不畅,使得水资源信息数据无法实现实时监控,统一分析。同时,地表水、地下水实时供水水情信息的监控能力不足,难以准确反映水情信息和指导地表水、地下水的合理开采与联合利用;各水文站管理标准不一,导致水文与环境监测项目指标不统一,具体表现在观测项目接口不一致,指标不统一,资料整理、审查与汇编过程中操作标准不规范,导致资料的可靠性、规范性较差,使得信息数据无法实现共享和交流,更无法为实时化、网络化监控服务。缺乏水量调度控制节点的动态、信息化数据,水力监测计量、信息化管理基本上仅限于水文监测,缺乏对供水、用水、排水、水质、地下水、生态、经济等全方位、全过程的监测,对已建立的重要生态闸口过水量监测与评估薄弱。

第一节　流域生态环境现状

塔里木河流域地处新疆南部,地势西高东低,北依天山,南连昆仑山,西接帕米尔高原,盆地的水资源全部来自山区,由高山区的冰川积雪融水、中山森林带的降水和低山区的基岩裂隙水构成,不同区域由于自然条件的差异,水资源及生态环境状况也有所不同。下面分别就塔里木河流域的阿克苏河、叶尔羌河、和田河、开都-孔雀河、迪那河、渭干-库车河、喀什噶尔河、克里雅河、车尔臣河及塔里木河干流,即"九源一干"的自然条件及社会经济梗概做一介绍。

一、阿克苏河流域生态环境现状

(一) 自然地理概况

阿克苏河流域位于天山中段西部南麓地区,塔里木盆地北缘,范围介于 $76°28'E$-$81°40'E$、$40°04'N$-$42°13'N$ 之间,流域面积约 $6.31×10^4 km^2$,其中境内面积 $4.28×10^4 km^2$,地势从北向南、从西向东逐渐降低,受地形影响,山地垂直地貌分带明显。海拔 4000m 以上为极高山带,分布着众多的大型山谷冰川;海拔 3000-4000m 为高山带,第四纪冰川遗迹普遍分布,冰缘地貌如倒石堆、岩崩体、泥流等分布甚广;海拔 2300-3000m 为中山带,分布高度基本上与森林带上下限一致,降水较多,河床纵坡降很大,地表为森林-草原景观;海拔 1300-2300m 为低山丘陵带,山地光秃,岩石裸露,多为荒漠景观,河谷中河流侵蚀与堆积阶地普遍存在;海拔 1300m 以下为山前平原,流域内的绿洲、沙漠均分布在这一带,同时也是受人类活动影响最为深刻的区域。流域内生态系统由山地、绿洲、荒漠三部分组成。山地是径流的形成区,涵养水源,提供水源;绿洲是生物和人类活动的聚居地;荒漠是水资源散失区,这三部分由水资源这条主线控制,是一个有自调节和自组织功能的综合生态系统。流域内生物资源种类繁多、品种独特、特性优良,开发潜力较大。有国家一级保护动物 11 种,二级保护动物 28 种;国家和自治区野生珍贵林木多达 16 种。

(二)气候概况

阿克苏河流域地处欧亚大陆腹地,气候干燥少雨,是典型的大陆性气候。流域地势西北高、东南低,水汽主要来源于纬向西风环流带来的大西洋气流,气流经里海北部和中亚进入新疆,造成流域内中、高山地带降水较多,而低海拔地区则降水稀少、蒸发强烈、干燥多风。降水量时空分布极不均匀,主要集中在山区,东部多、西部少,垂直地带性规律显著,在海拔 7435m 的托木尔峰和海拔 6995m 的汗腾格里峰附近高山的年降水量为 900mm 以上,海拔 1000m 左右的地区年降水量仅 50m 左右。季节变化较大,夏季降水量大,占年降水量的 70% 左右。流域多年平均气温为 9.20-11.50℃,多年平均降水量为 64mm,多年平均蒸发量为 1890mm,年极端最高气温 40.20℃,年极端最低气温为 -27.60℃,多年平均日照时数为 2850h。

(三)水资源概况

阿克苏河是新疆三大国际性河流之一,是天山南坡径流量最大的河流,其上游两大干流均发源于吉尔吉斯斯坦国内,北干流为库玛拉克河,发源于汗腾格里峰,集水面积约 $1.28 \times 10^4 km^2$,从河源至两河汇合处全长 293km;西干流为托什干河,发源于阿特巴什山脉,集水面积约 $1.84 \times 10^4 km^2$,河源至汇合口处长 457km(表 1.2)。两大源流入境后,流经柯尔克孜及阿克苏两地州的阿合奇、乌什、温宿、阿克苏、阿瓦提等五县市。两大干流在温宿县附近喀拉都维汇合后称为阿克苏河,流至艾里西处又分东西两支:新大河、老大河,新大河、老大河在阿瓦提以下重新汇合,在肖夹克处汇入塔里木河,从两大干流汇合处到肖夹克长约 132km。除了两大源流外,流域内还有台兰河、喀拉玉尔滚河和柯克亚河等小的支流汇入。

表 1.2 阿克苏河流域水系组成与流域面积统计

（单位：km^2）

流（区）域名称		流域面积		
水系	河流	国内	国外	小计
阿克苏河（7 条）	托什干河（支流）	16 846	20 300	43 121
	库玛拉克河（支流）	5 975		
	阿克苏河干流	13 220	—	13 220
	台兰河	3 871	—	3 871
	喀拉玉尔滚河	1 329	—	1 329
	柯克亚河	488		488
	2 条小河	1 071	—	1 071
	小计	42 800	20 300	63 100

阿克苏河主要由山地降水和冰雪融水及基岩裂隙水补给,水量非常丰富,径流的补给随流域海拔、自然条件和降水形式的不同而不同,表现为高山地带以冰雪融水补给为主,中低山地带除了有雨水和高山冰雪融水的补给外,还有少量季节积雪融水的补给和基岩裂隙水的多种混合补给,如库玛拉克河由西北向东南奔流进入温宿山间盆地,河川径流以高山冰川融水补给为主,约占 70%,降水仅占 30%。山区是阿克苏河的产流区,出山口以上山区的降水量大,引水量少,河网密度大,是径流形成区。平原和盆地是径流散失区,河流出山后流经冲积扇和冲积平原引入灌区,消耗于灌溉、渗漏和蒸发。阿克苏河地表径流被引入绿洲灌区后的剩余水量直接从河道经塔里木拦河闸和巴吾托拉克闸泄入塔里木河干流,多年平均下泄水量为 $29.71 \times 10^8 m^3$。阿克苏河年径流量主要来自山区的两大干流:托什干河和库玛拉克河,1957-2010 年托什干河出山口沙里桂兰克水文站实测多年平均径流量为 $28.07 \times 10^8 m^3$,径流量变差系数为 0.19;库玛拉克河出山口协合拉水文站多年平均径流量为 $48.01 \times 10^8 m^3$,变差系数为 0.17,两河合计多年平均径流量为 $76.08 \times 10^8 m^3$,若加上台兰河等小支流,阿克苏河流域近50 年平均径流量为 $84.60 \times 10^8 m^3$。除了丰富的地表水资源外,阿克苏河流域还有约 $63.52 \times 10^8 m^3$ 的地下水资源量(据 2010 年新疆水资源公

报）。

阿克苏河上游高山上有丰富的现代冰川,据《中国冰川目录》等统计,共有冰川1298条,冰川面积4098km²,储水量2154×10⁸m³。冰川是高山固体水库,夏季气温上升,冰雪融化补给河流水量。干暖年份,虽然降水减少,但气温升高,冰川消融量增大,弥补降水量之不足;而在冷湿年份,冰川消融量因低温减少,但降水量增加,补给河流水量变化不大,径流量年际变化稳定,所以阿克苏河年径流变差系数相对较低。但是,阿克苏河流域径流年内分配具有明显的季节性分配不均的特点,春季(3-5月)占年径流量的7.02%-9.90%;夏季(6-8月)则占年径流量的58.70%-68.60%,7月径流量最大,2月径流量最小,具有春旱、夏洪、秋少、冬枯的特点。

（四）社会经济概况

阿克苏河流域国内部分主要辖克孜勒苏柯尔克孜自治州的阿合奇县,阿克苏地区的柯坪县、乌什县、温宿县、阿瓦提县、阿克苏市及阿拉尔市部分地区,2010年人口约133.18×10⁴人,其中少数民族占75%左右,耕地37.23×10⁴hm²,灌溉总面积54.17×10⁴hm²,是一个农牧业结合、以农为主的地区,是全国重要的优质商品棉生产基地、自治区重要的粮食生产基地、自治区最大的绒山羊基地,也是新疆薄皮核桃、红枣和香梨等优质特色果品的主产区,素有"塞外江南"、"鱼米之乡"之美誉。阿克苏河两岸孕育着片片绿洲,较大而集中的有乌什谷地、阿克苏三角洲、阿拉尔—幸福城等绿洲,它们多是新疆的粮棉基地,在新疆国民经济中占有重要地位。

二、叶尔羌河流域生态环境现状

（一）自然地理概况

叶尔羌河流域(74°28′E-80°53′E、35°27′N-40°31′N)位于新疆维吾尔自治区的西南部,塔里木盆地的西南面。流域东靠塔克拉玛干沙漠,西接布古里、托格拉克沙漠,南以喀喇昆仑山为屏障,北与天山南麓余脉相毗邻。流域总面积8.73×10⁴km²。其中山区面积5.84×10⁴km²,

平原区面积 $2.89×10^4 km^2$。流域灌区总面积为 $50.23×10^4 hm^2$，呈带状分布，宽 40-80km，长 400km。

叶尔羌河流域地形由南向北倾斜，南高北低，干流叶尔羌河河谷狭窄，水流湍急，沟壑遍布。流域是由叶尔羌河干流、塔什库尔干河、提孜那甫河、上游克勒青河及众多小的支流形成的一个不规则的扇状水系。流域按照海拔大体可分为三级：一级为西南部和南部高原山区，雄伟的喀喇昆仑山横贯该区，山势巍峨，高峰林立，平均海拔 5000-6000m，世界第二高峰海拔 8611m 的乔戈里峰就坐落在南部边缘。二级为昆仑山山丘区，地势由南向东北倾斜延伸，海拔逐渐减至 1500-3000m。位于沙漠盆地边缘的冲积平原为三级，其东部为沙漠、荒漠区，海拔在 1100-1500m。流域山区海拔 5000m 以上地区山势陡峻，岩石裸露。海拔 5000m 以下地区沟壑发育，河道纵横，平原区除沿河一线的绿洲外，均为戈壁沙漠。全流域除灌溉绿洲、沿河分布的野生林木和为数不多的高山天然林场、草场外，其余均为荒山、荒漠，植被非常稀少。海拔 5000m 以上的高山区长年积雪，山势高挺雄厚，为现代冰川的形成和发育创造了条件。

（二）气候概况

叶尔羌河流域呈典型的干旱大陆性气候，气温年内变化较大，日较差大，空气干燥，日照长，蒸发强烈，降水量小。从山区至盆地的气温，高山区最低，多年平均在 0℃ 以下，终年积雪；中山区气温略有升高，多年平均 5℃ 以下；低山区多年平均气温 8-10℃；至山前平原区，多年平均气温是 11-12℃，沙漠区多年平均气温在 12℃ 以上。从不同时段分析，区内年际变差在 2℃ 以内，但气温的年内变化和日变化较大，一般春季升温和秋季降温较快，昼夜温差大，尤以沙漠区气温变化最为显著。区内降水量山区多、平原少。平原区降水量 40-63mm，中低山区 100-150mm，低于新疆的年平均 160mm 的降水量，海拔 3500m 以上的高山区则达到 250mm，降水量主要集中于 6-8 月。流域内蒸发强烈，平原区为 2281mm，低山丘陵区达 3500mm。

（三）水资源概况

叶尔羌河是塔里木河的主要源流之一,发源于克什米尔北部喀喇昆仑山的乔戈里峰,由西南流向东北,叶尔羌河由主流克勒青河和支流塔什库尔干河汇合而成。水系内还有提孜那甫河、柯克亚河和乌鲁克河 3 条支流,提孜那甫河发源于昆仑山北麓加尔勒克塔山赛力亚克达坂和阳盖达坂;柯克亚河是由柯克亚河和阿其克河两条小支流汇集而成,发源于赛女西山赛女西达坂,在喀(什)和(田)公路桥上游与乌鲁克河相会,其后散失于荒漠之中;乌鲁克河发源于昆仑山的太坎冰川,主要支流有拜客力克、托兹拉克、席特鲁牙依拉克等支流。叶尔羌河全长 1165km,在出平原灌区后,流经 200km 的沙漠段后汇入塔里木河干流。

叶尔羌河流域地表水资源主要来源于冰雪融水补给,产流区主要在山区,平原区降水量仅为 50mm 左右,不产流。叶尔羌河流域冰川覆盖率占集水面积的 10.50%,冰川总储量 84.50km^3,其中以喀喇昆仑山区冰川覆盖面积最大。流域径流主要依靠高山冰雪融水补给,约占径流总补给量的 77.40%,径流量年内分配极不均匀,6-8 月约占径流总来水量的 70%。根据新疆牧区水利规划设计所和新疆喀什水文水资源勘测局《新疆叶尔羌河流域地表水资源评价》,叶尔羌河流域水资源总量为 75.798×10^{8}m^3,其中地表水资源量为 74.29×10^{8}m^3。其中叶尔羌河为 63.34×10^8 m^3、提孜那甫河为 8.58×10^8 m^3、乌鲁克河为 1.59×10^{8}m^3、柯克亚河为 0.78×10^{8}m^3。流域 2010 年地下水可开采量为 14.41×10^{8}m^3。

水资源具有以下特点。

1) 水资源地域分布极不均匀。高、中山区降水量丰沛,是冰雪融水补给河流径流的主要补给区,叶尔羌河干流库鲁克栏干站以上流域的多年平均径流深为 155mm,下坂地水库坝址以上流域的多年径流深为 114mm;低山丘陵区降水量明显减小,蒸发、渗漏量相继增大,产流量很少,径流随集水面积的增大增加不多;叶尔羌河下坂地-卡群-库鲁克栏干区间的多年平均径流深仅为 46mm;平原区降水稀少,蒸发极大,河川径流大部分渗入地下,只有降暴雨时才产流,径流量随集水面积的增大增加不多,甚至略有减少。

2)水资源的年际变化不大,年内分配极不均匀。据叶尔羌河卡群站实测资料统计,多年平均径流量 $65.27 \times 10^8 \, m^3$,最大年径流量为 $94.0 \times 10^8 \, m^3$,最小年径流量为 $44.7 \times 10^8 \, m^3$;汛期 6-9 月径流量占年径流量的 79.70%,枯水期 11 月至次年 4 月的径流量仅占全年径流量的 12.90%。

3)河流的含沙量小,水质良好。叶尔羌河多年平均含沙量为 $4.30 kg/m^3$,最大日含沙量 $17.40 kg/m^3$,上游无人类活动的影响,水质良好,矿化度较低。

叶尔羌河流域两条主要河流全长 1508km,设有 6 个水质监测断面,监控着 1104km 的河段。2006 年流域地表水水质评价河段中各项指标均达到地面水Ⅲ类水质标准以上(含Ⅲ类)的河段 5 处,占评价河段总数的 83.33%;水质优良的Ⅱ类河段 1 个,占本流域评价河段总数的 16.67%;水质Ⅴ类河段 1 个,占本流域评价河段总数的 16.67%,流域没有Ⅰ类、Ⅳ类河段。在各监测河段水质不同,卡群监测河长527km,水质为Ⅱ类;民生渠监测河长 182km,水质为Ⅲ类;四十八团渡口监测河长 48km,水质为Ⅲ类;艾里克塔木监测河长 93km,水质为Ⅴ类。在提孜那甫河,玉孜门勒克监测河长 186km,水质为Ⅲ类;红卫渠首监测河长 68km,水质为Ⅲ类(2006 年喀什地区水资源公报)。

(四)社会经济概况

叶尔羌河流域灌区行政区划上包括喀什地区的叶城县、莎车县、泽普县、麦盖提县、巴楚县及岳普湖县的两个乡,塔什库尔干塔吉克自治县的阿巴提镇,新疆生产建设兵团农三师前进水库垦区、小海子水库垦区等共 12 个团场,公安司法系统两个劳改农场和新疆军区麦盖提基地等县级以上用水单位共 24 个。叶尔羌河流域 2010 年总人口约 212.2×10^4 人,其中城镇人口有 46.35×10^4 人,城镇化率为 21.84%,农村人口所占比例为 78.16%。流域有汉族、维吾尔族、塔吉克族、柯尔克孜族、回族、乌孜别克族、蒙古族等 12 个民族,其中少数民族占 72.10%,维吾尔族占

70.20%,是一个以维吾尔族为主体的少数民族聚居地区。

流域社会经济发展水平与新疆平均水平相比仍较低,产业结构不尽合理,属于新疆区域性落后和贫困地区。流域 2010 年耕地面积为 549.1×10⁴ 亩①,占灌溉总面积的 72.9%,其中灌溉林果面积 184.3×10⁴ 亩。占灌溉总面积的 24.5%。2010 年流域生产总值为 166.35×10⁸ 元,其中第一产业生产总值为 81.11×10⁸ 元,第二产业生产总值为 38.16×10⁸ 元,第三产业生产总值 47.08×10⁸ 元,人均 GDP 为 7840 元。

三、和田河流域生态环境现状

(一) 自然地理概况

和田河流域位于塔克拉玛干沙漠南缘、昆仑山的北麓、塔里木盆地的西部,地理位置介于 77°25′E-81°43′E,34°28′N-40°28′N 之间,流域土地总面积 6.24×10⁴ km²,东邻克里雅河流域,南以昆仑山和喀喇昆仑山与西藏和克什米尔为界,西与叶尔羌河流域接壤,北入塔里木盆地腹地。和田河是昆仑山北坡的第二大河流。它由南向北流入塔里木盆地,穿越塔克拉玛干沙漠,最后汇入塔里木河干流。

(二) 气候概况

和田河流域地处欧亚大陆腹地,由于昆仑山和帕米尔高原的阻挡作用,印度洋的暖湿气流难以进入,形成了本流域极度干旱的暖温带大陆性气候,同时,和田河流域位于塔克拉玛干沙漠主风向的下风向,是新疆的极干旱区。流域气候特征是:降水稀少、蒸发强烈、空气干燥、光热资源充足、四季分明、昼夜温差大。冬季气候干燥寒冷;夏季难以受到湿润季风的影响,高温少雨,终年处于极端干旱的状态,是全国最干旱的地区之一,年均降水量 39.60mm,年均蒸发能力 2648.70mm,降水能力远远小于蒸发能力,干燥度大于 60。年均温度 12.2℃,热量条件可以保证作物一年两熟。全年日照时数 2661.70h,日照率 58%-65%,总

_____
① 1 亩≈666.67m²

辐射量 6822.46MJ/m²,无霜期 22d,最大冻土深度 0.70m。春季多风或浮尘天气,偶有沙尘暴,平均风速 2.10m/s,多年平均沙尘天气 32.90d,平均大风天数 11.50d,并集中出现在 4 月中旬至 6 月上旬,主要风向向西或西北,大风都伴有沙尘,破坏性较大。秋季降温较快,冬季雪少不严寒,1 月份平均温度－5.60℃,极端最低温度－24.60℃。和田河全年风沙日数为全疆之最,浮尘天气平均达 200d,4-6 月沙尘暴日频繁,平均 33d。风速 17m/s 以上的大风,年均 115 次,多东北风,部分地区还受东北、西北风交汇的影响。

（三）水资源概况

和田河水资源总量为 54.43×10⁸ m³,其中地表水资源量为 52.09×10⁸ m³,地下水资源量为 23.4×10⁸ m³,不重复地下水资源量为 2.34×10⁸ m³。和田河流域面积为 6.24×10⁴ km²,主要由以下 7 条水系组成(表 1.3)。

表 1.3　　和田河流域各水系面积情况　　　　（单位:km²）

河流	玉龙喀什河	喀拉喀什河	和田河干流	皮山河	桑株河	杜瓦河	小河
流域面积	14 575	19 983	14 772	6 507	5 033	665	855
合计	62 390						

和田河多年平均径流量达 44.8×10⁸ m³,变差系数为 0.21。该河上游包括玉龙喀什河和喀拉喀什河两大支流,玉龙喀什河径流量偏大,占 51% 以上。和田河上游高山区有冰川 3318 条,面积 5121.48km²,水资源储量 5664×10⁸ m³;降水量丰富,但以固体降水为主,为高山冰雪积累提供物质基础。玉龙喀什河年冰川融水量 14.8×10⁸ m³,占该河年径流量的 66.40%;喀拉喀什河为 10.0×10⁸ m³,占 46.60%。可见,和田河径流组成中,冰川融水的比例占首位,而且其径流量年际变化较平稳,但年内分配极不均匀,洪量集中,枯水期长。6-8 月份径流量占年径流量的 76% 左右,而 3-5 月仅为 7.80% 左右。高山区的冰川和积雪是该流域最主要的径流补给来源,决定了和田河径流量的特点是夏季高

度集中,春季来水不足,干流每年10月到来年5月处于干涸状态,只有6-9月才有流量。

和田河的两大支流,东源玉龙喀什河和西源喀拉喀什河,在阔什拉什附近汇合,和田河全长1100km,其中玉龙喀什河从源头至和田河汇合口约504km,喀拉喀什河从源头至和田河汇合口约808km,从和田河汇合口至肖塔站约292.80km。和田河山口以上为上游区,从阔什拉什到山口为中游,自汇合口阔什拉什到肖夹克为下游。

和田河流域目前设有10个水文站,在玉龙喀什河上有4个水文站:黑山站、同古孜洛克站、玉河渠首站、艾格利亚站;在喀拉喀什河上先后有5个水文站:托满站、喀河渠首站、乌鲁瓦提站、吐直鲁克站、赛拉图站(已撤);在和田河干流上有1个水文站:肖塔站,基本上控制了和田河各河段水量变化情况(表1.4)。几个节点断面分别为:上游水文站断面,即乌鲁瓦提站和同古孜洛克站;两河渠首断面,即喀河渠首站和玉河渠首站;下游两河专用站断面,即吐直鲁克站和艾格利亚站;两河汇合口断面以及下游肖塔水文站断面(表1.5)。

表1.4　和田河各水文站特征值

河名	站名	地理坐标		集水面积/km²
		东经	北纬	
玉龙喀什河	艾格利亚	80°56′	40°29′	16 946
	玉河渠首	80°26′	37°11′	14 696
	同古孜洛克	79°55′	36°49′	14 575
喀拉喀什河	托满	79°59′	36°26′	11 407
	乌鲁瓦提	79°26′	36°52′	19 983
	喀河渠首	80°33′	38°05′	21 497
	吐直鲁克	80°12′	37°05′	23 331
和田河	哈拉湾	80°35′	38°09′	42 083
	肖塔	80°54′	40°25′	48 938

表 1.5　　和田河上各节点断面之间相对河长关系（单位：km）

河名	玉龙喀什河		河名	喀拉喀什河	
	间距	累积河长		间距	累积河长
肖塔	0	0	肖塔	0	0
汇合口	292.80	292.80	汇合口	292.80	292.80
艾格利亚站	39.00	331.80	吐直鲁克站	63.70	356.50
玉河渠首站	128.10	459.90	喀河渠首站	102.00	458.80
同古孜洛克站	12.00	471.90	乌鲁瓦提站	57.00	515.50

（四）社会经济概况

和田河流域行政区域包括和田市、和田县、墨玉县、洛浦县、新疆生产建设兵团四十七团、皮山县及阿克苏地区的阿瓦提县一部分。截至 2010 年年底，和田河流域总人口 135.29×10^4 人，占全疆总人口的 6.2%。其中村镇人口 27.14×10^4 人，农村人口 108.15×10^4 人，农村人口占 79.9%。和田河流域以农业生产为主，农村人口所占比例是塔里木河"四源流"中最高的，该区域内县市全部列为国家贫困县，经济亟待发展。2010 年，国民生产总值 71.43×10^8 元，其中第一产业产值 22.46×10^8 元、第二产业产值 14.21×10^8 元、第三产业产值 34.76×10^8 元。灌溉面积 $20.3 \times 10^4 \mathrm{hm}^2$，其中耕地面积 $8.77 \times 10^4 \mathrm{hm}^2$，占总面积 43.2%；灌溉林果面积 $9.21 \times 10^4 \mathrm{hm}^2$，占总面积的 45.4%；灌溉草地面积 $2.32 \times 10^4 \mathrm{hm}^2$，占总面积比例的 11.4%。2010 年和田河流域种植业面积 $8.76 \times 10^4 \mathrm{hm}^2$、果园业面积 $6.08 \times 10^4 \mathrm{hm}^2$、林业面积 $3.14 \times 10^4 \mathrm{hm}^2$、牧业面积 $2.32 \times 10^4 \mathrm{hm}^2$。和田河流域以农业生产为主，主要种植有水稻、小麦、玉米、棉花、油料、蔬菜、瓜类等作物，其中粮食作物面积 $6.02 \times 10^4 \mathrm{hm}^2$、棉花面积 $1.16 \times 10^4 \mathrm{hm}^2$、蔬菜面积 $0.75 \times 10^4 \mathrm{hm}^2$（种植结构现状如表 1.6 所示）。

表 1.6　　和田河流域农业种植结构（单位：$\times 10^4 \mathrm{hm}^2$）

农作物正播面积	粮食作物				棉花	油料	蔬菜	瓜类	其他作物	复播面积	总播种面积
	小计	水稻	小麦	玉米							
8.77	6.02	0.39	5.40	0.23	1.16	0.19	0.75	0.27	8.77	6.02	0.39

四、开都-孔雀河流域生态环境现状

(一) 自然地理概况

开都-孔雀河流域(82°57′E-90°39′E、40°25′N-43°21′N)位于新疆维吾尔自治区巴音郭楞蒙古自治州(以下简称巴州)境内,地处塔里木盆地东北部、塔克拉玛干沙漠东北缘,由山区生态系统、绿洲生态系统、湖泊生态系统及荒漠生态系统等构成。该流域总面积 $7.7×10^4 km^2$,其中山区面积为 $3.47×10^4 km^2$,占流域面积的 45.06%;平原区面积为 $4.26×10^4 km^2$,占流域面积的 55.32%。该流域行政区包括巴州的焉耆县、和静县、和硕县、博湖县、库尔勒市、尉犁县(部分),流域内还有新疆生产建设兵团农二师 11 个团场、州直 4 个国有农场及该流域的石油工矿企业,养育着巴州约 $110×10^4$ 各族儿女,承担着 $587.41×10^4$ 亩(其中,地方灌溉面积 $478.71×10^4$ 亩,农二师灌溉面积 $108.7×10^4$ 亩)用水任务,国民生产总值占巴州全州的 80% 以上,是巴州国民经济发展、生态环境保护的重要区域(陈亚宁等,2013)。

(二) 气候概况

开都-孔雀河流域深居欧亚大陆腹地,远离海洋,属于典型的大陆性干旱气候。总的特点是干旱少雨、蒸发量大、昼夜温差大、日照时间长、光热资源丰富、四季分明、冬夏漫长、春秋短暂,并有春季升温快、秋季降温迅速、风沙较大等气候特征。位于开都河上游的巴音布鲁克气象站海拔为 2458m,多年平均气温为 -4.30℃,历年最高气温为 28.30℃,历年最低气温为 -48.10℃,日照时间为 2789.50h。平原区多年平均气温为 6-12℃,无霜冻期为 170-226d,多年平均湿度为 43%-57%。

平原区最高气温可达 40℃ 以上,最低气温 -30℃ 左右。湖区气候受平原区大气候控制,但也有其独特性,由于大水体的储温效应,昼夜温差和年较差较陆地小,局部风向风速也与陆地有所不同,平原区气温年较差远大于山区(陈亚宁等,2013)(表 1.7)。

表 1.7　开都-孔雀河流域气象站主要气象要素特征统计

站点	多年平均气温/℃	多年平均降水量/mm	多年平均蒸发量/mm	最高气温/℃	最低气温/℃	多年平均日照时间/h	多年平均相对湿度/%
巴音布鲁克	−4.30	278.00	680.60	28.30	−48.10	2789.50	70
和硕	8.70	87.90	1091.00	40.40	−31.60	3108.50	55
和静	9.00	64.40	1108.00	39.70	−30.00	2951.80	53
巴仑台	6.60	209.70	969.70	34.50	−26.40	2721.60	43
焉耆	8.30	75.00	1123.20	38.80	−35.20	3047.60	57
库尔勒	11.70	55.80	1427.50	40.00	−28.10	2884.90	46
尉犁	10.80	47.60	1381.20	42.20	−30.90	3058.20	48
铁干里克	11.00	34.30	1478.60	43.20	−27.50	3017.80	46

开都-孔雀河流域水汽主要来源于湿润的西风环流及北冰洋气流,受天山山脉的阻隔及多条平行山脉的作用,其导致流域上游、中游、下游气象特征存在明显的差异。上游、中游山间盆地与峡谷区气候严寒,雨雪较多,年降水量 300-500mm,该区最大风速达到 20m/s,多为西北风。流域西北部降水量较大,可达 700mm 以上。随着地势的降低,流域自西北至东南降水量递减,博斯腾湖降水量为 50-100mm,尉犁气象站多年平均降水量为 46.50mm,孔雀河尾闾罗布泊降水量不到 25mm。流域多年平均降水总量为 120.2×10^8 m³,折合平均年降水量为 155.60mm,总的趋势是北部多于南部,西部多于东部,山区多于平原区。水面蒸发量受气温、相对湿度、风速等因素的影响,从西北向东南递增,干旱指数为 2.50-41.80。

(三)水资源概况

开都-孔雀河流域有大小 10 余条雨雪混合补给的河流,主要有开都河、孔雀河、黄水沟、清水河、乌什塔拉河、曲惠沟、木呼尔查干河、哈合仁郭勒河、库尔楚河、霍拉沟等。其中开都河、黄水沟、清水河等河流为博斯腾湖泊湿地主要水源。开都河发源于天山中部依连哈比尔尕山,主要由高山区冰雪融水、中山带的降水构成,由东向西经小尤尔都斯盆地流至巴音布鲁克,向南流入大尤尔都斯盆地,折转130°向东流入焉耆盆地,最后注入博斯腾湖。博斯腾湖作为开都河的尾闾,是巴州地区的重要水资源储存库,具有调节河川径流、净化水质等生态功能。水源从博斯腾湖出流即孔雀河。孔雀河流经库尔勒市、尉犁县注入罗布泊。孔雀河是博斯腾湖湿地的唯一出水河流,承担着流域下游生产生活的水源供给(陈亚宁等,2013)。

1. 开都河

开都河是焉耆盆地中最大的常年性河流,也是唯一能常年补给博斯腾湖的河流,发源于天山山脉中部依连哈比尔尕山南坡,河源海拔4292~4812m,河流高山区终年积雪,河流全长560km。出山口以上流域面积18 670km²,多年平均径流量35.05×10⁸m³。

2. 孔雀河

孔雀河源于博斯腾湖,流经库尔勒市、尉犁县和若羌县,其尾闾为罗布泊,河流全长942km。孔雀河是开都河汇入博斯腾湖后经博斯腾湖调节的出流,受人为控制,常年流量稳定,多年平均径流量13.34×10⁸m³。孔雀河承担着向孔雀河下游农业灌溉、生态供水和向塔里木河输水的任务。流域内气候干旱,河流沿程渗漏、蒸发严重,但极大地改变了局地小气候,是下游灌区农业用水和生态用水不可或缺的水源。

3. 黄水沟

黄水沟又名乌拉斯台河,是流入开都河的主要河流之一,属雨雪混合补给河流,发源于中天山的天格尔山南坡。河流自北向南进入焉耆盆地西北部,流经和静县、和硕县、焉耆县,发生洪水时有部分水量流入博斯腾湖。黄水沟出山口以上河长110km,盆地内河长52km,流域集水面积约4311km²,多年平均径流量约2.94×10⁸m³,大部分水量进入焉耆盆地灌区。黄水沟沿干流公路为南、北疆的交通要道,是暴雨频发区域,河流径流年际变化和年内变化都很大,汛期6-9月径流量占年径流量的66.70%。

4. 清水河

清水河发源于和静县境内中天山南麓天格尔山的阿勒古达坂,流域北高南低向西倾斜,海拔 3800m 以上区域发育有冰川和永久积雪,是以冰雪融水补给为主的山溪性河流。从河源至出山口处的克尔古提水文站河长 60.21km,盆地内河长 28km,集水面积约 1016km²,多年平均径流量约 $1.22×10^8 m^3$。河流自北向南出山口后,进入焉耆盆地东北部和硕县境内,流经和硕县特吾里克镇、苏哈特乡、清水河农场,最后注入博斯腾湖。

5. 乌什塔拉河

乌什塔拉河发源于哈依都他乌山系南麓冰川区,自北向南流至焉耆盆地,是以降水补给为主、冰川融雪融水补给为辅的山溪性河流。河流全长 80km,出山口以上河长 50km,多年平均径流量 $0.50×10^8 m^3$。

6. 曲惠沟

曲惠沟发源于哈依都他乌山系南麓,自北向南流至焉耆盆地,是以降水补给为主、冰川融雪融水补给为辅的山溪性河流。由曲惠沟和哈浪沟汇合而成,全长 60km,多年平均径流量 $0.17×10^8 m^3$。

7. 博斯腾湖

博斯腾湖位于新疆天山南麓的焉耆盆地,地理坐标为 86°40′E-87°56′E、41°56′N-42°14′N,是我国最大的内陆淡水湖。博斯腾湖水域辽阔,水位变化较大,当水位为 1049.10m 时,东西长 55km,南北平均宽 20km,水面面积为 1210.50km²;当大湖湖面海拔在 1047m 时,水面面积为 1064.10km²,容积为 $73.03×10^8 m^3$。博斯腾湖呈深碟状,平均水深 7.50m,最大深度为 16m。博斯腾湖分为大湖区和小湖区,大湖区是湖体的主要部分;小湖区位于大湖西南部,盛产芦苇湿地。大湖多年平均水位为 1047m,最高年平均水位为 1049.39m(2002 年),最低年平均水位为 1044.88m(1987 年),最高最低之差 4.51m。

博斯腾湖资源丰富,是新疆两大渔业基地之一。其水温较高,有利于各种浮游生物繁殖;饵料丰富,是发展淡水养殖的优良场所。过去湖中以大头鱼和尖嘴鱼等土种鱼为主,后陆续引进放养青、草、鲢及河鲈、贝加尔雅罗鱼,土种鱼失去产业意义,大头鱼成为濒危物种,现年产鱼 3600t,年渔业潜力 16 916t。

（四）社会经济概况

截至 2010 年年底，开都-孔雀河流域总人口为 115.09×10⁴ 人，其中农业人口 56.67×10⁴ 人，非农业人口 58.42×10⁴ 人。流域内主要居住着汉族、维吾尔族、蒙古族、回族等民族。汉族人口 72.24×10⁴ 人，占总人口的 62.77%；少数民族人口 42.85×10⁴ 人，占 37.23%。

该流域为全疆的特色种植业、林果业、畜牧业基地。2010 年年底，流域的耕地面积为 467.99×10⁴ 亩，农作物播种面积 420.04×10⁴ 亩。其中，粮食作物播种面积为 63.32×10⁴ 亩，水果种植面积为 140.01×10⁴ 亩。灌溉需水总量从 1985 年的 15.15×10⁸ m³ 增加到 2009 年的 34.88×10⁸ m³，当前灌溉水利用系数为 0.56。流域的国内生产总值（GDP）为 302.1×10⁸ 元（2005 年可比价格），其中，第一产业为 86.4×10⁸ 元，占总产值的 28.60%；第二产业为 105.3×10⁸ 元，占总产值的 34.86%；第三产业为 110.4×10⁸ 元，占总产值的 36.54%。人均 GDP 为 2.62×10⁴ 元，农牧民人均纯收入达到 5448 元。2009 年，城镇化水平 53%（陈亚宁等，2013）。随着流域内特色种植业、林果业、畜牧业的迅速发展，农业产业化的步伐也在加快，一些依托于农产品基地的企业也不断发展壮大，为流域内经济的迅速发展提供保障。流域内水利、交通、能源和通讯等基础设施已建设完善，带动了流域内其他相关行业的发展。目前，流域内以农产品为原料的加工工业和以天然矿藏为原料的工业企业已取得了长足的发展。

五、迪那河流域生态环境现状

（一）自然地理概况

迪那河发源于天山山区巴什迪那地区，由北向南流下，沿途汇合喀尔库尔沟、阿散沟、亚喀迪那沟等支流。全长 120km，流域面积约为 1.25×10⁴ km²。

（二）气候概况

迪那河流域属于暖温带大陆性干燥气候。其特点是日照长、积温高、无霜期较长、降水稀少、蒸发旺盛、空气干燥。根据地形和气候特点,流域可分为平原和山区两个气候区。平原区日照充足,热量资源比较丰富。山区气候区雨水比较丰富,生长着优良的牧草,适合放牧。流域年平均日照时数为 2777h,多年平均气温为 10.60℃,多年平均日较差为 14.70℃,多年平均无霜期为 188d;山区多年平均降水量为242.50mm,多于平原区,平原区多年平均降水量为 51.90mm。降水主要集中在夏季,夏季降水量占年降水量的 51.30%,冬季降雪少,占年降水量的 8%。降水强度差异悬殊,降水次数少,降水量不多,持续时间短,降水量的年季变化大。年平均蒸发量 2072mm。

（三）水资源概况

迪那河源于天山,出山后在戈壁平原大体向东南方向流动,至细土平原转南偏西,并分叉成红桥河、卡尔塔河、迪那河及阿克墩力克其克等支流。流域境内除了迪那河外,还有阳霞河、吐孜鲁克沟、吐瑞克沟等 8 条河沟。这 9 条主要山溪性河沟年径流量 $6.57 \times 10^8 m^3$。迪那河年平均径流量 $3.37 \times 10^8 m^3$,最大洪峰 $787m^3/s$,最小流量 $0.30m^3/s$,平均流量 $10.74m^3/s$。河水径流量季节性变化较大,夏季 6-8 月为洪水季节,春季 3-5 月为枯水季节,枯水季径流量仅占年径流量的 14.90%。流域地下水（泉水）年径流量 $0.85 \times 10^8 m^3$,其中迪那河灌区年径流量 $0.56 \times 10^8 m^3$,阳霞河灌区年均流量 $0.29 \times 10^8 m^3$。此外,全区地下水每年补给总量 $2.92 \times 10^8 m^3$。

（四）社会经济概况

迪那河流域位于巴州轮台县和阿克苏地区库车县境内,当前总人口为 7.84×10^4 人,其中少数民族人口为 6.26×10^4 人,占总人口的80%,其中维吾尔族为 6.21×10^4 人,占总人口的 79%,占少数民族人口的 99%;汉族为 1.58×10^4 人,占总人口的 20%。2010 年该地区生产总值为 24.63×10^8 元,其中第一产业生产总值为 7.70×10^8 元,占地区生产总值的 31.26%;第二产业生产总值为 10.27×10^8 元,占地区生产总值的 41.70%;第三产业生产总值为 6.66×10^8 元,占地区生产总值的

27.04%。人均生产总值为 22 179 元。

迪那河-阳霞河绿洲经过长期灌溉淤积,土壤不断熟化,良好的水热条件,适宜的气候,使农业生产条件较优越。种植业产值在研究区农业产值中一直占着较大的比重。研究区农作物主要是小麦、玉米、水稻等粮食作物,以及棉花、油菜、红花、胡麻等经济作物。2010 年该区农作物播种面积为 $4.08 \times 10^4 hm^2$,其中粮食播种面积为 $0.97 \times 10^4 hm^2$,占农作物播种面积的 23.77%;棉花播种面积为 $2.66 \times 10^4 hm^2$,占农作物播种面积的 65.20%。

六、渭干-库车河流域生态环境现状

(一) 自然地理概况

渭干-库车河流域位于天山南麓,塔里木盆地北缘,介于 $80°37'E$-$83°59'E$、$41°06'N$-$41°40'N$ 之间。流域发育有典型而完整的山前冲洪积平原,地形由三部分组成:北部是天山山脉,海拔 3000-5000m,是渭干-库车河流域主要的产流区与重要的水源地;中部是以却勒塔格山为主的长期侵蚀的低山和残丘,呈东西向断续分布,海拔 1500-2000m;南部是山前平原区,海拔在 1000m 左右,主要为绿洲、沙漠和戈壁景观。流域内生态系统由山地、绿洲、荒漠三部分组成。山地是径流的形成区,涵养水源,提供水源;绿洲是生物和人类活动的聚居地;荒漠是水资源散失区,这三部分由水资源这条主线控制。

(二) 气候概况

渭干-库车河流域为典型的大陆性气候,光热资源丰富,降水稀少,蒸发强烈,气温差异显著。多年平均降水量 51.60mm,年内降水量 60%-70% 集中在 5-8 月,多年平均蒸发量为 1992.00-2863.40mm,蒸降比约为 40∶1;多年平均气温为 10.50-11.40℃,年极端最高气温为 41.50℃,年极端最低气温为 -28.90℃;无霜期为 209.80-226.40d。

(三) 水资源概况

渭干-库车河流域总面积 $4.15 \times 10^4 km^2$,由渭干河水系与库车河水

系共 9 条河流汇集而成（表 1.8）。渭干河水系主要位于天山中段南麓
却勒塔格山北缘之间,干流木扎提河发源于腾格里峰东侧的喀拉库勒
冰川,流经拜城盆地沿途接纳了发源于哈尔克他乌山脉的卡普斯浪河、
台勒维丘克河和卡拉苏河 3 条支流的来水,汇集成渭干河,在托克逊水
文站下游 30km 处流入克孜尔水库;另一条支流黑孜河与卡拉苏河相
邻,也发源于哈尔克他乌山脉,直接汇入克孜尔水库。渭干河干流全长
284km,其中木扎提河长 252km,克孜尔水库以下长 32km。

表 1.8　渭干-库车河流域水系组成与流域面积

（单位:km²）

流域名称		流域面积
水系	河流	
渭干-库车河	木扎提河	8 577
	卡普斯浪河	5 502
	卡拉苏河	3 342
	克孜勒河	10 026
	库车河	9 412
	4 条小河	4 681
	小计	41 540

　　库车河水系西与渭干河接壤,东与迪那河毗邻,上源西支乌什开伯
西河是其主源流,发源于科克铁克山的莫斯塔冰川,流向西南,东边其
他支流有布拉格提力克河、阿恰沟、科克那河等。此外渭干-库车河流域
内还有其他 4 条小河。

　　渭干-库车河流域地处干旱区,降水稀少,流域平原区内降水基本不
产生地表径流,发源于天山南麓的渭干-库车河,是进入绿洲境内的主要
地表径流。渭干河上游各支流的产流面积为 $1.67 \times 10^4 \, km^2$,多年平均
地表产水量为 $28.17 \times 10^8 \, m^3$,上游年径流量 $1 \times 10^8 \, m^3$ 以上的支流有 4
条。渭干河多年平均流量为 $31.19 \times 10^8 \, m^3$。库车河流域的地表水资源
均产于天山山区。自东向西发育的主要河流为二八台河和库车河,此
外还发育三条洪沟,多年平均出山径流量为 $3.46 \times 10^8 \, m^3$,以干流库车

河最大,多年平均出山径流量为 $3.81 \times 10^8 \mathrm{m}^3$。渭干-库车河 9 条主要河流地表水资源总量为 $36.09 \times 10^8 \mathrm{m}^3$。

　　渭干-库车河三角洲绿洲内地下水成因类型主要为第四纪孔隙潜水、孔隙承压水。渭干-库车河冲、洪积倾斜平原地下水比较丰富,主要含水层为砂和砂砾石。顶部为大厚度单一结构含水层,颗粒粗大,富水性好,埋藏不深,水质好,补给充沛。潜水水力坡度 1.43%,渗透系数 $K=66\text{-}150\mathrm{m/d}$,潜水埋深 4-5m。冲积扇中部为多结构含水层,潜水以下 210m 深度内有三层承压水。含水层为粗、中砂,富水性好,水质也好,水力坡度 0.94%,$K=4\text{-}10\mathrm{m/d}$。冲积扇下部含水层呈中厚层状,颗粒较细,有薄亚砂土、亚黏土夹层,富水性较差,不宜利用。渭干-库车河地下水资源量 $28.32 \times 10^8 \mathrm{m}^3$,在地下水资源中,大部分为山区地表水资源经河道、水库、渠系、田间等途径入渗补给平原地下水的地表水资源量,因而它是地表水资源的重复量。扣除重复计算后,地下水资源量 $3.18 \times 10^8 \mathrm{m}^3$。整个流域水资源总量 $39.27 \times 10^8 \mathrm{m}^3$(表 1.9)。

表 1.9　渭干-库车河流域水资源量统计

（单位：$\times 10^8 \mathrm{m}^3$）

水资源三级分区	水资源四级分区	水资源量			
		分区地表水资源量	分区地下水资源量	分区地表水与地下水重复计算量	水资源总量
渭干-库车河	木扎提河	17.485	5.480	4.916	18.049
	卡普斯浪河	7.868	3.953	3.480	8.341
	卡拉苏河	2.339	2.408	2.119	2.628
	克孜勒河	3.493	7.304	6.415	4.382
	库车河	3.813	6.011	5.393	4.431
	4 条小河	1.088	3.167	2.814	1.441
	小计	36.09	28.32	25.14	39.27

　　与塔里木盆地北缘其他河流相似,渭干-库车河河水也是主要由山地降水和冰雪融水及基岩裂隙水补给,水量较为丰富,径流的补给随流域海拔、自然条件和降水形式的不同而不同,表现为高山地带以冰雪融

水补给为主,中山地带除了有雨水和高山冰雪融水的补给外,还有少量季节积雪融水的补给和基岩裂隙水的多种混合补给。流域径流年际间波动相对较小,但是年内波动较大,差异明显,表现为春夏多而秋冬枯的特点。

(四)社会经济概况

渭干-库车河流域内行政地域包含拜城、新和、库车和沙雅 4 个县。现有人口约 107.36×10⁴ 人,其中少数民族占 80% 以上。城镇人口 30.81×10⁴ 人,城镇化率 28.70%。耕地总面积 17.30×10⁴ hm²,灌溉总面积 31.60×10⁴ hm²,是一个农牧业结合、以农为主的地区,是全国重要的优质商品棉生产基地,同时也是阿克苏地区最大的灌溉区。

七、喀什噶尔河流域生态环境现状

(一)自然地理概况

喀什噶尔河流域(73°03′E-80°25′E、38°10′N-40°55′N)地处欧亚大陆腹地、新疆维吾尔自治区的西南部、塔里木盆地西部边缘,南邻昆仑山,北连西天山,西为帕米尔高原,并与吉尔吉斯斯坦和塔吉克斯坦接壤,东部直通塔里木盆地腹地,与叶尔羌河流域毗邻。流域面积 7.35×10⁴ km²,其中国内部分为 7.22×10⁴ km²。整个流域西高东低,北、西、南部三面环山,东面为地势低平的塔里木盆地底部。平原地理坐标介于 75°19′E-78°03′E、38°28′N-39°55′N 之间,流域内平原区总面积为 4.56×10⁴ km²。流域地形起伏大,天然地形按高度分为三级。山区内有世界著名的公格尔山和慕士塔格峰,海拔分别为 7719m 和 7546m。

(二)气候概况

喀什噶尔河流域地处欧亚大陆腹地,远离海洋,平原和山区水文气候特点各异,属于暖温带大陆干旱气候,具降水稀少、蒸发强烈、光照充足、昼夜温差大、冬短夏长等特点。1971-2000 年喀什噶尔河全流域年平均气温 7℃,年降水量 137.4mm。其中平原区光照充足,热量丰富,四季分明,年平均气温 12℃,年平均降水量 69.70mm,春季升温迅速,秋季降温较快,但春温高于秋温,宜于农业发展。帕米尔高原年平均气温为 2℃,冬季寒冷漫长,夏季凉爽,年平均降水量 205mm。流域多年平均风速为 2-3m/s,年平均 8 级以上大风天数为 20-30d,大风天气下常伴有沙尘暴出现,年均沙尘暴天数达 20-40d,每年约有 100d 为浮尘天气。

(三)水资源概况

喀什噶尔河流域由克孜河、盖孜河、库山河、依格孜牙河、恰克马克河、布谷孜河 6 条河流组成,6 条河流现已成为各自独立的内陆河流水系。流域地表水资源量为 $48.05×10^8 m^3$,其中入境水量为 $2.2×10^8 m^3$。地下水资源量为 $38.74×10^8 m^3$(不重复地下水资源量为 $4.08×10^8 m^3$)。其中,克孜河、盖孜河、库山河是大河,多年平均径流量占喀什噶尔河流域多年平均径流量的 91%。克孜河是流域内最大河流,发源于吉尔吉斯斯坦境内海拔 5000m 的阿赖岭南坡,全长 778km,在我国境内河长约 600km。盖孜河发源于沙里阔勒岭和慕士塔格峰,上游分 2 支,右支喀拉库里河发源于慕士塔格峰东侧的可可里冰川区,数十千米的冰体自海拔 7000m 以上的山顶一直覆盖到 5100-5500m 的高度,构成峡谷溢出冰川群,西、北、东 3 个坡向的雪冰融水注入喀拉库里河。库山河位于帕米尔高原公格尔山东北侧,西与盖孜河、东与依格孜牙河为邻,由南向北流入下游灌区。

河流天然水质与其径流组成有关:冰川融水型补给的河流水质较好,降水、季节性积雪补给以及地下水补给为主的河流水质较差;发源于帕米尔高原的盖孜河、库山河的水质较好;发源于天山南脉的克孜河、恰克马克河、布谷孜河的水质较差;出山口以上水质较好,进入平原灌区水质逐渐恶化。各河流天然水质变化具有明显的季节性,汛期盐分含量低、非汛期盐分含量高;其年内变化一般为汛前最高、汛后次之、汛期最低。

(四)社会经济概况

喀什噶尔河流域主要包括喀什和克州、农三师及 7 县 2 市 5 个农牧

团场。喀什噶尔河流域的主要经济区是喀什市。流域现有总人口约
222.9×10⁴人,有维吾尔、汉、柯尔克孜、回、哈萨克等 14 个民族,是一个
以维吾尔族为主体的少数民族聚居地区。其中城镇人口有 53.67×10⁴
人,城镇化率为 24.10%;农村人口所占比例为 75.90%。2010 年,流域
地方生产总值 89.26×10⁸元。农林牧渔业总产值 11.52×10⁸元,其中,
种 植 业 产 值 4.09×10⁸ 元、林 业 产 值 1.89×10⁸ 元、畜 牧 业 产 值
5.07×10⁸元、渔 业 产 值 0.07×10⁸ 元;农 林 牧 渔 服 务 业 产 值
0.4×10⁸元。

八、克里雅河流域生态环境现状

(一) 自然地理概况

克里雅河是和田地区于田县最大的河流,历史上曾经注入塔里木
河,是横穿塔克拉玛干沙漠的绿色走廊之一。该河发源于昆仑山的克
里雅山口,由阿塔木苏河、阿克苏河、阿克塔萨依河、库拉甫河、喀什塔
什河等 12 条支流汇合而成。上游由库拉甫河和喀什塔什河两大支流
组成,在康苏拉克汇合;自汇合口至巴格吉格代为中游;从巴格吉格代
至河流消失处为下游。克里雅河现在还是塔里木盆地南缘仅次于和田
河的一条重要河流。沿河发育了不同类型的绿洲,是于田县主要的农
业区和牧业区,也是于田人民生活和经济发展的主要场所。

克里雅河流域东邻吐米牙河,西与奴尔河相望,南依昆仑山,北邻
塔克拉玛干沙漠,地理坐标介于 83°38′E-84°18′E、42°00′N-42°32′N 之
间。主峰海拔 6962m,从源头到消失区河长 530km,河流平均坡降
10‰,流域平均海拔 4832m,属于高山冰雪消融补给的河流。其中,冰
雪融水补给约占年径流量的 67%、降水补给约占 14%、地下水补给约占
19%。克里雅河水文站是克里雅河水量基本控制站,基本断面以上河
长 192km,集水面积 0.74×10⁴ km²(张雷,2011)。流域南北长 466km,
东西宽 30-120km,总面积 3.95×10⁴ km²,其中,山区面积 1.24×10⁴ km²,
平原区面积 0.57×10⁴ km²,沙漠面积 2.14×10⁴ km²(凌红波等,
2012b)。辖 13 个乡、2 个镇、3 场、1 个街道办事处,共 175 个行政村,包
括木尕拉镇、先拜巴扎镇等。

(二) 气候概况

降水稀少、空气干燥是克里雅河流域主要的气候特征。克里雅河流域春季、秋季和夏季大气环流存在明显的差异。春季和秋季的环流形势基本是极锋环流与副热带环流特征。夏季(6-8月)则以副热带锋为主,降水过程具有典型的夏季环流特征。4月和5月降水天气系统主要为南支低压槽和西伯利亚低压槽,特别是6月份,影响降水天气系统均为巴湖低压槽。降水量多年平均值为122.90mm,年内主要集中在4-9月,占全年降水量的87%,其中6月降水最多,月平均降水量为26.35mm;11月降水最少,月平均降水量为0.95mm(凌红波等,2012a)。降水量集中程度高,年内分配极不均匀。流域年平均降水量44.70mm,其中平原绿洲区为31.80mm,南部山区为150-200mm。流域源流区多年平均气温9.53℃,极端最高气温43℃,发生于1984年8月6日;极端最低气温-26.30℃,发生于1984年12月23日。气温的时空分布为山区低于平原、冬天寒冷、夏季凉爽。多年平均蒸发量为1839.90mm,蒸发量主要集中在4-9月,约占全年的77.80%(凌红波等,2012b)。

(三) 水资源概况

新疆克里雅河发源于昆仑山脉的乌斯腾塔格山、吕什塔格山和喀拉塔什山。山势巍峨雄伟,海拔5500m以上地区,雪山连绵,冰川发育;海拔3000-5500m的中山带,山势起伏大,形成液态降水和季节性积雪,是径流形成区;海拔2000-3000m为山前丘陵区;海拔1500-2000m为山前倾斜平原,是第四系砾石带,有稀疏的荒漠植被覆盖,也是暴雨洪水形成区;海拔1500m以下为冲积平原,是克里雅河流域绿洲生产活动区,也是地表径流散失区和地下水补给区。

克里雅河流域地表水资源量为$10.48 \times 10^8 m^3$,其中克里雅河地表河川径流$7.27 \times 10^8 m^3$。克里雅河流域人均占有地表水资源量为4395m^3,低于新疆人均水资源占有量(5130m^3)。根据《于田县地下水资源评价》(2010)分析计算,减去地表水和地下水重复量,流域地下水总

补给量为 $4.01 \times 10^8 \, \text{m}^3/$年,地下水排泄量 $4.00 \times 10^8 \, \text{m}^3/$年,补排基本平衡,即流域地下水资源可确定为 $4.01 \times 10^8 \, \text{m}^3$,同时,基于参证《新疆地下水资源评价》(2005),确定流域地下水资源可开采量为 $2.60 \times 10^8 \, \text{m}^3$(程仲雷,2011)。

20 世纪 80 年代以前,克里雅河年径流丰、枯变化周期平均为 11 年,1969-1998 年丰水周期长达 30 年,最短枯水期只有 2 年,表现出径流年际变化较大的特点(张雷,2011)。

(四)社会经济概况

克里雅河流域盛产小麦、玉米、棉花等粮食作物,绿洲平原区面积 $0.57 \times 10^4 \, \text{km}^2$,耕地面积由 1950 年的 $1.69 \times 10^4 \, \text{hm}^2$ 增加到 2008 年 $3.08 \times 10^4 \, \text{hm}^2$,人均耕地面积由 1950 年的 0.195hm^2 减少到 2008 年的 0.126hm^2,为 1950 年的 65%,年均减少 1.12%。2010 年与 1990 年相比,耕地面积增长了 28%、播种面积增长了 16.6%、有效灌溉面积则增加了 29%(倪绍忠,2013)。于田县 2010 年末总人口 24.04×10^4 人,其中城镇人口 2.95×10^4 人,乡村人口 21.09×10^4 人(麦麦提吐尔逊·艾则孜等,2012)。2010 年城镇化水平为 12.27%。该流域仍然主要由种植业和畜牧业为主,工业和第三产业等发展受到瓶颈的限制和制约。

九、车尔臣河生态环境现状

(一)自然地理概况

车尔臣河流域位于新疆维吾尔自治区巴音郭楞蒙古自治州且末县境内,地理坐标介于 $83°30'\text{E}\text{-}85°15'\text{E}$、$36°30'\text{N}\text{-}39°15'\text{N}$ 之间。车尔臣河流域是一个包括山区-山麓倾斜平原区-河谷平原区-沙漠区的相对完整统一的自然综合体和较为独立的自然地理区域,流域面积 $4.86 \times 10^4 \, \text{km}^2$,历史上每年有 $2 \times 10^8 \, \text{m}^3$ 的水通过若羌县境内的台特玛湖注入罗布泊,流域由冰川、草原、荒漠、绿洲、沙漠 5 个生态单位组成。

(二)气候概况

车尔臣河流域地处沙漠边缘,属于典型干旱荒漠大陆性气候。该区域气候干燥,高温少雨,年均气温 10.40℃,极端最高气温为 41.50℃,极端最低气温为—26.40℃。全年≥10℃的积温为 3850℃,全年≥20℃的积温为 2098℃;年降水量 18.60mm,年蒸发量 2607mm,蒸发量是降水量的 140 倍,干燥度为 33。风沙频繁,常发生大风、浮尘和沙尘暴天气,每年 8 级以上大风平均 16d,最多达 37d,每年平均沙尘暴天气 20d,浮尘天气 194d,是全国有名的极端干旱区,也是全国浮尘日数最多的地区之一。流域土壤类型有灌淤土、草甸土、棕漠土、盐土、风沙土、沼泽土 6 个土类、21 个亚类。天然植被大致可分为荒漠植被、草甸和沼泽植被、盐生植被、沙生植被等 4 种类型。

(三) 水资源概况

车尔臣河是巴州境内昆仑山系、阿尔金山系中最大的河流,主要位于且末县境内,发源于昆仑山的木孜塔格峰北坡,出山口向北穿过倾斜砾质平原,进入塔克拉玛干沙漠沿盆地边缘向东,经阿克塔孜流入尾闾台特玛湖。车尔臣河是塔里木盆地东南部径流量最大的河流,多年平均径流量 5.22×10⁸m³,全长 813km,上游山区段 353km,为径流汇集区;中游段自河道出山口至阿克塔孜,长 224.50km,为径流运转损失段;下游段自阿克塔孜至尾闾台特玛湖,长 235.50km,为径流运转消失段。近年来,由于车尔臣河中游引水过多,下游水量减少,一般年份已无水流入台特玛湖。历史上车尔臣河水量丰富时可从台特玛湖循故道东入罗布泊。

车尔臣河水资源总量为 20.68×10⁸m³,其中,地表水资源量为 19.09×10⁸m³,地下水资源量为 12.76×10⁸m³,地下水与地表水不重复量为 1.59×10⁸m³。车尔臣河是以冰雪融水为主要补给来源的山溪性河流,因此地表径流年内分配随季节变化极不平衡,春秋季水量小,夏季水量大,冬季水量最小,仅夏秋两季的径流量就占到全年径流总量的 74.17%,每年由春入夏和由夏入秋时段,阿克塔孜以下河道常断流;水资源主要形成区在山区,消耗于平原区,消失于下游荒漠区。车尔臣河出山口处无水文站,在距车尔臣河山口以下 85km 处设立有国家基本水文站——且末水文站,该站是唯一一个控制车尔臣河水量的站点。

车尔臣河流域由车尔臣河、塔什沙依河等 14 条山溪性河流组成
(表 1.10),流域总面积 $13.76 \times 10^4 km^2$。车尔臣河流域内湖泊众多,共
有大小湖泊 58 个,水面面积在 $10km^2$ 以上的湖泊有 5 个。

表 1.10　车尔臣河流域水系及面积统计　（单位:km^2）

流域 名称	车尔 臣河	塔什沙 依河	米兰河	喀拉米 兰河	莫勒 切河	9 条小河	小计
流域面积	115 216	2 131	6 162	5 447	3 680	4 963	137 599

(四)社会经济概况

车尔臣河流域行政范围为且末县,包括 1 个镇、8 个农业乡、1 个国
有牧场和 1 个国有农场,分别是且末镇、阿热勒乡、琼库勒乡、托乎拉克
勒克乡、英吾斯唐乡、巴格艾日克乡、阔什萨特玛乡、阿克提坎墩乡、塔
提让乡、吐拉牧场和良种场。车尔臣河流域总人口 6.40×10^4 人,是一
个以维吾尔族为主的少数民族地区。在全县总人口中,维吾尔族占
77.50%。2010 年流域内农业人口为 4.21×10^4 人,城镇化人口为
2.19×10^4 人,城镇化水平为 34.22%,高于全疆平均水平(32%)。车尔
臣河流域经济上主要以农牧业为主,其主要作物为小麦、玉米和棉花。

车尔臣河灌区位于新疆且末县境内车尔臣河中游的冲洪积三角
洲地带,北部为塔克拉玛干沙漠,东北部为卡拉库木沙漠,是一个典型
的沙漠中的绿洲灌区。灌区实际灌溉面积 $2.27 \times 10^4 hm^2$,其中耕地面
积 $1.27 \times 10^4 hm^2$,灌溉林果面积 $0.39 \times 10^4 hm^2$,灌溉草地面积
$0.61 \times 10^4 hm^2$。灌区灌溉水利用系数仅为 0.3 左右,作物灌溉定额高
达 10 000-15 000m^3/hm^2,水分生产率仅为 0.25kg/m^3。这种状况,一
方面造成灌区内地下水位抬高,土壤产生次生盐碱化;另一方面造成水
资源严重浪费,导致下游河道几近枯竭,下游绿色生态濒于灭绝,对下
游生态环境产生了非常不利的影响。

车尔臣河流域具有丰富的矿产资源和能源,大都分布在阿尔金山
和昆仑山地区,尤其是天然气和石油,目前在塔里木盆地中、南部已发
现储量超过亿吨的整装油田。

十、塔里木河干流生态环境现状

(一) 自然地理概况

塔里木河干流位于塔里木盆地北缘,起始于叶尔羌河、阿克苏河及和田河的交汇处——肖夹克,归宿于台特玛湖,为典型干旱区内陆河。地理位置处于 81°51′E-88°30′E、39°30′N-41°35′N 之间,即北以天山南麓山前倾斜平原下部边缘为界,南抵塔克拉玛干沙漠,西端为农一师阿拉尔垦区,东与孔雀河及其尾间罗布泊洼地以西为邻。塔里木河流域由阿克苏河、叶尔羌河、和田河、开都河-孔雀河 4 条源流和塔里木河干流组成“四源一干”。4 条源流流域面积 $347×10^5 km^2$,从叶尔羌河源头到台特玛湖,塔里木河全长 2437km。流域内有 5 个地(州)的 42 个县(市)和生产建设兵团 4 个师的 55 个团场。塔里木河(干流)全长 1321km,由上游、中游和下游三部分构成。自塔里木河三源流汇合口肖夹克到阿克苏地区与巴州在塔里木河上的分界点英巴扎称上游段,长 495km;英巴扎至尉犁县的恰拉为中游段,长 398km;恰拉以下到台特玛湖为下游段,长 428km。在行政区域上隶属于新疆维吾尔自治区阿克苏地区的阿克苏市、沙雅县、新和县、库车县,巴音郭楞蒙古自治州的轮台县、库尔勒市、尉犁县、若羌县,以及生产建设兵团农一师、农二师所属的 15 个团场。

塔里木河是干旱区纯耗散型内陆河,河流位于天山地槽与塔里木台地之间的山前凹陷区,海拔 760-1020m。地形为西高东低、北高南低,由西向东倾斜,至铁干里克转向由北向南。塔里木河历史上是著名的游荡性河流,北至却勒塔格山麓,向南伸入塔克拉玛干沙漠,摆幅达 80-130km。北部受天山褶皱构造抬升而使冲积扇形平原向南延伸,迫使河流南移;南部冲积平原受冲积物和风成沙的堆高,又迫使河流北返,如此往复,便形成了广阔而深厚的塔里木河冲积平原,地势十分平坦。塔里木河干流按照水文特性主要分为以下几个单元。

1. 上游冲积平原

由阿克苏河、叶尔羌河、和田河三河汇合口至英巴扎,河道长 495km,河道纵坡降平均 1/5400,滩槽高差 2-4m,河道比较顺直,水面宽在 500-1000m,河漫滩广阔,阶地不明显,只在局部河段,由于河流强烈的侧蚀作用,形成一些不对称的河曲阶地;地面坡度较缓,河床下切较深,多在 2-3m,河道较稳定,河漫滩广阔。河北岸冲积平原较窄,地面较平,沙丘较少。河南岸冲积平原较宽,有多条近期和远期干河床。由于地下水位较深,植被退化,地表覆盖度降低,粗糙度降低,在风力作用下形成较多的固定和半固定沙丘。

2. 中游冲积平原

英巴扎至恰拉河道长 398km,河道纵坡降平均 1/7000,滩槽高差 1-3m,水面宽一般在 100-500m,河道弯曲,水流缓慢,土质松散,泥沙沉积严重,河床不断抬升,加之人为扒口,致使中游河段形成众多汊流,这些汊流在汛期跑水,如恰阳河、拉依河、阿拉河、乌斯满河、阿其河等;由于地势平坦,河床坡度小,河道分散,汊流众多,每条汊流还有一些小的汊流,水网紊乱,河曲、河心滩、迂回扇、河漫滩发育,这一河段洪水泛滥形成许多湖沼,水到之处胡杨茂盛,红柳沙包丛生。局部地区存在固定、半固定沙丘及沙垅。部分河间洼地,牛轭湖集水成湖或积水形成湖沼平原、湖沼干枯又形成盐碱地。由于河道改道频繁,平原上有较多的干河床,经过风蚀和风积,形成许多固定、半固定沙丘,草灌丛沙堆等不同类型的风成地貌。

3. 下游冲积平原

恰拉至台特玛湖河道长 428km,河道纵坡较中游段大,平均 1/5900,滩槽高差一般为 1-3m,河床宽 100m 左右,比较稳定。1970 年后英苏以下 266km 河道断流,1974 年台特玛湖干涸,风蚀、风积作用强烈,塔里木河两侧有了不少风蚀洼地、草灌丛沙堆、线状沙垄、固定和半固定沙丘、流动沙丘等多种风成地貌形态。由孔雀河与塔里木河形成的冲积平原,呈东南向狭长条状,河道弯曲,两岸固定、半固定沙丘及流动沙丘星罗棋布,绿色走廊带较窄,英苏以下因河水多年断流,河床多处被流沙掩埋,有些河段河床已分辨不清。下游河段天然植被明显变少,绿色带宽度仅有 1-8km,且林带稀疏、衰败。

(二)气候概况

塔里木河流域地处欧亚大陆腹地,远离海洋,四周高山环绕,属大

陆性暖温带、极端干旱沙漠性气候,降水稀少、蒸发强烈,年降水量
17.40-42.80mm,蒸发量 2244.60-2902.20mm(20mm 蒸发皿)。干旱指
数自北向南、自西向东增大,在 5-20。

塔里木河干流地区年平均气温在 10.60-11.50℃,夏酷冬寒,温差
大,夏季 7 月份平均气温为 20-30℃,极端最高气温 43.60℃。冬季 1 月
平均气温为 −10-20℃,极端最低气温 −30.90℃,气温年平均日较差
14-16℃,年最大日较差一般在 30℃ 以上。本区光热资源丰富,日照时
间长。≥10℃积温多在 4100-4300℃,持续 180-200d,日照时数在 3000h
左右,平均年太阳总辐射量为 1740kW·h/(m²·年),无霜期 187-214d。

(三)水资源概况

塔里木河干流自身不产流,完全依靠源流供水。历史上,给塔里木
河供水的源流有阿克苏河、和田河、叶尔羌河、渭干-库车河、喀什噶尔
河、孔雀河、克里雅河、迪那河等。近代以来,各源流汇入塔里木河的水
量相继减少或断流,自 50 年代以后,仅有阿克苏河、和田河、叶尔羌河
三条源流在塔里木河上游向塔里木河输水,孔雀河自 1976 年后开始通
过库塔干渠向塔里木河下游供水,解决塔里木河下游灌区春季的生产
生活用水。阿克苏河是塔里木河最主要的补给源流,补给量占 70% 左
右;和田河在每年洪水期有水补给塔里木河,补给量约占 20%,叶尔羌
河在近些年补给塔里木河干流的水量也呈明显增加的趋势,补给量约
占 10%。

塔里木河属于内陆耗散型河流,径流量沿程递减,多年平均径流量
从上游阿拉尔断面的 45.83×10^8 m³,经 189km 至新渠满衰减到
37.62×10^8 m³,经 258km 至英巴扎衰减到 28.76×10^8 m³,经 179km 至
乌斯满衰减到 15.47×10^8 m³,再经 219km 至恰拉断面衰减到
6.78×10^8 m³,最后耗散于下游(《塔里木河工程与非工程措施五年实施
方案》,新疆维吾尔自治区政府、水利部,2002)。随着人类活动影响的
加剧,阿拉尔、新渠满、英巴扎、乌斯满和恰拉 5 个水文站的年径流量随
时间推移显著递减。各水文站径流量分别以每年 0.24×10^8 m³、
0.32×10^8 m³、0.37×10^8 m³、0.48×10^8 m³、0.28×10^8 m³ 的速率递减。

塔里木河干流为多沙游荡性河流,河床宽浅,水流散乱,河床沙洲密布。据各站泥沙资料统计分析,阿拉尔站年输沙量多年平均 2253×10^4 t,最大可达 3940×10^4 t,最小也有 1225×10^4 t(王延贵等,2003);新渠满站年输沙量多年平均 1694×10^4 t,英巴扎站年输沙量多年平均 1196×10^4 t,恰拉水文站则只有 19×10^4 t(单玲和努尔巴依·阿不都沙力克,2007)。塔里木河干流泥沙沿程大量淤积,致使河床不断抬高,其结果促使河流反复多次地改道迁移。

为了加快向塔里木河下游的生态输水,塔里木河流域管理局于2002开始在塔里木河干流中游修建输水堤防,堤防的修建,减少了河水的自由漫溢,大大提高了向下游的输水效率。但同时,堤防约束了自然河道,堤防外围受水范围缩小。尽管沿堤防修建了一些生态闸,但由于堤防内河道的冲淤,一些生态闸无法发挥其生态功能,部分区域天然植被的自然更新受到限制。

(四)社会经济概况

塔里木河干流区地跨新疆维吾尔自治区阿克苏地区、巴音郭楞蒙古自治州及新疆生产建设兵团农一师、农二师的 15 个团场,土地资源丰富,总土地面积为 4.95×10^4 km²,难利用土地面积大,占 40.20%,主要是流动沙丘、盐碱地以及弃耕地。粮食面积 12.33×10^4 hm²,棉花面积 24.38×10^4 hm²,年末牲畜总数为 53.99×10^4 头(只)(《新疆塔里木河流域综合规划》,水利部新疆维吾尔自治区水利水电勘测设计院,2012)。一般农林牧合理结构为 1:5.3:5,而塔里木河干流现状结构为 1:2:7,牧业用地面积过大,林业用地面积过小。干流区地方工业基础薄弱,发展速度比较缓慢。上中游仅沙雅监狱和库车种羊场有工业生产能力;下游有农二师的一个师直独立核算的工业企业。塔里木河干流大部分区域为自然林牧区,人烟稀少,经济落后。塔里木河干流土地利用方式不合理,造成土地退化严重。主要表现在:①灌溉制度不合理,加之排灌不配套,造成耕地的次生盐渍化普遍;②由于滥伐和过牧,加之上中游不合理用水,中下游水量减少,引起天然荒漠河岸林退化严重,面积不断减少且质量不断下降。

第二节　流域主要生态环境问题分析

塔里木河流域南、西、北三面环山,地形向东倾斜。世界著名的塔克拉玛干沙漠位于盆地中部。塔克拉玛干沙漠是中国最大的沙漠,是世界上最大的流动性沙漠。整个沙漠东西长约 1000km,南北宽约 400km,面积达 33.67×10⁴km²,流动沙丘占 80% 以上。整个沙漠受西北和南北两个盛行风向的交叉影响,风沙活动十分频繁而剧烈。塔里木河流域的绿洲主要分布在盆地周边,沿河流发育,人类社会经济活动主要集中在绿洲内部。塔里木河流域以山地和荒漠为主体,绿洲面积不足流域国土面积的 5%,绿洲经济以农业为主体,而依托脆弱生态系统发展的农业经济完全受制于水资源,因而,塔里木河流域的生态环境问题大多与水密切联系。下面分别就塔里木河流域的阿克苏河、叶尔羌河、和田河、开都-孔雀河、迪那河、渭干-库车河、喀什噶尔河、克里雅河、车尔臣河及塔里木河干流的生态问题进行介绍。

一、阿克苏河流域生态环境问题

在塔里木河流域 4 个主要源流区中,阿克苏河流域面积最小而径流量最大,人口也相对较少,因此无论是单位面积产流量、单位面积水资源量还是人均水资源量,阿克苏河流域在塔里木河流域各源流中都是最好的,流域整体生态环境相对较好。但是在全球变化与不断增强的人类活动扰动背景下,阿克苏河流域依然存在自然植被退化、生态安全与生态系统服务价值下降、水资源利用粗放与调控能力有限、冰川湖洪灾危机加剧、土地退化严重等问题。

(一)自然植被退化,生态系统功能下降

阿克苏河流域近 50 年土地利用/覆被变化显著,耕地与水域显著增加,林地和沼泽显著减少,整体生态服务价值下降。

阿克苏河流域的土地利用/覆被类型以草地和其他未利用地为主,在研究区总面积中占有绝对优势;沼泽和建设用地面积所占比例最小。

近 50 年整个区域耕地、水域和建设用地面积显著增加,耕地面积由 1960 年的 $29.20 \times 10^4 \ hm^2$,增加到 2000 年的 $49.06 \times 10^4 \ hm^2$,再到 2010 年的 $54.20 \times 10^4 \ hm^2$,累积增加了 85.63%;水域和建设用地分别增加了 22.50% 和 154.50%;林地、沼泽和其他未利用地面积显著减少,分别减少 17%、77.30% 和 10.70%(表 1.11)(苗立志等,2007;周德成等,2010;王生霞等,2012)。

表 1.11 阿克苏河流域近 50 年土地利用/覆被变化

土地利用/覆被类型	面积/hm^2			近 50 年面积变化/hm^2	变化率/%
	1960 年	2000 年	2010 年		
耕地	291 978	490 579	542 000	250 022	85.63
林地	262 557	222 359	217 912	−44 645	−17.00
草地	2 814 619	2 865 812	2 793 813	−20 806	−0.74
水域	71 048	77 901	86 999	15 951	22.50
沼泽	29 335	12 395	6 673	−22 662	−77.30
其他未利用地	1 624 133	1 524 110	1 450 784	−173 349	−10.70
建筑用地	14 339	34 983	36 488	22 149	154.50

土地利用/覆被的显著变化导致生态系统服务价值发生巨大改变,且不同土地利用/覆被类型服务价值的变化与其面积变化是同步的。阿克苏河流域生态系统服务价值近 50 年整体呈减小趋势,沼泽、林地、草地面积的减少是总服务价值减少的主要原因,耕地和水域面积的增加虽然补偿了总价值的部分损失,但损失大于收益。1960 年,阿克苏河流域总生态系统服务价值为 $291\ 157 \times 10^8$ 元,草地、林地和水域生态系统服务价值是其主要构成部分。随着土地利用/覆被的变化,流域生态系统服务价值减幅最大的为沼泽,面积增加最大的为耕地。经过约 50 年,流域总生态系统服务价值变为 $288\ 154 \times 10^8$ 元,减少 3003×10^8 元(王生霞等,2012)。

(二)水资源利用结构有待调整,利用效率亟待提高

据新疆 2010 年水资源公报统计,阿克苏河流域 2010 年所用水资源

中地表水占 92.97%、地下水占 7.03%,其中农业用水占用水总量的 97.27%,且 94.75% 取自地表水。节水灌溉面积不足灌溉总面积 $54.2 \times 10^4 hm^2$ 的 30%,其余多以传统的粗放式灌溉管理为主,综合灌溉水利用系数为 0.42。农业综合灌溉亩均毛用水 $770m^3$,高于全疆 $620.20m^3$ 的水平。2010 年万元 GDP 用水量高达 $2530.60m^3$,远高于全疆当年平均水平的 $984.10m^3$,相比于全国 $129m^3$ 的平均水平高出近 19 倍。

(三) 流域水资源监测、调控能力有待提高,冰川湖洪水灾害防治有待加强

阿克苏河是塔里木河流域水资源量最为丰富的一条河流,提供了塔里木河干流近 74% 的来水量。对阿克苏河水资源的科学监测与调控管理决定着塔里木河干流的来水量、生态用水保障与生态系统安全。目前阿克苏河流域从河流出山口至汇入塔里木河干流段的多个水文水资源监测站点尚未实现全天候、全年实时动态监测,一些重要水文水资源监测节点仍缺乏实时动态自动化监测手段与数据,这些限制了流域管理对河流水文与水资源数据的实时掌控,也在一定程度上限制了流域水资源调控管理过程中水文过程线的准确建立。

阿克苏河流域平原区现有三个水库,总库容 $4.08 \times 10^8 m^3$,其中兴利库容 $2.76 \times 10^8 m^3$,难以满足流域生态用水调控与洪水调蓄的需求。上游已经建成的水力发电站山区水库,因为发电需求与管理体制与制度上的原因,目前尚难以实现对本流域及塔里木河干流生态用水的联控联调,使得本流域与塔里木河干流生态用水的保障存在不确定性。

随着流域水资源供需关系的紧张,本流域地下水开采呈明显的上升趋势。个别地下水井邻近河道,直接袭夺了河道来水,给流域水资源的综合调配与管理带来不确定性。目前流域水资源管理部门尚缺乏对流域地下水的动态监测与管理,这使得流域地表水与地下水资源的统一调配及水资源的可持续管理遇到不可逾越的障碍。

阿克苏河流域源流山区分布有天山地区最长的冰川——伊力尔切克冰川(总面积 $821.60km^2$)及数量众多的冰面湖与冰川阻塞湖,冰川湖溃决洪水,对阿克苏河乃至整个塔里木河的防洪安全都有着举足轻

重的作用(沈永平等,2006,2009a)。其中库玛拉克河源流区的麦茨巴
赫冰川湖为众多冰川湖中最大且频繁发生突发性溃决洪水的一个。近
70年冰川湖洪水发生频率高达92.50%以上。随着气候变暖,冰川减
薄后退,冰川融水增多,冰湖库容由 $1×10^8 m^3$ 左右增加到 $3.3×10^8 m^3$,
最高达 $5×10^8 m^3$(沈永平等,2009b)。伴随全球气候进一步变暖,阿克
苏河流域冰川湖洪水灾害将有可能进一步加剧,而库玛拉克河上游缺
乏山区大型调控水库,急需加强流域冰川湖洪水灾害的防治。

(四)灌区面源污染问题日益突出,水质下降

阿克苏河流域地表水水质在上中游总体较好,监测显示阿克苏河
段的龙口和西大桥监测断面的各个水期(枯水期、丰水期、平水期)的水
质(除总悬浮颗粒物外)属于二类水以上。而阿克苏河下游至塔里木河
干流段的阿拉尔断面,在枯水和平水期水质分别属于Ⅳ类(中等污染)
及Ⅴ类(重污染)水,地表水硬度由西大桥的 198.90mg/L 增加到阿拉
尔的 669.91mg/L,化学需氧量(COD)含量由 0.99mg/L 增加到
2.07mg/L,生化需氧量(BOD)含量由 1.94mg/L 增加到 2.26mg/L,硝
态氮(NH_3-N)含量由 0.22mg/L 增加到 0.28mg/L,氯离子含量由
31.50mg/L 增加到 869mg/L(张飞等,2013)。阿克苏河下游绿洲灌区
粗放的灌溉模式及大量农田灌溉回排水形成的面源污染是造成这一区
段河水水质下降的主要原因。河水中的主要污染物除了悬浮物外,氯
化物、硫酸盐等占主要成分。其中悬浮物主要是由流域水土流失造成,
而水质污染中的总硬度、氯化物、硫酸盐、氟化物、氨氮、亚硝酸态氮、总
磷等污染主要是农田排水造成的。

据阿克苏河流域管理局对流域地下水水质的监测结果,阿克苏河
流域各灌区地下水平均矿化度为 2.47g/L,处于平稳状态。地下水矿化
度在阿克苏良种场以上多小于1g/L,水质优良,矿化度稳定;在阿克苏
良种场以下,地下水矿化度随着向下游推进呈逐步增加趋势,整体上河
道及干渠两侧矿化度一般较小;艾西曼湖为积水洼地湖泊,其周边地下
水矿化度很高,水质较差。

（五）水土流失严重，危及生态安全

阿克苏河流域河道坡降相对较大，且流域下游与塔克拉玛干沙漠相连，水土流失严重。西大桥上游河道纵坡降在 1/1000 以上，河床冲刷强烈；下游河道纵坡降在 1/3000-1/1000，沉积明显。据《阿克苏地区各县（市）水土保持建设规划》，流域主要区域发生土壤侵蚀的面积达 500.27×10⁴hm²，占流域总面积的 79%，其中强度与极强度土壤侵蚀面积占总侵蚀面积的 58%（表 1.12）。土壤侵蚀类型包括水力侵蚀、风力侵蚀、水力-风力复合侵蚀、冻融侵蚀等。其中水力侵蚀主要发生在流域上游地区，风力侵蚀主要发生在流域中下游地区，风力-水力复合侵蚀主要发生在山-盆结合部，冻融侵蚀主要发生在流域源区的高山区。

表 1.12　阿克苏河流域主要区域土壤侵蚀强度面积

地区	总面积 /hm²	土壤侵蚀 面积/hm²	占总面 积比/%	轻度 /hm²	中度 /hm²	强度 /hm²	极强度 /hm²
阿克苏市	1 818 361	1 321 566	73	181 696	2 03 780	196 390	739 700
温宿县	1 420 246	1 020 246	72	103 549	278 900	194 530	443 267
阿瓦提县	1 323 357	1 096 250	83	254 679	111 463	175 927	554 181
乌什县	908 200	748 200	82	85 930	157 430	235 300	269 540
柯坪县	870 965	816 438	94	614 364	108 752	93 322	—
合计	6 341 129	5 002 700	79	1 240 218	860 325	895 469	2 006 688

山区水土流失携带而下的泥沙加大了河流对河岸的冲刷与河道侵蚀，并加剧了渠首及闸门等水利工程设施的磨损；到流域下游随坡降变缓大量沉积的泥沙淤积水库和河道，致使水库库容下降，河道抬升，整体对洪水的调蓄与通过能力下降，给下游带来极大安全隐患。下游的风蚀将加剧土地沙化，为沙尘危害提供沙源，并降低耕地地力，威胁生产及生态安全。

二、叶尔羌河流域生态环境问题

叶尔羌河流域地处极端干旱的欧亚大陆腹地，处于布古里沙漠和塔克拉玛干沙漠之间,气候干燥,蒸发强烈,平原降水少,年平均大风及沙尘暴日数为 30.60d,主要受春旱、夏洪、盐碱及风沙危害。流域灌区的东西两侧受到三大沙漠的夹击,自然生态环境十分脆弱,天然植被极为宝贵。为此,许多科学家呼吁,保持生态系统的完整性,将人类活动控制在生态系统承载能力范围之内,是实现系统与区域可持续发展的最基本和首要条件。为了实现可持续发展,实现人与自然的和谐相处,环境用水、生态用水是必须考虑的问题,叶尔羌河的水生态承载能力直接关系到叶尔羌河流域的经济社会发展。但是,过去对水资源的开发利用主要注重效益,而对生态环境效益重视不够,社会经济用水挤占生态用水,水资源利用效率低下等导致生态问题加剧,主要表现在以下几个方面。

(一)荒漠河岸林植被退化,生态功能减弱

叶尔羌河流域的胡杨林主要分布在艾里克塔木至三河汇合口320km 长的河道两侧,与河道两侧河漫滩、高漫滩(或低阶地)、现代冲积平原地貌特征相匹配,自下而上分布着幼龄林、中龄林、成熟林和衰老林或枯死林。沿主河槽、汊流呈走廊式分布的胡杨林(包括灰杨),占总生态林的 95% 以上。土壤一般为粉土,其次为粉细砂和粉质黏土,地表干燥。叶尔羌河流域胡杨林在 20 世纪 50 年代末有 $17.33 \times 10^4 hm^2$,基本处于自生自灭的原始状态;从 50 年代末到 70 年代末的 20 年中,除了人为的毁林开荒、樵采外,灌区及平原水库过度引水、胡杨赖以生存的河流断流,致使流域内部分河段两岸的胡杨林资源在数量和质量上大幅减少到 $9.47 \times 10^4 hm^2$。70 年代末,在采取了一系列保护措施后,部分地区胡杨林有所恢复和发展,流域内天然胡杨林面积为 $14.67 \times 10^4 hm^2$,但以成熟林为主,幼龄林很少,且部分河段胡杨林呈衰败现象,严重地段乔、灌、草已失去更新的能力。因河流两岸胡杨林大幅减少而造成土壤风蚀沙化,流动沙丘大片出现,河床很多地段被流沙堵塞,河岸植被逐步丧失抵御风沙危害的能力。目前,在叶尔羌河艾里克塔木至上游水库段,距河道垂直距离为 150m 的范围内,胡杨长势良好,800m 外胡杨林衰退,1600m 外地下水埋深大于 6m 地区的胡杨大部分枯死(陈超

群,2011)。由于灌区人口的不断增长,土地资源不断开发,水源分配不当,供需不平衡,植被遭到破坏,导致局部生态失稳,生态系统的完整性遭到损害,荒漠河岸林生态系统的功能严重下降。

(二)平原灌区仍受春旱、夏洪灾害威胁,河道输水输沙功能退化,平原区水体污染加重

叶尔羌河是一条以冰雪融水补给为主的河流,一般年份融水洪水多在7-8月发生,而冰川阻塞湖突发洪水常在8-9月。一般情况下,叶尔羌河年最大流量出现在7-8月,占84.80%。发生在6-9月的冰川突发洪水都是当年的最大洪水,其洪峰流量为年最大融水洪峰的2-4.5倍。发生在秋末冬初(10-11月)的冰川突发洪水,洪峰虽不高,但此时河流已进入枯水季节,其洪峰流量常常超过当月平均流量的8倍左右,对下游亦会造成一定的危害。冰川湖突发洪水洪峰高、流量大,常造成建筑物冲毁,主河道改道,堤坝溃决,淹没农田、村庄,威胁沿河一些骨干水利工程安全,并给灌区人民生产及生活带来诸多困难。

叶尔羌河中下游处于生态脆弱的沙漠边缘地带,任由河道无约束的恶性演变会造成水量散失,河道输水输沙功能退化、河流萎缩、防洪能力下降、平原区沙化。根据2010年新疆水资源公报数据,叶尔羌河出山口径流控制站——卡群站多年平均输沙率为922kg/s,年输沙量为2910×10^4t,河水年平均含沙量4.46kg/m^3,年输沙模数594t/km^2。随着距河道垂直距离从150m增加到1700m,叶尔羌河地下水矿化度从1.45g/L增加3.86g/L。近年来,叶尔羌河流域矿产资源开发利速度加快,叶尔羌河平原区水体重金属含量有一定的超标。

(三)水资源利用结构有待调整,利用效率亟待提高

据新疆2010年水资源公报统计,叶尔羌河流域2010年所用水资源中地表水占82.06%、地下水占17.94%,其中农业用水占98.41%。节水灌溉面积不足灌溉总面积753.39×10^4亩的15.90%,其余多以传统的粗放式灌溉管理为主,综合灌溉水利用系数为0.42。2010年农业综合灌溉亩均毛用水707m^3,高于全疆620.20m^3的水平。由于流域灌区农业用水量大,流域生态用水不足,也不能保障向塔里木河干流的生态

供水。

(四)流域耕地面积扩张显著,灌区土壤盐渍化问题仍然突出

叶尔羌河流域 2001-2010 年土地利用的最显著特征就是草地面积的大幅减少、耕地面积的增长、天然林地的增加以及裸地的进一步扩张。近 10 年间流域内草地总面积大幅减少,2010 年比 2001 年减少了42.30%。其中,近 10 年来耕地面积进一步增加,2010 年比 2001 年增加了 27.60%。在流域水资源量有限的情况下,随着耕地面积增加的是农业用水量,这必然挤占生态用水,难以有效保障生态用水的需求。流域灌区土地盐渍化虽较 20 世纪六七十年代有所改善,但盐渍化面积仍有 $18.074 \times 10^4 hm^2$,占耕地总面积的 49.37%,中重度盐渍化耕地面积 $5.58 \times 10^4 hm^2$,占总盐渍化面积的 30.87%。而且,在灌区内部还分布有大小不等的流动沙丘,风沙过后,一些耕地被流沙覆盖,大风和风沙推动沙丘移动、搬迁和堆积,埋没道路和农田,造成土地沙漠化,给灌区带来了一定危害。在草场抢牧、乱牧、过牧以及无计划挖甘草,造成草场退化,致使土地沙化。

三、和田河流域生态环境问题

(一)绿洲外荒漠化过程严重

根据航空像片和卫星遥感图像测算,最近 30 年来和田河流域被沙漠吞没的农田超过 $200km^2$,流沙南侵和人为造成的沙化土地面积达 $300km^2$。20 世纪 60 年代沙地面积为 $1 \times 10^4 km^2$,到了 2000 年面积增长到 $1.06 \times 10^4 km^2$(土尔逊托合提・买土送和阿依古丽・克力毛拉,2011)。2005 年沙地面积已超过 $1.07 \times 10^4 km^2$,主要是由草地和水域转变为沙地(陈忠升等,2009)。樵采使天然林减少了 36%,土地盐渍化占耕地面积的 37.30%,沙化面积占土地面积的比例高达 52%(王让会等,2003)。

(二)下游河道断流,汇入塔里木河干流的水量减少

据统计,和田河注入塔里木河的多年平均径流量为 $10.30 \times 10^8 m^3$,

由于上游绿洲农业发展迅速,引水量大幅增加,在和田河干流和上游两支流河道两岸沿线,出现的河水漫溢以及随意在河道上堵坝引水,导致近年来和田河进入塔里木河干流的水量锐减。目前,和田河流入塔里木河的水量最大年为 $8.0 \times 10^8 m^3$ 左右,最小年仅 $0.4 \times 10^8 m^3$,现状年仅 $3.76 \times 10^8 m^3$,远无法达到规划中最低水量 $6.39 \times 10^8 m^3$ 的要求,和田河下游季节性断流时间越来越长,进而导致下游的荒漠河岸林的逐渐萎缩,绿色走廊全面衰败。据统计,和田河流域林地资源近 40 年呈减少趋势,主要转变为沙地、草地和耕地。其中下游荒漠河岸林退化严重,20 世纪 60 年代林地面积为 $372.80 km^2$,到 2000 年减少到 $314.50 km^3$(窦燕等,2008)。和田河流域的绿色走廊在库鲁克沙漠和塔克拉玛干沙漠的夹击下,宽度由 50 年代的 20-30km 减至目前的7-8km,局部地段仅有 1-2km,塔克拉玛干沙漠的流动沙丘每年约以 5m 的速度向南移动,极大地威胁着和田绿洲(成倩,2004)。

(三)平原区土壤冲蚀严重

和田河流域位于塔克拉玛干沙漠主风向的下风向,是新疆的极干旱区,土质疏松,以沙壤土为主。和田河两条支流喀拉喀什河和玉龙喀什河分别自吐直鲁克和艾格里亚汇合之后便一下进入平原区,平原区地势平缓,土质疏松,水蚀严重,尤其是洪峰来临时极易发生泥石流灾害。一方面,河水进入平原区之后,比降大大降低,河水本身流速大大减慢,在河道流量逐渐减少的情况下河道极易形成淤积;另一方面,在洪峰来临时,河道摆动加大,侵蚀加剧,遇到淤积河道洪水漫溢极为常见,常常造成大面积的农田被严重冲蚀,损失巨大。

四、开都-孔雀河流域生态环境问题

(一)耕地面积扩大,农业灌溉面积增加,农业用水量比例高

通过对开都-孔雀河流域 2001-2010 年土地利用/覆被变化的分析发现,过去 10 年大量的天然草地转化为了耕地,焉耆盆地和流域下游孔雀河地区的耕地面积迅速增长,增长了 31.10%,天然林、草地迅速减少或退化。耕地面积的持续扩大,使得农业用水量激增,严重挤占生态

用水。1989—2009年,开都-孔雀河流域农业需水量呈显著的增加趋势,年均增加幅度为7.93%。农业灌溉需水量占总需水量的比例高达90%以上,农业需水是流域内主要的需水方式,其增减主导着流域总需水量的变化。据调查,2009年开都-孔雀河流域农业灌溉面积高达587.41×10^4亩,其中非基本农户农业灌溉面积约占流域内总面积的30%,流域农业用水高达24.50×10^8 m^3,占流域总用水的96.21%,能大力带动地方经济的工业用水为0.47×10^8 m^3,仅占流域总用水的1.85%。农业用水占流域水资源总量的96.21%(张家凤等,2011)。大量的农业用水在一定程度上造成了水资源紧缺形势。

(二)地下水超采、地下水位下降,严重袭夺地表水

随着耕地面积的扩大,仅依靠抽取地表水已很难满足需要,于是,绿洲灌溉井的数量成倍增加,甚至在博斯腾湖附近也打了许多灌溉井,严重袭夺地表水,湖泊的侧渗补给量大幅增加。据统计,目前流域地下水机井已超过8000眼,开都-孔雀河地下水可开采量6.08×10^8 m^3,2011年实际提取11.05×10^8 m^3,2013年达13×10^8 m^3,超出红线113.8%,地下水位已经出现持续下降态势。

(三)博斯腾湖入湖水量减少,水位下降,水质变差

博斯腾湖主要由其上游的开都河、清水河、黄水沟等河流补给,其中开都河补给量占85%。在最近的20年,在全球变化和极端气候水文事件加剧的背景下,山区来水的波动性增大,加之人类经济社会活动的增强,博斯腾湖入湖水量难以保障。博斯腾湖大湖容量由2003年的86.5×10^8 m^3减少至2007年的65.00×10^8 m^3。据调查,博斯腾湖水位在过去10年出现了持续下降态势,由2002年的1049.39m下降到2006年的1046.62m,2011年进一步下降至1045.61m(陈亚宁等,2013),截至2012年12月已下降到1045.05m,接近博斯腾湖管理条例的最低运行水位(1045.00m),已影响到博斯腾湖向孔雀河及下游灌区的供水。

博斯腾湖每年从焉耆灌区接纳大量的灌溉排水、工业废水和生活污水,据分析计算,焉耆盆地污水年总排量为2.5×10^8 m^3,其中,工业废

水年排放量为 $480\times10^4\,m^3$（陈亚宁等，2013）。这致使博斯腾湖矿化度逐年提高，周边湿地生态环境遭到破坏，生物多样性受损，对博斯腾湖水环境功能造成严重威胁。

（四）孔雀河下游荒漠河岸林严重衰败，大面积死亡

孔雀河下游荒漠河岸林是"绿色走廊"的重要组成部分，自 20 世纪 70 年代中期一些灌区水库（大西海水库、阿克苏甫水库）建成后，截断了塔里木河和孔雀河下泄的洪水，天然植被大面积衰败、死亡，沿河绿洲宽度从 10-80km 减少为 1-30km（陈亚宁等，2013）。自 2000 年开始，从博斯腾湖向塔里木河下游调水 11 次，累积向塔里木河下游生态输水 $19.11\times10^8\,m^3$（陈亚宁等，2013），这对拯救塔里木河下游绿色走廊、恢复荒漠河岸林植被做出了重要贡献，但孔雀河下游阿克苏甫水库以下河道的荒漠河岸林仍处于严重退化的过程中。胡杨林垂死挣扎，耐旱的柽柳等草灌木大部分死亡，生物多样性丧失。据调查分析，近 10 年孔雀河下游天然植被群落面积减少了 35%-47%（陈亚宁等，2013）。

五、迪那河流域生态环境问题

迪那河出山后大部分水量随即被引入灌区，枯水期和灌溉季节河道水量基本消耗于灌区内，基本无河水下泄。因此，迪那河流域的突出生态问题就是灌区土壤盐渍化和灌区以下的荒漠植被退化。

根据研究相关结果，迪那河-阳霞河绿洲土壤 pH 的平均值为 7.46，属于中性土壤；0-50cm 土层盐分含量平均值为 1.81%，土壤表层 30cm 内土壤含盐量约占 50cm 土壤总含盐量的 78.29%，属于强盐渍土，由此可见，迪那河灌区盐渍化问题非常突出。绿洲内土壤中各离子含量的空间变异显著，不同土地类型的盐渍化相互比较时，果园地的盐渍化最轻，总含盐量为 1.04%（接近强盐渍土下限标准）；盐生草地的最高，总含盐量为 5.28%（盐土）。总含盐量由小向大依次为果园地、耕地、农牧交错带、未利用地、胡杨林地和盐生草地。可见由于灌区大量灌水，灌区以下荒漠区无地表水供应，灌区周边或绿洲外围过渡带以及荒漠植被区已成为了绿洲灌溉的盐分排泄累积区。加之灌区对地表水的截

留,荒漠区植被同时面临水分供应不足和土壤盐分含量高的双重威胁。

六、渭干-库车河流域生态环境问题

渭干-库车河是塔里木盆地北缘水资源量相对丰富的流域之一,流域人口相对密集,是塔里木盆地北缘主要的农业灌溉区。在全球变化与不断增强的人类活动扰动背景下,渭干-库车河流域存在土地利用/覆被变化不尽合理、平原区耕地扩张显著且超出水资源承载能力、流域生态安全与生态系统服务价值下降、水资源利用粗放、土壤盐渍化严重等诸多问题。

(一)平原区绿洲与耕地扩张显著,自然植被退化,生态系统服务价值下降

渭干-库车河流域近 20 年耕地面积显著增加,林草地和湿地沼泽显著减少,整体生态服务价值下降,流域绿洲功能整体稳定性较差。

随着区域人口的增加、社会经济的发展,绿洲面积与耕地面积显著增大。在过去 20 年中,渭干-库车河流域平原区耕地面积显著增加了约 36%,由 1990 年的 $23.20 \times 10^4 \, hm^2$ 增加到 2001 年的 $28.30 \times 10^4 \, hm^2$,再增加到 2010 年的 $31.50 \times 10^4 \, hm^2$;同时流域平原区林地与草地分别显著下降了约 65.54% 和 67.30%,湿地沼泽显著下降了约 16.72%。至 2010 年,研究区耕地已经成为除未利用地以外最主要的一类土地利用类型(王雪梅等,2010;孙倩等,2012;黄凤等,2013)。

土地利用/覆被的显著变化将导致生态系统服务价值发生巨大改变,且不同土地利用/覆被类型服务价值的变化与其面积变化是同步的。渭干-库车河流域生态系统服务价值近 20 年整体呈减小趋势,而湿地沼泽、林地、草地面积的显著减少是生态系统总服务价值减少的主要原因,人口增加与绿洲快速扩张下的人类活动扰动是生态系统服务价值下降的主要驱动力。耕地和水域面积的显著增加虽然补偿了总价值的部分损失,但损失大于收益。曾经草地、林地为生态系统服务价值主要构成部分,随着耕地的增加,流域生态系统服务价值减幅最大的也是林草地面积。

(二) 流域下游面源污染显著,直接影响塔里木河干流水质

渭干-库车河流域主要平原灌区位于渭干河龙口以下,包括阿克苏地区库车县的 7 个乡镇、沙雅县及新和县。在渭干河却勒塔格山出山口处的拦河分水枢纽按 4∶6 的比例将水通过引水渠分别引入库车、沙雅和新和,供农业灌溉使用。由于常年粗放的灌溉模式、田间管理方式,以及低效的农业用水水平,每年引用的约 $23×10^8 m^3$ 的农业用水,有一半以上通过蒸发与回排消耗掉,其中农业回排水达灌溉用水量的 $19%$ 左右,每年达 $4.30×10^8 m^3$,且矿化度多在 $10g/L$ 甚至更高。这些高矿化度农业回排水多直接排入塔里木河干流,形成面源污染,造成塔里木河干流水质恶化。

(三) 水资源供需矛盾日益加剧,水资源利用模式粗放且效率低下

在人口增加的压力下,随着流域绿洲规模与耕地面积的扩大,流域水资源消耗量逐渐增大,水资源供需矛盾加剧,且水资源利用模式粗放,效率低下,浪费严重,加剧了流域水系统生态安全危机。

流域内耕地面积的增加是绿洲耗水量增加的最主要原因,农业灌溉需水量占据了流域总需水量的 $97.66%$。流域多年平均水资源总量为 $39.27×10^8 m^3$,平水年(来水频率 $P=50%$)现状需水量为 $44.87×10^8 m^3$,现状供水量却只有约 $38.23×10^8 m^3$,缺水达 $6.64×10^8 m^3$;枯水年($P=75%$)缺水更是达到约 $8.23×10^8 m^3$。

流域水资源利用模式粗放,水资源利用结构不尽合理。据新疆 2010 年水资源公报,2010 年渭干-库车河流域所用水资源中地表水约占 $90%$、地下水约占 $10%$,其中农业用水占 $97.66%$,且农业用水多取自地表水;所有约 $31.60×10^4 hm^2$ 的灌溉面积中,只有约 $17.71%$ 的面积实施了高效节水灌溉,其余多以传统的粗放式灌溉管理为主,综合灌溉水利用系数平均只达到 0.39,远低于全疆约 0.52 的水平。农业综合灌溉亩均毛用水 $846m^3$,显著高于全疆 $620.20m^3$ 的水平。2010 年万元 GDP 用水量高达 $2443m^3$,远高于全疆当年平均水平的 $984.10m^3$,相比于全国 $129m^3$ 的平均水平更是高出 18 倍。低效高耗水的粗放发展模式造成

水资源供需矛盾的加剧,限制了流域社会经济的可持续发展,并强烈挤占生态用水,导致流域生态系统的退化和天然植被的大面积衰败,这些都直接导致整个流域生态系统服务功能的下降,威胁流域水系统生态安全。

(四)土壤盐渍化危害严重

据 1989 年、2001 年和 2010 年三期遥感数据的解译(孙倩等,2012),渭干-库车河流域平原绿洲区盐渍化危害严重,且近 20 年有加剧趋势(表 1.13)。伴随着近 20 年渭干-库车河流域平原区绿洲规模与耕地面积的显著扩大,这一区域的盐渍化土地面积显著增加了 81%,由 20 年前的约 $33.34 \times 10^4 \, hm^2$ 增加到 2010 年的约 $60.21 \times 10^4 \, hm^2$,这其中重度盐渍化土地面积 $4.61 \times 10^4 \, hm^2$,中度盐渍化土地面积 $17.58 \times 10^4 \, hm^2$,轻度盐渍化土地面积 $38.02 \times 10^4 \, hm^2$,轻度盐渍化与中度盐渍化土地在近 20 年分别显著增加了 1 倍和近 2 倍。尤其是近 10 年,伴随耕地的显著扩大 11.31% 的同时,轻度盐渍地增加 183.10%,且重度盐渍地增加45.89%。盐渍化的加剧将极大地限制区域社会经济的可持续发展,引发天然植被的衰败与生态系统的退化,进而导致生态系统服务功能的下降与绿洲稳定性的降低。

表 1.13 渭干-库车河流域平原区盐渍化土地面积统计

(单位:$\times 10^4 \, hm^2$)

统计年	轻度盐渍化土地	中度盐渍化土地	重度盐渍化土地	盐渍化土地合计
1989 年	18.00	6.03	9.31	33.34
2001 年	13.43	31.60	3.16	48.19
变化率/%	−25.38	424.05	−66.06	44.59
2001 年	13.43	31.60	3.16	48.19
2010 年	38.02	17.58	4.61	60.21
变化率/%	183.10	−44.37	45.89	24.92
1989 年	18.00	6.03	9.31	33.34
2010 年	38.02	17.58	4.61	60.21
变化率/%	111.22	191.54	−50.48	80.62

（五）土壤侵蚀普遍,水土流失危害严重

渭干-库车河流域具有河流流程短、坡降大的特点,并且流域下游平原区与塔克拉玛干沙漠相连,流域内土壤侵蚀面积广、强度大,水土流失危害严重。据《阿克苏地区各县市水土保持建设规划》中对土壤侵蚀面积的统计结果,渭干-库车河流域所辖 4 个县土壤侵蚀面积达 530.74 × 10^4 hm²,占区域总面积的 78.13%,其中极强度土壤侵蚀面积达 240.13 × 10^4 hm²,占所有土壤侵蚀面积的 45.24%(表 1.14)。流域各区域中沙雅地区是土壤侵蚀与水土流失危害最为严重的地区,土壤侵蚀面积 269.56 × 10^4 hm²,占整个流域土壤侵蚀面积的 50.79%。

表 1.14　渭干-库车河流域不同强度土壤侵蚀面积统计

地区	区域面积 /× 10^4 hm²	土壤侵蚀面积/× 10^4 hm²	占总面积比/%	不同强度土壤侵蚀面积/(× 10^4 hm²)				
				轻度	中度	强度	极强度	剧烈
库车	146.03	103.69	71.01	29.99	36.29	4.15	33.26	—
沙雅	319.55	269.56	84.36	98.12	8.61	14.05	148.78	—
新和	58.18	41.97	72.14	4.30	19.11	8.78	9.78	—
拜城	155.54	115.54	74.28	11.63	21.03	17.92	48.31	16.65
合计	679.30	530.76	78.13	144.04	85.04	44.90	240.13	16.65

渭干-库车河流域土壤侵蚀类型呈现多样化特征,主要有水力侵蚀、风力侵蚀、水力-风力复合侵蚀、冻融侵蚀以及其他一些侵蚀类型。这其中风力侵蚀是主要类型,侵蚀面积达 261.33 × 10^4 hm²,占总侵蚀面积的 49.23%(表 1.15)。各种侵蚀类型在发生区域上具有明显的空间差异,水力侵蚀主要发生在流域上游各源流支流中,多发于山前坡地,侵蚀面积占总侵蚀面积的 16.90%;风力侵蚀主要发生在流域下游邻近荒漠区,干旱的气候、稀疏的植被、大面积的沙化是风力侵蚀的主要诱因;水力-风力复合侵蚀多发于出山口区域,面积达 86.90 × 10^4 hm²;冻融侵蚀主要发生于源流区的中高山地区。

表 1.15　渭干-库车河流域土壤侵蚀类型与面积统计

地区	水力侵蚀/($\times 10^4 hm^2$)	风力侵蚀/($\times 10^4 hm^2$)	水力-风力复合侵蚀/($\times 10^4 hm^2$)	冻融侵蚀/($\times 10^4 hm^2$)	其他/($\times 10^4 hm^2$)
库车	—	17.00	56.21	25.23	5.24
沙雅	35.09	226.59	—	—	7.88
新和	19.62	17.74			4.62
拜城	34.98	—	30.69	46.13	3.74
合计	89.69	261.33	86.90	71.36	21.48

土壤侵蚀造成的流域水土流失给流域水利设施、农业生产、生态安全等均带来不同程度的危害,主要表现在以下几方面。

1) 山地水力侵蚀造成河流输沙严重,导致水利工程效益下降。山地强烈侵蚀导致大量泥沙输入河流,造成下游工程淤废或功能降低。泥沙造成许多渠首上、下游淤积严重,并且泥沙对渠首闸底磨损严重,导致渠首难以发挥正常效益。河流侵蚀,造成大面积土地流失,下游由于河水泥沙沉积,河床不断抬升,加之河流两岸防护措施较少,土质疏松,汛期洪水两侧摇摆,沟蚀河岸,塌岸毁床,致使河流两岸大面积耕地、草场被侵蚀,严重威胁着道路、城镇的安全。

2) 风蚀沙化导致土地资源遭受破坏。流域下游与塔克拉玛干沙漠毗邻,在常年盛行的东北和西北风作用下,风蚀沙化现象异常强烈,土地沙漠化严重。风蚀导致流域耕地表层土壤的流失,造成耕地地力下降,土地生产力退化,严重时会造成弃耕撂荒。风蚀沙化已经严重影响了流域内农业生产和经济发展,同时,对流域内交通运输产生许多不利影响。

3) 水土流失将导致生态系统恶化并威胁人类生存。由于风蚀、沙漠化、水土流失,环境遭受严重破坏,尤其是绿洲边缘的绿洲-荒漠交错带、沙漠边缘附近地带以及风口地区,土地沙漠化迅速发展会导致天然植被严重退化,引发外围生态系统失调与生态环境恶化,进而降低生态系统服务价值与绿洲稳定性。

七、喀什噶尔河流域生态环境问题

喀什噶尔河流域主要是水土流失、水环境污染和土壤盐渍化等问题。

(一)水土流失加剧,植被退化严重

流域内存在着风蚀、水蚀等 4 种侵蚀,其中风蚀为主、水蚀为辅。水土流失侵蚀土地资源,危及人民生存和发展。由于山区无控制性的水库滞洪,洪水出山口后直接冲刷中游冲洪积平原河岸,导致河岸坍塌严重,河床越来越宽,将两岸滑坡松散物质带入河道,致使河流泥沙大增。例如,克孜河卡拉贝利站多年平均悬移质输沙率达 369kg/s,盖孜河克勒克站多年平均悬移质输沙率为 96.10kg/s,库山河沙曼站多年平均悬移质输沙率为 57.80kg/s。中游冲洪积平原区河段地面裸露,植被稀疏,气候干燥,平原区水土流失主要表现为河流洪水对沿岸的冲刷和春夏季节大风天气的风力侵蚀。下游周边多为荒漠或半荒漠地带,属绿洲界外区,介于东部沙漠与西部绿洲之间,区内植被稀疏、覆盖度低,地势较平坦,其东部为布古里和托乎拉克沙漠,沙漠间分布着大量的流动沙丘,风沙时刻威胁着绿洲脆弱的生态环境(黄劲柏和蒋海英,2013)。

在 2000-2009 年 10 年内,盖孜河流域耕地和林地分别增加了 225.51km² 和 146.49km²,水利设施用地增加了 20.39km²,增加超过 50%;牧草地和未利用土地面积减少,分别减少了 350.46km² 和 152.05km²,建设用地面积有所增加,主要是城市化进程的加快。盖孜河流域耕地则以平均每年 2.06% 的速度增长;建设用地、水利设施用地和其他地类平均每年增加 3.08%、6.87% 和 2.01%;牧草地、未利用土地都在减少,平均每年分别减少 0.43% 和 0.18%(陈吉斌,2011)。毁林开荒往往因水源不足而弃耕,或因土壤肥力不足,一边撂荒一边又盲目垦荒,造成恶性循环,既破坏了植被,引起林退沙进,又松动了地表,促进形成新的沙源。

（二）河流水体污染严重，水质下降明显

据新疆环保厅 2013 年新疆环境状况公报，2013 年克孜河、吐曼河、博尔塔拉河、喀什噶尔河等 5 条河流 9 个断面受到不同程度的污染，其中克孜河下游断面为中度至重度污染。

喀什噶尔河流域由克孜河、盖孜河、库山河、依格牙孜河、恰克马克河、布谷孜河 6 条河流组成，河流水质普遍呈高矿化度性状，平均矿化度超过 1g/L 以上，最高矿化度达到 5g/L。由于径流沿途冲刷、淋洗、交换、蒸发以及人为污染，各河流下游矿化度平均达到 2.50g/L 以上（张攀和陈长征，2010）。流域内所有河流普遍遭受严重的污染侵蚀，呈富营养化且以富钾、富钠为主，主要污染物以 COD 和氨氮为主，局部河段还夹带相当的挥发酚、汞、硒、砷等有害物质。流域山区降水充沛，牧草茂盛，森林成片，河流清澈，泥沙含量较少，但中下游泥沙含量猛增，河流悬浮物污染严重。

流域内最大的河流克孜河，流经中游山区新生代泥岩区时，冲刷大量的红色风化土，并夹带山体滑坡和泥石流，使河水呈红色粥化状，被人们称为"红河水"。克孜河天然河道不仅自然污染严重，而且河道流经居民区时，又遭到人为的点源污染和面源污染，大量的灌溉回归水、排碱水、农用化肥入渗水、城市生活污水、工业废水、城市垃圾、城市雨水，以及大量生活污水涌入河道。经有关部门调查，居民区沿河道排碱水道有 30 多处，城市污水排水口 20 多处。尽管相关部门做了一定的工作，仍屡禁不止，每年排入河道的污水近 200×10^4 t，大量人为污染使克孜河的水质恶化越来越严重。除了水中的化学元素超标外，痢疾、霍乱细菌也严重超标，经相关部门做定量检测分析，细菌量密集时达 2500 个/L 左右，其中大肠菌群最多时达 1×10^4 个/L 以上，悬浮物、硫酸盐及挥发酚极为富有，在严重人为污染之下，克孜河下游呈现以硫酸盐为主要特征的高矿化度水质和细菌高值区，河水不仅不能饮用和养殖，连灌溉的庄稼也受到影响，产量低下。以水作为媒介和传播源的各种地方病、传染病时有发生，下游地区的伽师县成为新疆乃至全国有名的苦水区和缺水区，被迫饮用这种带有高矿化度和高含菌量的水，形成典型的"伽

师病",造成发育不全、骨骼畸变、牙齿发黑、甲状腺肿大、怪病频发、寿命缩短。尽管进行了大量的改水防病工作,但对于居住偏僻的农户,至今仍未摆脱由于饮用涝坝水而产生的地方病和传染病的困扰。

据监测,喀什市工业污染、废渣、城镇生活污染等的 50%-60%都排放到克孜勒河、吐曼河和恰克玛克河中,造成重金属离子污染水质。据监测,该有毒有害离子有砷、铺、铅、锌、铬、汞、铜、铁、锰、酚、铀、镭、氰化物等达 25 种以上,其中一些不少指标都有一定程度超标(吐曼河因受喀什市工业污染、废渣、城镇生活污染等,其水质较差)。若不加以治理,将直接影响流域的渔业生态功能,并最终导致整个流域生态环境的恶化(艾尼瓦尔•斯地克等,2008)。

(三) 耕地面积显著增加,土壤盐渍化严重

相比于 2001 年,喀什噶尔河流域耕地面积至 2010 年大幅增加,约有 35.06%的天然林、草地面积转化为耕地。裸地面积也呈持续增加态势,增幅约 7%。通过解译遥感影像发现:喀什噶尔河流域的天然草地主要集中在克孜河流域,天然林地集中于盖孜河流域。近 10 年中,流域内天然林、草地面积大幅减少,克孜河流域最为明显。

流域内的农垦区多分布在冲洪积扇平原的中下部和冲积平原区,受地形地貌、气候的影响,加上水资源的不合理利用,致使土壤盐渍化严重。流域灌区由于水利设施不配套,渠系老化,渗漏严重,灌溉水利用率仅为 0.42,使地下水位抬高,造成土壤次生盐渍化。耕地中 65.74%是盐渍化土地,且中重度盐渍化土地占耕地的 48.40%。土地盐渍化导致土地生产力下降、产出率降低,有的甚至弃耕。最为严重的是克孜河下游克州地区的格达良乡,由于地处托卡依水库下游,地下水位仅 0.5-1m,很多土地颗粒无收(龙见全,2012)。

八、克里雅河流域生态环境问题

克里雅河流域主要的生态问题是中上游水土资源开发面积急剧增加,导致下游来水量逐年减少,下游河道断流,荒漠植被衰败死亡,沙漠化过程加剧,生态环境日益恶化。

（一）水资源短缺，盲目开荒，形成垦荒-弃耕-再垦荒-再弃耕的恶性循环

对克里雅河流域 2001-2010 年土地利用变化的监测发现，近 10 年克里雅河的耕地面积变化不大，但与过去 50 年相比，耕地面积增加很大。近 10 年，在克里雅河流域开荒现象不断，新垦荒地取代了草地、湿地等生态价值高的土地覆盖类型，但是，在水资源条件约束下，在克里雅河流域形成了垦荒-弃耕-再垦荒-再弃耕的恶性循环，引起了生态环境的负面效应。克里雅河流域地下水位较高地区的植被依靠地下水维持生命，生长有胡杨林、灌丛、草甸及盐生草甸等。由于大量开垦，地表水不能满足因开垦而增加的农田灌溉需求，不得不开采利用地下水，导致绿洲外围地下水位下降，土壤含水量降低，土壤高墒情时间缩短，导致植被退化，加重土地沙漠化。克里雅河流域与塔克拉玛干沙漠之间已无灌草植被过渡带，绿洲农田和沙丘带直接相连。

（二）上游用水过度，下游河道断流，地下水位大幅下降

克里雅河主要由昆仑山雪水融汇而成，随着全球气候的变暖，昆仑山冰层变薄，融雪减少，大大降低了克里雅河的水源。另外，由于绿洲灌溉面积扩大和灌溉引水量的大幅增加，下泄水量减少，河流和泉水流程缩短，尾闾湖泊干涸。克里雅河河道在 1950-2006 年缩短了 148km，地下水位也普遍下降了 0.5-2m（麦麦提吐尔逊·艾则孜等，2012），使水资源的短缺状况更为加剧，对绿洲水资源可持续开发利用造成巨大威胁。绿洲内部引水量持续增加使人工绿洲非回归耗水增大，相应减少流向下游的水量，明显地挤占天然生态用水，使天然植被退化。灌区地下水开采量的增加导致地下水负均衡，局部地区地下水位总体下降。近 20 年来，塔里木盆地南缘地下水位普遍下降了 0.5-2m，地下水溢出带向盆地迁移了 2-3km，泉水流量减少了 15%-35%，流域周边的沙漠化加剧（麦麦提吐尔逊·艾则孜等，2012）。

（三）下游荒漠河岸植被衰退，荒漠化严重

近 50 年来，克里雅河流域通过水利建设，基本解决绿洲内部引水、

防洪和季节性缺水问题。但是,随着绿洲内部引水量的逐步增加,下泻的水量逐年减少,下游地下水位下降,生态环境恶化。由于自然和人为因素,克里雅河下游天然草场面积已由过去的 $12×10^4 hm^2$ 减少到现在的不足 $4×10^4 hm^2$。在下游的下段,随着河道缩短,荒漠河岸植被生态系统的平衡状态受到威胁,生态退化,植物种群更新乏力。在河流下游因水量减少,河床相对稳定,形成洪水漫流的机会较少,因而使植物种子缺乏着床和萌发条件,使幼林形成及其空间分布受到局限。在克里雅河下游,无论是草本还是木本,其群落组成都是非常贫乏的。此外,生长在高阶地、老河床和流动沙丘中的胡杨、灰杨,由于缺乏足够的水分,濒临死亡。

九、车尔臣河生态环境问题

车尔臣河独特的地形地貌、土壤生物群体结构、气候因子等决定了流域生态环境潜在的脆弱性。由于几十年来不断增强的人类活动和对资源的不合理开发利用,脆弱的生态环境日渐恶化,进而对该流域现在和未来社会、经济发展构成严重威胁,也就是说,车尔臣河流域生态安全系数已大大降低,生态安全的威胁正在加大,关注车尔臣河流域生态安全,制定保障生态安全的战略已成为迫切的任务,从生态环境方面分析,车尔臣河流域生态安全面临着多方面挑战。

(一) 风沙灾害严重

车尔臣河流域气候干燥,沙源丰富,大风天气多,风速大。据统计,每年因风沙导致灾害的次数为 1100-1500 次,最多达 2200 次,每年 8 级以上大风平均 15.8d,最多可达 37d(阿布都热合曼·哈力克等,2009)。据研究,车尔臣河平均 0.77m 高的裸露新月形沙丘每年移动 48.50m,2-3m 高的新月形沙丘每年移动 17.50m,绿洲与沙漠边缘沙丘的移动速度大于 10m/年,为塔克拉玛沙漠周围风沙移动最快的地区(阿布都热合曼·哈力克等,2009)。近 10 年沙漠推移了约 700m,河道沙丘密度达 3.73%(吴亚妮,2008)。

（二）生态状况局部改善、整体恶化

1970-2009 年,车尔臣河流域绿洲面积持续扩大,由 20 世纪 70 年代的 206.69km^2 增加到目前的 992.16km^2;荒漠-绿洲过渡带面积显著减小,由 20 世纪 70 年代的 1860.71km^2 减少到目前的 1440km^2;水域面积持续减小,由 20 世纪 70 年代 481.89km^2 减少到 242.99km^2(表 1.16)(阿布都热合曼·哈力克,2012)。据统计数据看出,对流域生态稳定贡献最大的荒漠-绿洲过渡带和水域总体上面积在萎缩。

表 1.16　1970-2009 年车尔臣河平原区景观面积及所占比例

类型	1970 年		2009 年	
	面积/km^2	所占比率/%	面积/km^2	所占比率/%
过渡带	1860.71	22.19	1440	17.71
绿洲	206.69	2.46	992.16	11.83
水域	481.89	5.75	242.99	2.90
沙漠	5837.73	69.60	5710.09	68.10

同时,从流域尺度上看,车尔臣河流域绿洲从 1970 年开始就有非常明显的向流域中、下游即向东北扩张的趋势,并且扩张呈现出沿着河流向外推进扩张的空间变化规律(约日古丽·卡斯木,2012)。

十、塔里木河干流生态环境问题

（一）塔里木河干流绿色带萎缩,威胁天山南坡经济带

塔里木河干流的荒漠河岸林植物以胡杨为主体,是世界面积最大的原始胡杨林分布区。胡杨是我国西北干旱区唯一自然成林的乔木植物物种,保护以胡杨为代表的植物群落稳定对区域生态安全具有极其重要的作用。从历史记载水系演变到现状天然植被分布来看,塔里木河干流由早先的"南河"和"北河"两条河构成,以后南河并入北河,发展为一条河。清代中期至今的约 220 年时间里,塔克拉玛干沙漠向北推进了 40km,相当于沙漠以每年 180m 的速度向北推进;塔里木河干流荒漠河岸林植被带宽度也一直处于萎缩的趋势,其对减缓塔克拉玛干沙

漠北侵、保护天山南坡经济带的生态屏障功能正在减退。在唐代中期以前,塔里木河干流河岸植被宽度为135-235km,至清代中期,萎缩至80-145km。目前宽度变化在30-120km,平均宽度64km,其中下游上段河岸林最大宽度仅为15km左右,阿拉干以下植被仅分布在河岸1-2km的范围内。并且,这种趋势还有可能继续发展。塔里木河干流的持续北移和绿色植被带的不断萎缩,对天山南坡经济带的威胁日益加大。

(二)上游水环境污染仍很严重,水生态系统威胁仍然存在

塔里木河是一条耗散型河流,干流自身不产流,源流水量汇入干流后流量不断减小,自净能力弱,沿途又不断溶解流经岩层的可溶盐分,在自然条件下,塔里木河的矿化度随着流程的加大呈现出缓慢增加的趋势,但以土地开发为代表的人类活动则大大加剧了塔里木河河水盐化的进程,已经直接威胁到河流所必须具有的生态功能。

塔里木河干流上游阿拉尔段,从20世纪70年代中期至90年代末期,年内淡水所占的月份比例逐年降低,在近30年的时间段里,小于1g/L的淡水比例由50%下降到25%,1-3g/L的年内微咸水所占月份比例由83.30%降至58%,大于3g/L的比例则由25%上升到58%。从水化学的离子组成来看,随着矿化度的升高,各离子含量均有明显的变化,但水化学类型变化不大。在矿化度<1g/L时,多形成$Cl \cdot SO_4 \cdot HCO_3-Na \cdot Mg$型;当矿化度为1-2g/L时,水化学类型为$Cl \cdot SO_4-Na \cdot Mg$型;当矿化度>2g/L时,水化学类型演变为$Cl \cdot SO_4-Na$型(陈小兵等,2008)。

近30年来,随着上游的不断垦荒,农田排水不断增加,排水的平均矿化度一般大于6g/L,塔里木河干流实际上成为了一条纳污河流。据不完全统计,近年来在阿拉尔灌区以上,各主要排水渠累积排入塔里木河的水量约为$6.54 \times 10^8 m^3$/年,排水的矿化度变异较大。对塔里木河干流水质影响最大的主要是位于塔里木河干流上游肖夹克附近的阿瓦提总排干、塔南排干、塔北截洪排以及地处新渠满附近的新和沙雅干排。阿瓦提总排干年排水量$1.92 \times 10^8 m^3$,平均矿化度高达12g/L,年排盐量达$230.9 \times 10^4 t$(陈亚宁,2011)。

（三）湿地面积减少，生物多样性锐减

近 40 年以来，塔里木河干流湿地与天然胡杨林面积显著减少，生物多样性锐减。从 1973 年到 2005 年，干流区湿地面积由 $20.5 \times 10^4 \, hm^2$ 减少到 $14.67 \times 10^4 \, hm^2$，减少了 28.44%，其中减少的湿地以沼泽湿地为主，占湿地减少总面积的 66.42%。由于耕地面积的扩大占用大量的林地、草地和湿地，同时由于下游水资源减少，荒漠河岸植被全面衰退，湿地面积萎缩，进而引起干流区生物多样性显著减少。据统计（冷中笑等，2006），以往塔里木河区域有 199 种脊椎动物，其中区域特有种及亚种的比例相当可观。目前大量珍稀生物处境濒危，国家一级保护珍禽黑鹳的集群繁殖地胡杨林面积锐减，生物多样性也急剧减少，草本植物种类从 200 种降低到 20 种，野生动物由 26 种降低到 5 种。北方候鸟迁徙重要停留地——塔里木河干流中下游湿地严重萎缩，在此栖息的野生动物由于栖息环境的破坏而大量减少，特别是野猪数量锐减，作为世界唯一生存在荒漠地带的老虎亚种——里海虎，由于没有食物来源在 20 世纪 50 年代率先灭绝。塔里木马鹿由 20 世纪 70 年代野生种群曾达近两万头锐减至千余头，从而被国际野生动物保护机构在世界马鹿 15 个亚种中首先列为濒危的亚种，现在除了人工饲养外，野生马鹿难觅踪迹；另外，由于栖息地遭受破坏，多种土著裂腹鱼类物种濒危。

塔里木河干流湿地面积减少，生物多样性减少的变化趋势主要分两个阶段。2000 年以前，湿地减少原因主要是干流中游地区大面积荒漠河岸植被遭垦伐，变为棉田，农业用水强烈挤占生态用水。根据"寒区旱区科学数据中心"（http：//westdc. westgis. ac. cn/）提供的 1986 年与 2000 年流域土地利用数据，1986 年干流中游地区有耕地 $0.31 \times 10^4 \, hm^2$，至 2000 年 14 年间耕地面积增加到 $1.39 \times 10^4 \, hm^2$，增加了近 3.5 倍，平均以近 $0.08 \times 10^4 \, hm^2 /$年的速度增长。对塔里木河干流土地利用变化分析发现，在过去的 10 年（2001-2010 年）耕地面积增加了约 80%。同时，2001 年以后，为了加快向塔里木河下游断流河道的生态输水，中游地区进行了河道整治和堤防修建。堤防修建后，沿河道的漫溢与跑漏水现象基本不存在，干流沿岸湿地逐渐干化。

（四）下游荒漠河岸林退化趋势未根本扭转,绿色走廊保护任务仍很艰巨

塔里木河干流下游经过近 10 余年生态输水,生态得到拯救和恢复,靠近河岸的胡杨恢复效果最为显著,然而沿河流的生态输水,实际上治理了一条线而不是一个面,治理范围十分有限,干流下游绿色走廊仍然受到两大沙漠的威胁,生态退化的局面并未从根本上得到扭转,生态恢复重建任务仍很艰巨。

断流河道生态输水具有积极的生态效应,然而断流河道输水的生态作用似乎并没有我们想象的那样显著。根据已有研究成果(Hao and Li,2014),下游生态输水过程已持续了 13 年,年最大输水量更是达到了 $7.16 \times 10^8 \, m^3$,然而下游地区仍然以低盖度($\leqslant 10\%$)植被为主,盖度 $> 20\%$ 的植被面积没有明显的增加。尽管已经实施生态输水 13 年,输水后下游地区植被稀疏、盖度较低的基本格局没有得到显著的改变。连续 13 年的 MODIS 数据解译归一化植被指数(NDVI)的分析结果表明,即使最易受地下水埋深影响且盖度最高的草本植物,其归一化植被指数(NDVI)的最大极限值也仅为 0.4 左右,乔木和灌木群落则分别只有 0.15 和 0.11 左右。这一结果表明,即使进行了大量的生态输水,近河道地区地下水埋深较浅,植被 NDVI 或者植被盖度的持续增大似乎已达到极限。出现这种情况的可能原因有两个方面:一是,生态输水主要以现存河道——齐文阔尔河为依托,虽然沿河道自然生态输水可以提高地下水位,为植物生长提供必要的水分,但是效果是十分有限的。齐文阔尔河河道较窄,大多宽度在 15-20m,河道下切严重,输水过程中河水对地下水的最大横向影响范围局限于河道两侧 1000m 以内,部分河段的输水影响面更窄,很难在大范围影响和提高自然植被的盖度(陈亚宁等,2013)。二是,在人工输水过程中,为了加快向下游输水进程,封堵了一些支流,改变了原有河道自然水流过程,尤其是不再出现洪水期的河水漫溢过程,这就造成了植物种子繁殖的基础条件与节律被完全打破,荒漠河岸植物很难进行自我更新。从这个角度来看,生态输水仅能最大限度地维持河道两岸现有植被的生长,而不能促进植物种群的有效更新。换句话说,即便进行了大量的河道生态输水,下游地区植

被 NDVI 或植被盖度的增加仍然是十分有限的,它只是加快了水流到达其下游台特玛湖的数量和进程。

荒漠河岸植物尤其胡杨具有萌蘖更新能力,然而由于降水缺乏,更关键的是失去了洪水期的大水漫溢,上层土壤干燥,通过侧根的萌蘖发生率低。研究表明,生态输水后仅距河道 50m 范围内,0-100cm 土层中胡杨水平根系分布较多,具有潜在的萌蘖能力,大于 50m 范围内胡杨基本不具有萌蘖更新能力(赵万羽等,2009)。更为重要的是,即使胡杨具有萌蘖更新的潜力,仍需适量的水分条件才能确保萌蘖植株的成活。目前状况下的生态输水过程的最大局限在于,它只能保持现有河道两侧植被的存活和复壮,而不能有效促进植被的更新,塔里木河下游的"绿色走廊"仍然是十分脆弱的。为此,必须辅助其他人工干预措施,在沿河道"线性输水"的同时,实施人工干预,有计划地"面上给水",扩大生态输水过程中的"受水范围",为植物的落种更新、自然萌发提供条件,以逐步扩大生态恢复效果。

第三节　干流河道水系变迁与植被带变化

分析了解塔里木河历史时期的河道变迁及植被带变化,对我们认识塔里木河环境演变过程、预估未来的变化趋势具有重要意义。塔里木河在历史上存在"南北"两河。在过去的 1300 多年时间里,塔里木河"南河"逐渐北移了 130-140km,在 20 世纪 20-50 年代与原塔里木河"北河"合并,形成了现在的塔里木河干流。塔里木河干流主河道在历史时期向北移了约 140km。随着河道的变迁,沿河流廊道分布的绿色植被带总体出现了萎缩、北移的变化趋势。河岸植被带宽度由唐代之前的 135-235km,逐渐萎缩至目前的 30-120km,尤其塔里木河下游河岸林最大宽度仅约 15km,且阿拉干以下天然植被仅分布在河岸 1-2km 范围内。

一、塔里木河河道水系变迁

塔里木河在历史上曾经经历多次河道变迁。本研究根据《山海经》、《史记·大宛列传》、《水经注》、《汉书·西域传》、《后汉书·西域传》、《魏书·西域传》、《隋书·地理志》、《旧唐书·西戎传》《旧唐书·地理志》、《新唐书·地理志》、《元史》、《清史稿·地理志》、《西域水道记》、《新疆图志》、《亚洲腹地旅行记》等书籍的记载,结合已有的研究成果,借助塔里木河 1999-2003 年航片判读,以时间序列为主线,对塔里木河河道水系变迁进行了分析。从时间序列上,塔里木河河道变迁大致可以分为以下 7 个阶段。

1) 公元前 3 世纪-公元 1 世纪,塔里木河由南、北两河构成。北河上游由喀什噶尔河、阿克苏河构成,中游接纳渭干河以及下游的孔雀河;南河由上游的叶尔羌河、和田河,中游的克里雅河以及下游的车尔臣河构成,向下从南面入罗布泊,南河主道向北深入沙漠 150km 以上,罗布泊由于众多河流的汇入面积也达到 5350km²。

2) 公元 2-5 世纪末,北河首先在若羌县西北与尉犁县交界的地带南折,进入南河后经喀拉和顺湖流入罗布泊。公元 4 世纪,北河在塔里木胡杨林景区一带改道东北流,在吾斯满库勒附近折向东南与孔雀河汇合于阿其克盖尔一带。

3) 公元 6-11 世纪,和田河改道向北在沙雅以南汇叶尔羌河,两者汇合后在沙雅以南约 30km 处形成了新河道,并向东北流至尉犁县的恰拉一带汇入北河。此时南河只剩克里雅河和且末河,两河水量小,流程短,开始出现断流尖灭于沙漠中。之后北河中游北迁,下游于 7 世纪初在铁门关附近夺孔雀河河道并形成位于孔雀河下游河谷以南 60km、阿拉干以北 36km 的“小河”,在米兰北部注入喀拉和顺湖,然后出而东折入罗布泊(伊弟利斯·阿不都热苏勒等,2004)。

4) 公元 12-16 世纪,叶尔羌河继续西移,与和田河分离,在今上游水库以东汇入北河,阿克苏河河口东移。渭干河单独在轮台县南部沿北河行水。这一时期古且末河断流,克里雅河北流至沙漠深处约 200km 在南河故道附近消失,孔雀河也与北河分离,流向东南入罗布泊。此后北河上游和下游较为稳定并持续到明朝中期。北河中游属于典型的游荡河流,汊流分支较多,期间发生过南北摆动,但具体的变迁时间点已无法考证。

5）和田河于约公元 1700 年北流约 35km 后，东折流向沙雅方向；喀什噶尔河、阿克苏河和叶尔羌河也在此汇合，形成四水汇聚的格局，四水汇合后的北河在沙雅县城东南 160km 以上称塔里木河，以下称额尔勾河（夏训诚等，1998；韩春鲜，2011），这时北河成为源流诸水的唯一行水道，现代意义上的塔里木河干流开始出现。至 1810 年，四水汇合点又从布古斯孔郭尔郭向西南移动到位于阿克苏城东南约 150km 的噶巴克阿克集（韩春鲜，2011），和田河入塔里木河的地点亦南移约 50km。此后和田河又于约公元 1850 年折向阿拉尔方向流动。1820-1910 年，叶尔羌河在今上游水库西南约 45km 处折向东北，东汇喀什噶尔河。这一时期渭干河处于丰水期，在沙雅以北分为南北两河，渭干南河在尉犁县拉里庄汇入塔里木河，渭干北河则与塔里木河平行东流入孔雀河，汇合渭干北河的孔雀河又南流至阿拉干入塔里木河。渭干河没有分出南、北两河之前是在沙雅县汇入北河的。这时孔雀河下游也分为东西两支，东支叫依列克河（1887 年因水量突增而歧出的），流经齐文库尔海子以东，西支叫吉什塔里木河，两者都往南注喀拉和顺湖（奚国金，1985），出而东折入罗布泊，但随后塔里木河很快在阿拉干以南又歧出水流穿过库尔干、七克里克，并在七克里克东南潴成喀拉布郎库尔（台特玛湖前身）。1890-1920 年，旧和田河在日利处再次改道西移约 30km，尾流在今胜利水库西约 5km 入塔里木河，形成新和田河。在 19 世纪末，喀什噶尔河由于农业开发引水而改流，从此与塔里木河失去水力联系。

6）20 世纪初，塔里木河主流在沙雅至艾力克段向北迁移了约 10km。20 世纪 20 年代，塔里木河在普惠一带入孔雀河，并沿魏晋时期就已干涸的库姆河从北面入罗布泊。1921-1952 年，罗布泊的面积曾达到 1900km^2。塔里木河主流改道至拉依河后，扎依提河以下河道干涸，使位于塔里木河下游的铁干里克缺水灌溉，几乎有一半人迁离，都拉勒、英苏情况更甚（奚国金，1985）。这次改道后，台特玛湖开始成为塔里木河的尾闾湖。1910-1945 年，塔里木河沙雅以下河段向北迁移约 40km。这一时期渭干河由于沿岸农业的发展，到新中国成立初开始与塔里木河失去水力联系。车尔臣河也在 20 世纪 40 年代脱离干流（樊自立等,2006)。

7) 20 世纪 50 年代以后,塔里木河向南流入台特玛湖,这一时期塔里木河年入台特玛湖的水量可达 $5×10^8 m^3$,大时可进入喀拉和顺湖,但已不入罗布泊(樊自立等,2009)。1958 年兵团农二师在铁干里克开始修建大西海子水库和恰拉水库,这两座水库的修建拦蓄了下游水量,大西海子水库以下 321km 的河段自 1972 年开始出现断流,台特玛湖也于同时期干涸。1958 年孔雀河上游修建了普惠大坝,普惠以下河段断流,罗布泊于 1972 年干涸。1960 年建成上游水库拦截叶尔羌河水并引阿克苏河水入库用于农业灌溉,导致叶尔羌河进入塔里木河的水量锐减。20 世纪 70 年代塔里木河中游主流抛弃了原来的河道,往北变迁了 50-100km,大至由 $40°50'N$ 北移至 $41°10'N$(艾力克木·卡德尔,2008)。1972 年修建了库塔干渠,人工将孔雀河与塔里木河联系起来并通过库塔干渠从孔雀河调水至塔里木河。叶尔羌河也由于农业发展引水增加自 1979 年以后除特大洪水年份(1996 年)外基本无水补给塔里木河。和田河也只有在汛期才有水进入塔里木河。只剩阿克苏河常年补给塔里木河。

2000 年以来,国家开始对塔里木河下游断流河道实施生态输水,以挽救濒临消失的绿色走廊,输水线路主要有 2 条:一条是从阿克苏河、和田河、叶尔羌河下泄水量至大西海子水库,另一条是从博斯腾湖泵站扬水经孔雀河、库塔干渠进入大西海子水库,然后由大西海子水库沿塔里木河故道和汊流齐文阔尔河下泄至台特玛湖。截至 2014 年共进行了 14 次生态输水,孔雀河与塔里木河再次恢复水力联系,台特玛湖重新出现,车尔臣河与塔里木河也于 2003 年夏季在台特玛湖实现水流对接,随着生态输水的不断进行,台特玛湖也间断性存在一定水域面积。

二、塔里木河水系变迁的驱动力

通过梳理塔里木河的变迁轨迹可以发现,塔里木河在历史进程中发生了显著的北移。南河的源流叶尔羌河、和田河不断向西向北变迁并最终汇入北河形成现代意义上的塔里木河。叶尔羌河、和田河的北移和西迁,克里雅河和且末河与南河的肢解、断流导致南河不断向北变迁并最终消失。古代北河的变迁多发生在中、下游且发生过短期的南迁,但以向北变迁为主趋势,与南河相比,北河的变迁幅度较小。历史上塔里木河河道的变迁和北移主要是由气候变化引起的。现代意义上的塔里木河形成以后,干流北移的趋势较为明显,同时由于生产力的发展,人类活动对塔里木河变迁的影响开始凸显。人类活动与自然因素的平衡点大致以清中期为界,此后,人类活动对塔里木河变迁的影响越来越大。

塔里木河尤其是其南河的不断北移受盆地内地形、盛行风和沙丘移动的共同作用。塔里木盆地南部海拔 1300m 左右,北部在 950-1152m,南北高差近 400m。南高北低的地形大势奠定了塔里木河北移的大格局。盆地西部海拔在 1100-1400m,而盆地东部在 1000m 以下,罗布泊洼地只有 780m,东西高差超过 600m。西高东低的地形大势奠定了塔里木河西东流向的格局。塔里木盆地内部总地势是西北高、东南低,1000m 等高线大致可以阿拉尔市-若羌县一线为界。塔里木盆地东部盛行单一的偏东气流,多为北东、北北东风向,在这种北东-南西定常风的作用下,塔克拉玛干沙漠东部地貌为东北-西南走向大型纵向沙丘,中部、东部沙丘以自东向西或自东北向西南方向运动,速度为 1-4m/年。受地形和沙丘走向的影响,古代叶尔羌河、和田河、克里雅河都流向东北方向。而沙丘的移动则不断地"推动"叶尔羌河、和田河、克里雅河向西变迁。

在古代,由于人类活动的强度较小,自然因素是塔里木河变迁的主要因素。仅从塔里木河北移的轨迹判断,其未来可能继续北移至塔里木盆地北部最低处。然而,塔里木河中游、下游河段现已基本平行于 1000m 等高线而具有较强稳定性,构造运动对河道变迁的影响短期不易凸显。建国后,人们在塔里木河流域开垦了大量荒地,修建了长距离的输水渠道和众多水库(表 1.17),几乎控制了塔里木河从出山口到尾闾湖泊的全部水量。水利设施的修建不仅拦蓄了河水,消减了洪峰,减小了塔里木河变迁的概率,且大大增加了对塔里木河的引水率。据统计,目前对塔里木河的引水率达 75%,远远超过国际上干旱区河流引水率不能超过 50% 的标准。因此,人类活动已成为当前影响塔里木河变迁最重要的因素,未来塔里木河的变迁将取决于人类活动强度和干预方式的变化。

表 1.17　塔里木河干流引水情况统计表

引水口	干流长度	引水口数量	平均间距	年均引走水量
	1321km	138	9.57km	$22 \times 10^9 m^3$
各级渠道	总长度	是干流长度的倍数	渠首过水能力	年引水能力
	$4.85 \times 10^4 km$	36.7	$765 m^3/s$	$241.25 \times 10^9 m^3$
水库	数量	库容	可形成深1m的水面	设计灌溉满足率
	76	$28.08 \times 10^9 m^3$	$2808 km^2$	71.42%
耕地面积	1949年	2008年	增加倍数	年平均增长率
	$70.65 \times 10^4 hm^2$	$338.68 \times 10^4 hm^2$	3.79	2.69%

　　资料来源:雍会.农业开发对塔里木河流域水资源利用影响及对策研究;唐祖贵.塔里木河干流水利工程管理存在的问题及建议.2013年新疆统计年鉴

三、塔里木河干流植被带变化

　　塔里木河干流的植被带沿河流廊道呈带状分布,主要由河水和地下水维系发育的胡杨、柽柳、芦苇等荒漠河岸林植物群落组成,它们沿塔里木河干流河流廊道发育,共同构成了塔里木河干流绿色廊道。它们犹如一道生态屏障,对阻止塔克拉玛干沙漠北移扩张、维护天山南坡经济带的健康发展具有重要的生态功能。

　　历史上"南北"两河共存时期,整个干流区天然植被宽度最大,参考现状河岸天然植被宽度(单侧河道外延至少30km),则历史上塔里木河干流的绿色带宽度至少相当于"南北"两河的间距再加60km外延宽度。根据记载,在唐代中期以前,干流阿拉尔-新渠满、新渠满-英巴扎、英巴扎-乌斯满、乌斯满-恰拉以及恰拉以下的河段河岸植被宽度分别为220km、235km、240km、170km 和 135km 左右(图 1.1)。至清代中期,干流阿拉尔-新渠满、新渠满-英巴扎、英巴扎-乌斯满、乌斯满-恰拉河段河岸植被宽度则分别萎缩至约 130km、140km、145km 和 80km;恰拉以下原"南河"并入北河,绿色植被带宽度大幅萎缩。

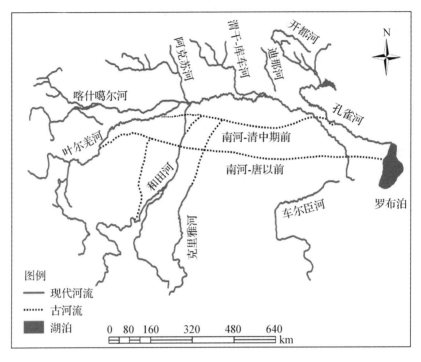

图 1.1　塔里木河干流水系演变示

　　20 世纪初至 50 年代,塔里木河干流中下游河道从南向北、又从北向南迁徙变化,胡杨林群落随之而迁徙。1921 年塔里木河下游从叶尔羌河(塔里木河在轮台县境内的别称)往北,沿拉伊河东流,使叶尔羌河沿岸胡杨林带迅速衰退;1952 年拉伊河断流后,两岸胡杨林地又逐步衰败沙化。1973-2008 年,塔里木河上、中、下游的耕地一直呈增加态势,天然林地、草地和水域总体是减少的(韩春鲜,2012)。现状塔里木河干流阿拉尔-新渠满、新渠满-英巴扎、英巴扎-乌斯满、乌斯满-恰拉河段,绿色走廊宽度仅为 38-100km、46-120km、45-80km 和 30-60km;塔里木河干流下游河道由于自 1972 年起经历了近 30 年断流,目前下游上段河岸林最大宽度仅约 15km,阿拉干以下天然植被分布范围更窄,草地基本退化,植被仅分布在河岸 1-2km 范围内。

　　2000 年以来,干流中游修建输水堤防工程,堤防工程有效地保障了向下游的生态输水,但也产生了一些负面影响(陈永金等,2009),主要表现为塔里木河干流输水堤防修建后,使得自然河道"人工渠化",人为约束了河水的自然漫溢,阻断了洪水漫溢机制(塔里木河中下游地区胡杨林广布就是河水定期漫溢的结果),限制了堤防外围荒漠河岸林植物群落的自我更新演替,加之堤防外围的毁林开荒,使得天然绿色廊道不断萎缩。

基于塔里木河干流区1977年的Landsat2 MSS影像,1990年、1998年和2011年的Landsat5 TM影像以及2014年的Landsat8 OLI_TIRS影像,我们沿塔里木河干流从上游(肖夹克-英巴扎)、中游(英巴扎-恰拉)至下游(恰拉-台特玛湖),采用像元二分模型,对1977-2014年塔里木河干流不同时段、不同区段的植被覆盖度和范围进行了分析计算,并对植被盖度按水体($f<0$,f为植被盖度)、中低植被盖度(0-20%、20%-40%)、高植被盖度(40%-60%、60%-80%和>80%)做了分类。并沿干流选取了11个典型断面,分析各断面植被带宽度变化。从野外实地探查和合成的彩色遥感影像来看,在塔里木河干流,$f<40\%$的中低植被盖度区域为天然植被,而$f>40\%$的高植被覆盖地区主要是农田。对塔里木河干流不同时段的影像信息解析发现,植被带变化具有以下几方面特征。

1) 从面积上看,1977年以来,塔里木河干流中低植被盖度($f<40\%$)的面积呈减少趋势,宽度变窄;而高植被盖度面积的增加趋势显著(图1.2)。说明1977年以来,塔里木河干流自然植被带呈减少趋势,而外围的新垦农田呈增加趋势。

2) 分析塔里木河干流上、中、下游不同区段的植被带变化发现,塔里木河干流的上游肖夹克至英巴扎段,$f<40\%$的中低植被盖度区域面积减少,天然植被带呈缩减趋势,而$f>40\%$的高植被覆盖地区的植被带宽度呈明显变宽态势,尤其在肖夹克至沙雅一带(图1.3);中游英巴扎区域的变化也是如此,这主要是由新垦农田增加所致;在塔里木河干流下游,大西海子水库断面,植被盖度>50%的植被带呈明显的增加趋势。在台特玛湖断面,2011年以来天然植被带面积呈增加趋势,这是近些年持续向台特玛湖区域输水的结果。

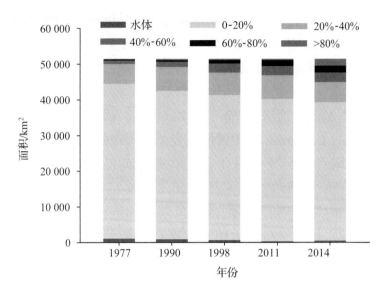

图 1.2　塔里木河干流植被带不同覆盖度等级所占面积(另见彩图)

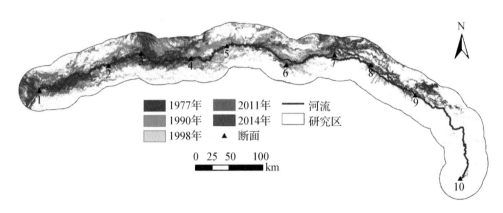

图 1.3　塔里木河干流植被覆盖度＞20％的植被带叠置分析图(另见彩图)

1. 肖夹克；2. 沙雅塔里木大桥；3. 新渠满；4. 帕曼水库；5. 英巴扎；6. 喀尔曲尕水库；

7. 罗布人村寨；8. 恰拉；9. 大西海子水库；10. 台特玛湖

3) 从植被带变化的位置分析,北岸植被带明显比南岸植被带宽,河流北岸的植被带宽度为 30-50km,南岸为 15-40km;植被覆盖度＞50％的植被带增加也主要分布在北岸,这与近些年的垦荒也主要集中在北岸有关。南岸受沙漠化威胁,河岸林退化严重,一直处于严重退化和萎缩过程中;在上游的肖夹克-沙雅段,由于垦荒,植被覆盖度＞50％的植被带宽度在南、北两岸都呈增加态势;在中、下游河段,植被带也主要是分布于北岸。中下游南岸的植被带有明显衰退趋势，面积减少，宽度缩减，植被退化严重。这主要是受水分条件和塔克拉玛干沙漠北移影响所致。伴随河道变迁、水量减少、风沙北移活动加强，天然植被受干旱胁迫和风沙侵蚀加重而衰败，甚至死亡。

参 考 文 献

阿布都热合曼·哈力克，卞正富，瓦哈甫·哈力克. 2009. 且末绿洲生态安全及其维护. 干旱区资源与环境，23(8)：14-20.

阿布都热合曼·哈力克. 2012. 基于生态环境保护的且末绿洲生态需水量研究. 干旱区资源与环境，26(7)：20-25.

艾力克木·卡德尔. 2008. 塔河中游近50a以来的水系变迁及生态环境的响应研究. 新疆大学硕士学位论文：30-35.

艾尼瓦尔·斯地克，瓦哈甫·哈力克，艾克白尔·阿布力米提. 2008. 喀什市境内河流流域生态安全问题及对策. 新疆农业科学，45(6)：1152-1156.

陈超群. 2011. 浅析叶尔羌河流域胡杨林的演变规律及生态保护对策. 新疆环境保护，33(3)：41-44.

陈吉斌. 2011. 盖孜河流域土地利用变化分析. 亚热带水土保持，23(1)：19-21.

陈小兵，杨劲松，杨朝晖，等. 2008. 土地开发影响下的内陆河流水质演变研究-以塔里木河干流区上游为例. 农业环境科学学报，27(1)：0327-0332.

陈亚宁，杜强，陈跃滨，等. 2013. 博斯腾湖流域水资源可持续利用研究. 北京：科学出版社：10.

陈亚宁. 2011. 新疆塔里木河流域生态水文问题研究. 北京：科学出版社.

陈永金，李卫红，刘家珍，等. 2009. 输水堤防工程队塔里木河中游荒漠河岸林生态系统的影响. 自然科学进展，19(5)：505-512.

陈忠升，陈亚宁，李卫红，等. 2009. 新疆和田河流域土地利用及其生态服务价值变化. 26(6)：832-839.

成倩. 2004. 新疆荒漠化面积每年扩大400平方公里. http://www. ts. cn/GB/channel3/17/200406/23/94879. html，2004-06-23/2014-09-24.

程仲雷，海米提·依米提. 2011. 克里雅河流域水资源承载力初步研究. 安徽农业科学，39(35)：21 997-21 999，22 002.

窦燕，陈曦，包安民. 2008. 近40年和田河流域土地利用动态变化及其生态环境效应. 干旱区地理，3(31)：449-455.

樊自立，艾里西尔·库尔班，徐海量，等. 2009. 塔里木河的变迁与罗布泊的演化. 第四纪研究，29(2)：232-240.

樊自立，陈亚宁，王亚俊. 2006. 新疆塔里木河及其河道变迁研究. 干旱区研究，23(1)：8-15.

樊自立. 2011. 塔里木河与罗布泊研究. 乌鲁木齐：新疆科学技术出版社：3-14.

韩春鲜. 2011. 8 世纪以来塔里木河干流河道变化及其与人类活动的关系. 中国沙漠，31(4)：
　　1072-1078.

韩春鲜. 2012. 塔里木河干流绿洲 250 年人类活动、环境变化及可持续发展模式研究. 干旱区资
　　源与环境，26(3)：1-8.

黄凤，乔旭宁，唐宏. 2013. 近 20 年渭干河流域土地利用与生态系统服务价值时空变化. 干旱
　　地区农业研究，31(2)：214-224.

黄劲柏，蒋海英. 2013. 新疆喀什噶尔河流域的水土流失及防治对策. 中国水土保持，
　　7：29-31.

冷中笑，格丽玛，万勤，等. 2006. 新疆塔里木河湿地保护和建设的研究. 甘肃联合大学学报
　　（自然科学版），20(2)：72-74.

郦道元注，杨守敬，熊会贞疏，段熙仲点校，陈桥驿复校. 1998. 水经注疏（上册），卷二. 南
　　京：江苏古籍出版社：110.

凌红波，徐海量，刘新华，等. 2012b. 新疆克里雅河流域绿洲适宜规模. 水科学进展，23(4)：
　　563-568.

凌红波，徐海量，张青青. 2012a. 新疆克里雅河源流区径流变化与气候因子关系的非线性分
　　析. 地理研究，31(5)：792-802.

龙见全. 2012. 浅谈新疆喀什噶尔河流域盐碱地改良技术. 水利建设与管理，7：83-84.

麦麦提吐尔逊·艾则孜，海米提·依米提，迪拉娜·尼加提，等. 2012. 昆仑山北麓克里雅绿
　　洲生态服务价值对土地利用变化的响应. 地理科学，32(9)：1148-1154.

苗立志，姜岩，闾国年，等. 2007. 阿克苏河流域土地利用变化与动态监测分析. 地球信息科
　　学，9(2)：124-128.

倪绍忠. 2013. 新疆于田县人文因子时空变化及对景观格局影响分析. 新疆大学硕士学位
　　论文.

单玲，努尔巴依·阿不都沙力克. 2007. 塔里木河干流泥沙冲淤分析及趋势预测. 甘肃科技，
　　23(1)：4-7.

沈永平，王国亚，丁永建，等. 2009a. 1957-2006 年天山萨雷扎兹-库玛拉克河流域冰川物质平
　　衡变化及其对河流水资源的影响. 冰川冻土，31 (5)：792-800.

沈永平，王国亚，丁永建，等. 2009b. 百年来天山阿克苏河流域麦茨巴赫冰湖演化与冰川洪水
　　灾害. 冰川冻土，31(6)：993-1002.

沈永平，王顺德，王国亚，等. 2006. 塔里木河流域冰川洪水对全球变暖的响应. 气候变化研
　　究进展，2(1)：32-35.

孙倩，塔西甫拉提·特依拜，张飞，等. 2012. 渭干河-库车河三角洲绿洲土地利用/覆被时空
　　变化遥感研究. 生态学报，32(10)：3254-3265.

土尔逊托合提·买土送，阿依古丽·克力毛拉. 2011. 和田河流域土地资源可持续利用研究.
　　国土与自然资源研究，3：31-33.

王让会，郑慧珍，马映军. 2003. 和田河流域生态脆弱性成因辨识. 西北大学学报(自然科学版)，33(1)：106-110.

王生霞，丁永建，叶柏生，等. 2012. 基于气候变化和人类活动影响的土地利用分析——以新疆阿克苏河流域绿洲为例. 冰川冻土，34(4)：828-835.

王雪梅，柴仲平，塔西甫拉提·特依拜，等. 2010. 渭干河-库车河三角洲绿洲景观格局动态变化及其对生态系统服务功能的影响. 干旱区资源与环境，24(6)：10-15.

王延贵，胡春宏，周文浩，等. 2003. 塔里木河干流的河床演变特点. 水力学报，(12)：27-33.

吴亚妮. 2008. 车尔臣河中下游流域生态环境敏感性评价及其空间分布研究. 新疆大学硕士学位论文.

奚国金. 1985. 近二百年来塔河下游水系变迁的探讨. 干旱区地理，8(1)：57-68.

夏训诚，董光荣，胡文康，等. 1998. 神奇的塔克拉玛干. 北京：科学出版社：77-152.

伊弟利斯·阿不都热苏勒，刘国瑞，李文瑛. 2004. 2002 年小河墓地考古调查与发掘报告. 边疆考古研究，(00)：12-15.

袁大化修，王树枏等纂. 1911. 新疆图志(四)，卷六十七，水道一. 新疆地方志总编复印：2459-2500.

约日古丽·卡斯木. 2012. 且末绿洲时空变化过程及其环境效应研究. 新疆大学硕士学位论文.

张飞，塔西甫拉提·特依拜，丁建丽，等. 2013. 阿克苏河-塔里木河水系水质污染状况机器可持续发展策略研究. 水资源与水工程学报，24(2)：30-37.

张家凤，陈亚宁，李卫红，等. 2011. 开都河-孔雀河流域水资源需求分析. 新疆农业科学，48(10)：1929-1935.

张雷. 2011. 克里雅河流域降雨径流变化趋势分析. 甘肃水利水电技术，47(1)：7-22.

张攀，陈长征. 2010. 喀什噶尔河流域河流生态治理的思路和对策. 新疆水利，1：52-54.

赵万羽，陈亚宁，周洪华，等. 2009. 塔里木河下游生态输水后衰败胡杨林更新能力与条件分析. 中国沙漠，29(1)：108-113.

周德成，罗格平，尹昌应，等. 2010. 近 50 年阿克苏河流域土地利用/覆被变化过程. 冰川冻土，32(2)：275-284.

Hao XM, Li WH. 2014. Impacts of ecological water conveyance on groundwater dynamics and vegetation recovery in the lower reaches of the Tarim River in northwest China. Environmental Monitoring and Assessment, DOI 10. 1007/s10661-014-3952-x 186：7605-7616.

Yang P, Chen YN. 2014. An analysis of terrestrial water storage variations from GRACE and GLDAS: The Tianshan Mountains and its adjacent areas, central Asia. Quaternary International, 2014, dx. doi. org/10. 1016/j. quaint. 09. 077.

第二章　塔里木河流域土地利用/覆被变化

　　土地利用/覆被变化(LUCC)一直是国际上研究的热点问题。研究区域土地利用/覆被变化有助于提高对土地管理中的自然-社会驱动力变化的认识,了解和掌握土地利用/覆被变化动力学的空间变异性,对制定区域社会经济发展与生态系统可持续发展对策具有重要意义。

　　塔里木河流域是我国最大的内陆河流域,它是阿克苏河、叶尔羌河、和田河、开都-孔雀河、喀什噶尔河、迪那河、渭干-库车河、克里雅河和车尔臣河九大水系114条河流的总称,流域总面积约$1.02 \times 10^6 \, \text{km}^2$。在过去的10年里,塔里木河流域土地利用和覆被状况发生了很大变化,主要表现在耕地面积的扩大。2001年耕地面积$354.28 \times 10^4 \, \text{hm}^2$,2010年耕地面积扩大到$422.92 \times 10^4 \, \text{hm}^2$,耕地面积以$6.86 \times 10^4 \, \text{hm}^2$/年的速度增长,10年来增幅约20%。其中,塔里木河干流、阿克苏河、渭干-库车河以及开都-孔雀河流域等耕地面积扩大迅速,林地、草地面积大幅减少。

第一节　土地利用/覆被变化分析

　　土地利用/覆被变化是区域生态环境变化的反映,它一方面与自然环境演变相关,另一方面与人类活动的不断增强密切相关。本项研究以塔里木河流域2001年及2010年遥感影像数据为基础,利用遥感(RS)与地理信息系统(GIS)集成技术,根据《土地利用现状分类》国家标准,采用一级标准分类体系,将塔里木河流域分为:水体、林地、草地、耕地、居工用地和裸地6类;并按照二级分类标准在一级分类体系的基础上划分:水体、针叶林、阔叶林、混交林、灌丛、多树草原、稀树草原、草地、湿地、耕地、居工用地、雪冰和裸地(包括低盖度植被)共13类土地利用类型。

一、塔里木河流域土地利用/覆被遥感解译

通过对塔里木河流域主要地类的遥感解译,对塔里木河流域不同时期的土地利用类型变化情况进行了分析,得出了研究区近10年土地利用与生态环境的演变过程:①2001-2010年10年间,塔里木河流域的土地利用/覆被发生了十分显著的变化(图2.1)。2001-2010年,塔里木河流域水体、住宅和工业地区面积变幅不大,水体呈略微增加的趋势。②林地和雪冰面积呈现减少的趋势,而耕地、草地面积大幅增加,尤其是阿克苏河、渭干-库车河灌区以及博斯腾湖流域的焉耆盆地等地区,耕地面积增加十分显著。③土地利用有向着单一化方向发展的趋势,具体表现为林地、湿地等景观要素向以耕地为主的景观要素转化。④在过去10年,塔里木河干流耕地面积增加十分迅速,增幅达80%;克里雅河流域耕地面积呈减少态势;车尔臣河流域虽然增幅较大,但其耕地面积基数较小(表2.1)。

表2.1　2001-2010年塔里木河流域"九源一干"耕地变化一览表

(单位:%)

流域	阿克苏河	叶尔羌河	和田河	开都-孔雀河	喀什噶尔河	克里雅河	车尔臣河	迪那河	渭干-库车河	干流区
增幅	20.04	27.62	31.25	4.75	16.36	−6.58	85.21	76.92	36.63	80

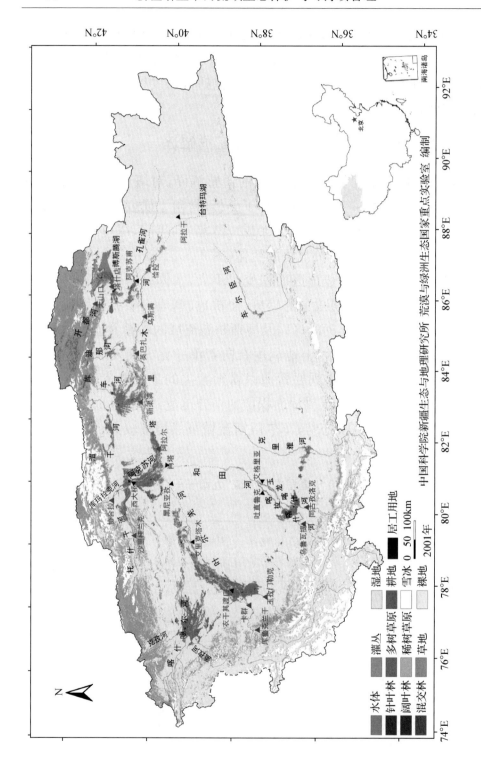

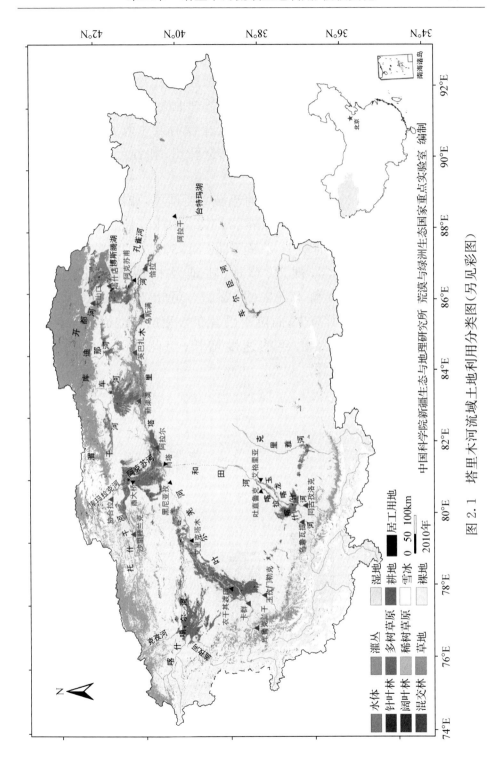

图 2.1 塔里木河流域土地利用分类图（另见彩图）

二、塔里木河流域主要地类面积转移矩阵

　　为充分掌握塔里木河流域不同时期土地利用类型的变化情况,利用矩阵转移分析了2001-2010年10年间各种地类之间的转换关系。在矩阵对角线上的数据是土地利用/覆被类型没有发生改变的数量,而对角线以外的数据则表明收益(转入)、损失(转出)和各土地类型之间相互转换的轨迹。

　　由表2.2可知:2001年塔里木河流域主要地类,如裸地、草地、耕地及林地面积分别为 $82.93 \times 10^4 km^2$、$7.59 \times 10^4 km^2$、$3.54 \times 10^4 km^2$、$3.49 \times 10^4 km^2$,分别占研究区总面积的 81.30%、7.40%、3.47% 和 3.42%。截止至2010年,裸地、草地、耕地及林地所占比例变为: 81.60%、7.70%、4.10% 和 3.29%(图2.2)。可知:2001-2010年10年间,研究区林地面积有所减少;而位于巴音布鲁克的草地面积呈扩大趋势,草地面积以 $266.54 km^2$/年的速度增长;与此同时,耕地面积以 $686.42 km^2$/年的速度增长。

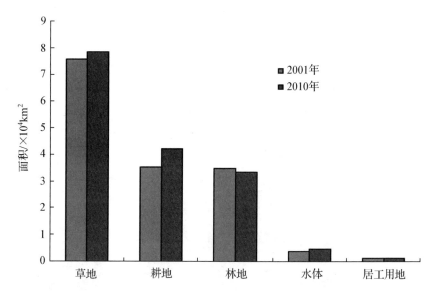

图2.2　塔里木河流域2001-2010年主要土地类型变化

表 2.2　2001-2010 年塔里木河流域主要地类遥感解译　　　　　　　　（单位:km²）

		2001 年								
		水体	林地	草地	耕地	居工用地	雪水	裸地	总和	转入
2010 年	水体	3 082.82	135.91	311.34	7.99	0	240.09	938.58	4 716.73	1 633.90
	林地	97.56	9 242.40	6 516.14	828.08	26.43	418.22	16 408.32	33 537.20	24 294.80
	草地	103.12	13 032.63	43 979.46	3 828.65	45.51	3 576.65	14 021.18	78 587.20	34 607.70
	耕地	31.34	3 334.65	5 411.75	28 281.66	320.65	0.14	4 912.11	42 292.30	14 010.60
	居工用地	0	41.10	69.54	247.06	831.22	0	82.63	1 271.55	440.30
	雪水	103.75	633.50	668.46	0.28	0	22 569.71	2 515.25	26 490.95	3 921.20
	裸地	385.95	8 492.75	18 965.15	2 234.47	65.91	12 197.89	790 462.33	832 804.50	41 342.10
	总和	3 804.54	34 912.90	75 921.80	35 428.20	1 289.70	39 002.70	829 340.40	1 019 700	—
	转出	721.70	25 670.50	31 942.40	7 146.50	458.50	16 432.90	38 878.10	—	—

（一）水体

流域范围内重要的湖泊主要包括博斯腾湖、台特玛湖,其也是流域重要的湿地分布区。2010 年的水体面积总和约为 4716.73km^2,与 2001 年(3804.54km^2)相比,增加了约 23%,增加区域主要分布在渭干-库车河西北部和盖孜河周围等地;增加的 1633.90km^2 的水体主要由其他土地类型转换而来,包括林地(135.91km^2)、草地(311.34km^2)、耕地(7.99km^2)、雪冰(240.09km^2)和裸地(938.58km^2)。

（二）林地

塔里木河流域 2010 年的林地面积为 3.35×10^4 km^2,与 2001 年(3.49×10^4 km^2)相比,减少了 4.01%。其中,9242.40km^2 林地面积未发生变化。林地向水体、草地、耕地、居工用地、雪冰以及裸地分别转化了 135.91km^2、13 032.63km^2、3334.65km^2、41.10km^2、633.50km^2 和 8492.75km^2 的面积,减少的区域主要分布在博斯腾湖流域巴音布鲁克和渭干-库车河北部等地。同时,有 2.42×10^4 km^2 的林地由其他土地类型转换而来,包括水体(97.56km^2)、草地(6516.14km^2)、耕地(828.08km^2)、居工用地(26.43km^2)、雪冰(418.22km^2)和裸地(16 408.32km^2)。这些区域主要分布在迪那河灌区和和田河同古孜洛克以南等地。

（三）草地

塔里木河流域 2010 年的草地面积为 7.86×10^4 km^2,与 2001 年(7.59×10^4 km^2)相比,增加了 3.56%。其中,4.40×10^4 km^2 草地面积未发生变化。草地向水体、林地、耕地、居工用地、雪冰以及裸地分别转化了 311.34km^2、6516.14km^2、5411.75km^2、69.54km^2、668.46km^2 和 18 965.15km^2 的面积,减少的区域主要分布在车尔臣河流域与和田河下游等地。同时,有 3.46×10^4 km^2 的草地由其他土地类型转换而来,包括水体(103.12km^2)、林地(13 032.63km^2)、耕地(3828.65km^2)、居工

用地(45.51km²)、雪冰(3576.65km²)和裸地(14 021.18km²)。这些区域主要分布在开都-孔雀河流域上游的巴音布鲁克草原和渭干-库车河北部等地。

（四）耕地

耕地是塔里木河流域近 10 年变化最为显著的土地利用类型。塔里木河流域 2010 年的耕地面积为 4.23×10^4 km²，与 2001 年(3.54×10^4 km²)相比,增加了 19.49%。其中,2.83×10^4 km²耕地面积未发生变化。耕地向水体、林地、草地、居工用地、雪冰以及裸地分别转化了 7.99km²、828.08km²、3828.65km²、247.06km²、0.28km² 和 2234.47km²的面积。减少的区域主要分布在博斯腾湖流域开都河上游和喀什噶尔河上游等地。同时,有 1.40×10^4 km²的耕地由其他土地类型转换而来,包括水体(31.34km²)、林地(3334.65km²)、草地(5411.75km²)、居工用地(320.65km²)、雪冰(0.14km²)和裸地(4912.11km²)。这些区域主要分布在开都-孔雀河流域的焉耆盆地和孔雀河上游以及渭干-库车河流域等。

（五）居工用地

塔里木河流域 2001 年的居工用地面积约为 1289.70km²,其中 831.22km²未发生变化。到 2010 年,居工用地面积约比 2001 年减少了 18km²,整体变幅不大。增加的区域主要分布在库尔勒市周边等地。

（六）雪冰

塔里木河流域 2001 年的雪冰面积约为 39 002.70km²,其中 22 569.71km²未发生变化。到 2010 年,雪冰面积约为 26 490.90km²,比 2001 年减少了约 12 511.8km²,减少幅度明显。

（七）裸地

裸地(包括低盖度植被)在塔里木河流域土地类型中所占比重最

大,远大于其他地类景观。塔里木河流域 2010 年的裸地面积总和约为
$83.28 \times 10^4 km^2$,与 2001 年($82.93 \times 10^4 km^2$)相比,增加了约 0.42 %。
增加区域主要分布在阿克苏河流域托什干河以西和博斯腾湖流域孔雀
河下游等地。增加的 $4.13 \times 10^4 km^2$ 的裸地主要由其他土地类型转换而
来,包括水体($385.95 km^2$)、林地($8492.75 km^2$)、草地($18\ 965.15 km^2$)、
耕地($2234.47 km^2$)、居工用地($65.91 km^2$)和雪冰($12\ 197.89 km^2$)。

第二节　土地利用/覆被变化区域分异

　　为明确塔里木河流域不同源流天然植被的分布特征,我们对塔里
木河"九源一干"各个流域的土地利用/覆被变化、天然植被分布变化特
征以及近 10 年地类面积转移进行了逐一分析,分析结果发现,塔里木
河流域在过去 10 年(2001-2010 年)间,土地利用和覆被状况发生了很
大变化,总体上表现为草地、裸地以及耕地面积的快速扩大和林地、雪
冰面积的减少。下面分别就塔里木河流域"九源一干"的土地利用/覆
被变化做一介绍。

一、阿克苏河流域土地利用/覆被变化

　　阿克苏河流域 2001-2010 年土地利用的最显著特征就是耕地面积
扩张、天然林地和草地面积减少(图 2.3)。在这 10 年间,流域内林地面
积减少了 46.20%,大部分转化为裸地,部分转化为草地。流域内原本
的草地类型退化现象也很严重,尤其是托什干河东部地区大片草地退
化为裸地,包括低植被盖度草地。与林、草类型变化不一致,流域耕地
面积变化较不均衡,其中库玛拉克河东部区域的耕地面积大幅减少,部
分耕地转化为天然草地;而阿克苏河河道两岸的灌区周边耕地面积伴
随着人口与经济的增长呈现增加的趋势,增幅约 5%。阿克苏河流域内
其余土地利用类型变化基本趋于稳定。

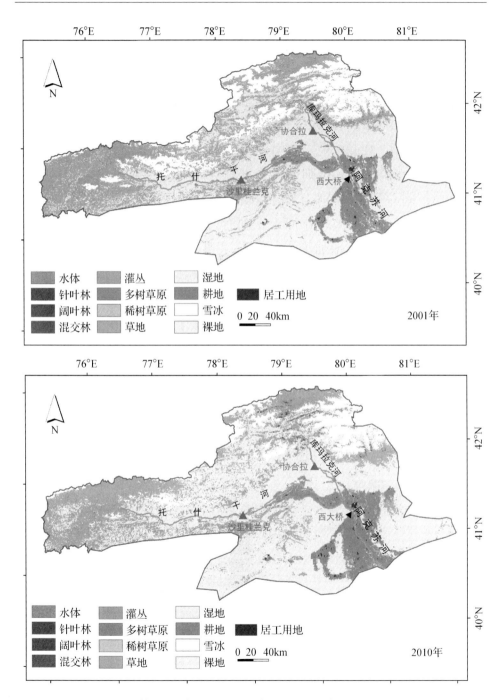

图 2.3　阿克苏河流域 2001-2010 年土地利用类型变化(另见彩图)

二、叶尔羌河流域土地利用/覆被变化

叶尔羌河流域2001-2010年土地利用的最显著特征就是草地面积的大幅减少、耕地面积的增长、天然林地的增加以及裸地的进一步扩张（图2.4）。近10年间，叶尔羌河流域内草地总面积大幅减少，2010年比2001年减少了42.30%。其中，17.80%的草地面积转化为林地，14.50%转化为耕地，其余则退化为裸地。叶尔羌河流域居工用地和水体近10年间总面积分别上升了8%和17%。天然林地面积增加了11.80%，大部分由草地转化而来。同时，近10年来耕地面积进一步增加，2010年比2001年增加了27.60%，主要分布在河道两侧及艾里克塔木以下地区。

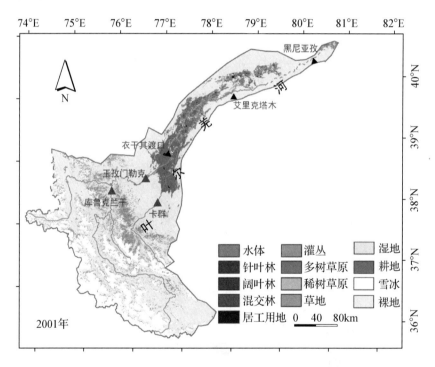

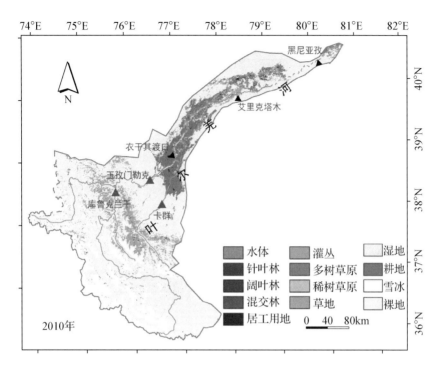

图 2.4　叶尔羌河流域 2001-2010 年土地利用类型变化(另见彩图)

三、和田河流域土地利用/覆被变化

2001-2010 年,和田河流域耕地、林地、裸地及居工用地面积呈现不同程度的增加;而流域内草地、水体和雪冰面积呈现减少的态势(图 2.5)。其中,和田河上游山区草地大面积减少,天然草地面积减少了近 50%,部分转化为林地,林地面积增加了 24%;和田河流域中游绿洲区林地与草地面积有所减少,而耕地与居工用地面积迅速增长,耕地面积增加了 31.20%,大部分由林地(13.70%)和裸地(19.50%)转化而来。下游荒漠区仍然以裸地为主,裸地面积占主导地位。

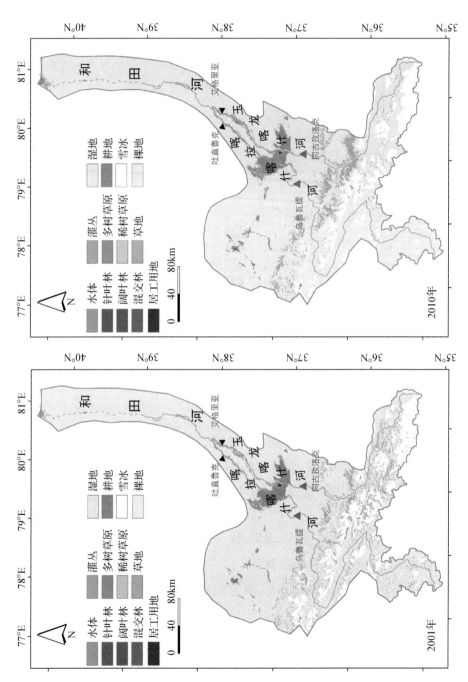

图 2.5　和田河流域 2001~2010 年土地利用类型变化（另见彩图）

四、开都-孔雀河流域土地利用/覆被变化

2001-2010 年土地利用类型转移矩阵表明:开都-孔雀河流域(也称博斯腾湖流域)近 10 年内耕地面积的扩张主要是从天然草地转化而来。在新增的耕地中有 48% 由天然草地面积转化而成,开都河流域上游的部分耕地转化为草地;而中游,尤其是焉耆盆地和流域下游孔雀河流域的耕地面积迅速增长。近 10 年间博斯腾湖流域内耕地面积增长了 31.10%(图 2.6)。城镇和农村居民点新增面积主要是从耕地、草地和裸地转化而来。在过去的 10 年间,水体与耕地、草地的相互转化过程较为频繁。通过对土地利用/覆被变化规律的分析可以看出,开都-孔雀河流域最突出的特点是:耕地迅速增加,天然林、草地迅速减少或退化。这种变化一方面是由于全球变化的自然因素影响,另一方面与耕地面积的持续扩大有关,农业用水量的不断增加强烈挤占了生态用水,导致下游生态环境的退化。

五、喀什噶尔河流域土地利用/覆被变化

通过对喀什噶尔河流域 2001-2010 年不同地类的相互转换分析来看,耕地主要集中在喀什噶尔河下游,并呈显著增加态势(图 2.7)。相比于 2001 年,喀什噶尔河流域耕地面积在 2010 年大幅增加,约有 35.06% 的天然林、草地转化为耕地。裸地面积也呈持续增加态势,增幅约 7%。通过解译遥感影像发现:喀什噶尔河流域的天然草地主要集中在克孜河流域,天然林地集中于盖孜河流域。在过去的 10 年间,流域内天然林、草地面积大幅减小,克孜河流域最为明显。

六、渭干-库车河流域土地利用/覆被变化

2001-2010 年 10 年间,渭干-库车河流域的土地利用类型同样发生了较大的变化。以林地、草地、耕地与裸地的变化为主要特点,其余土地类型面积变化不大。从解译图上看(图 2.8),2010 年与 2001 年相比,

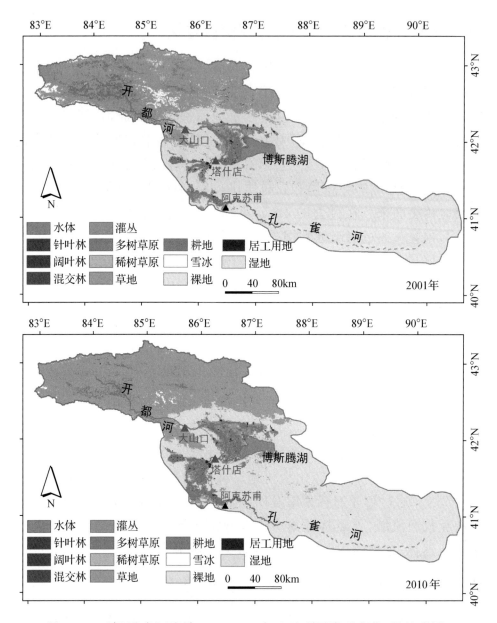

图 2.6　开都-孔雀河流域 2001-2010 年土地利用类型变化(另见彩图)

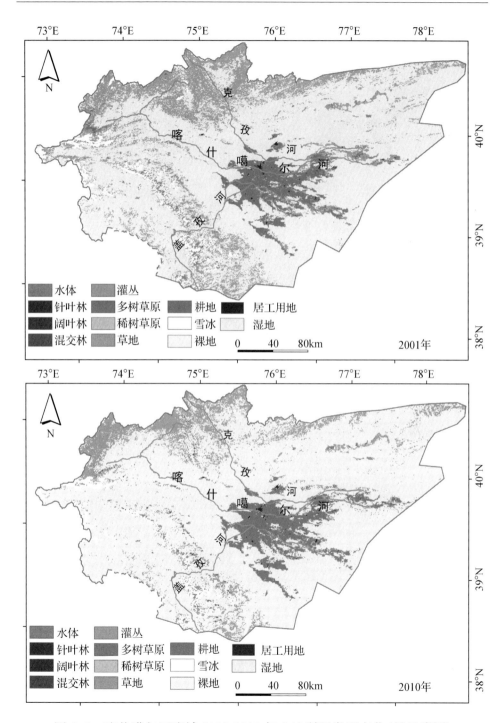

图 2.7 喀什噶尔河流域 2001-2010 年土地利用类型变化(另见彩图)

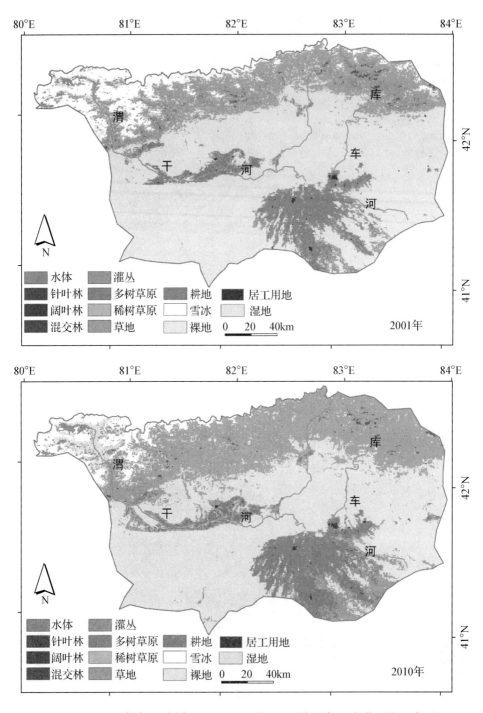

图 2.8　渭干-库车河流域 2001-2010 年土地利用类型变化(另见彩图)

天然林地面积急剧减少,10 年间减少约 82.60%,大部分转化为草地和耕地;裸地面积减少了约 3511.65km²,其中 49%转化为草地、7.60%转化为林地。此外,渭干-库车河流域耕地面积扩张十分显著,2010 年耕地面积比 2001 年增长约 36.60%,尤其是库车河南部地区耕地面积迅速扩大,同时伴随着部分草地的增加,这与研究区持续的开荒活动密切相关。

七、迪那河流域土地利用/覆被变化

2001-2010 年的 10 年间,迪那河流域的耕地面积增加十分迅速,其他土地类型均呈减少态势(图 2.9)。近 10 年间,流域内草地面积增长了 32.80%,主要由林地和裸地转化而来,其中林地以每年 79.30km² 的速度转化为草地,此外至 2010 年,有 559.04km² 的裸地转化为草地。同

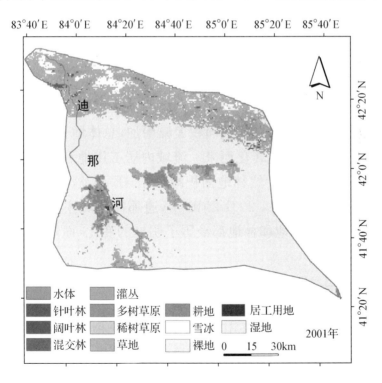

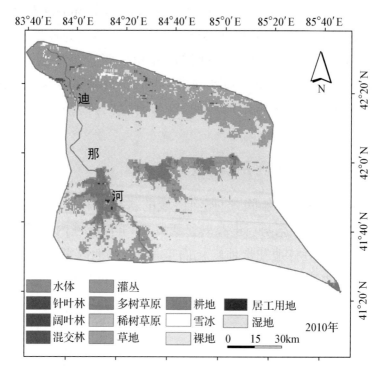

图 2.9　迪那河流域 2001-2010 年土地利用类型变化(另见彩图)

时,近 10 年间,迪那河流域耕地面积大幅增加,总体增长了约 76.80%,
分别由林地、草地和裸地转化而来。流域内居工用地和水体近 10 年来
总面积变化幅度不大;天然林地面积减少了 31.70%,迪那河流域北部
林地大部分转化为草地。2001-2010 年,迪那河流域主要土地利用/覆
被类型,包括草地、耕地和林地都经历了明显的变化,而水体、居工用地
变化相对较小。

八、克里雅河流域土地利用/覆被变化

　　克里雅河流域在 2001-2010 年的 10 年间,土地利用/覆被变化最显
著的特征就是林地的增加和耕地面积的减少(图 2.10)。

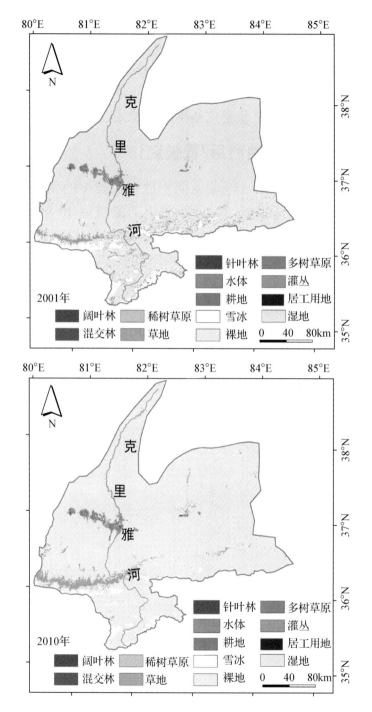

图 2.10　克里雅河流域 2001-2010 年土地利用类型变化(另见彩图)

在这 10 年间,流域内林地面积增加了 4.80%。而同时,克里雅河流域草地退化现象也极为严重,尤其是达里雅布依冲积平原区,23.50% 的草地退化为裸地。与其他流域耕地面积增加相反,克里雅河流域耕地面积呈现减小的趋势,10 年间研究区耕地面积减少约 4.30%。其余土地利用类型变化基本趋于稳定。

九、车尔臣河流域土地利用/覆被变化

车尔臣河流域 2001-2010 年期间土地利用类型的变化表现为耕地扩张、林地和草地减少(图 2.11)。车尔臣河流域近 10 年内天然林、草地大部分转化为裸地,林地面积大幅减少,2010 年比 2001 年减少了近 74.20%;草地退化现象也极为严重,2010 年比 2001 年减少了近 80%;车尔臣河流域北部区域河道两旁林地、草地略微增加。与草地和天然林地面积减少相反,车尔臣河流域 2001-2010 年耕地面积有所增加,10 年间增加了约 84.70%,虽然增幅很大,但由于实际耕地面积基数小,增加的耕地面积在整个塔里木河流域中所占比重并不突出。

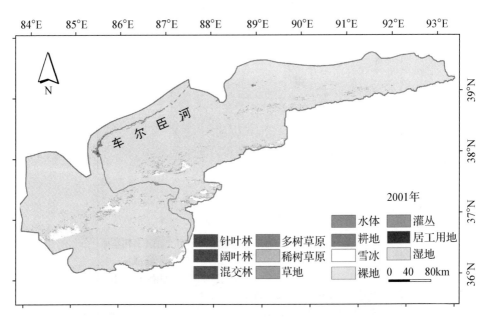

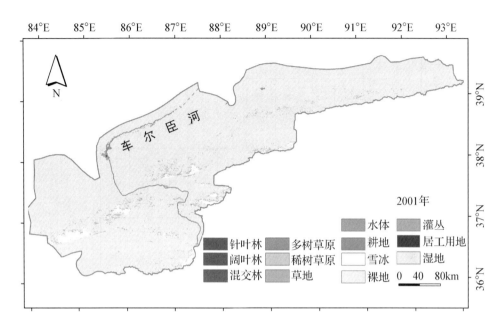

图 2.11　车尔臣河流域 2001-2010 年土地利用类型变化（另见彩图）

十、塔里木河干流土地利用/覆被变化

2001-2010 年塔里木河干流区土地利用/覆被变化显著（表 2.3，图 2.12）。耕地、居工用地和灌丛呈增加趋势；其中耕地与灌丛增幅最为明显，居工用地增幅较小，仅为 8%。而林地、草地、水体和裸地呈减少态势；其中，林地减少幅度最大，为 32.27%，草地与水体的减少幅度分别为 25.75% 和 3.60%。在这 10 年间，耕地增幅极为明显，以每年 85.97km² 的速度增加，在过去的 10 年间，耕地面积增加了 80%；林地面积减少速度最快，10 年来减少了 100.09km²。

表 2.3 2001-2010 年塔里木河干流主要地类遥感解译 （单位：km²）

2001 年		2010 年								
		水体	林地	灌丛	草地	耕地	居工用地	裸地	总和	转入
2001 年	水体	0.08	0	0.27	0.06	0	0	32.61	33.02	32.94
	林地	0.29	121.60	92.73	31.47	45.50	6.50	12.03	310.12	188.51
	灌丛	1.42	23.56	248.06	128.80	229.57	1.31	52.21	684.93	436.87
	草地	3.52	32.45	887.90	452.09	382.22	1.80	86.37	1 846.35	1 394.26
	耕地	0.45	20.21	69.27	68.20	886.91	1.98	28.89	1 075.92	189.02
	居工用地	0	0.80	0.59	0.39	9.23	4.67	1.36	17.05	12.37
	裸地	26.08	11.40	3 718.19	689.93	382.27	2.18	13 127.43	17 957.48	4 830.06
	总和	31.84	210.02	5 017.01	1 370.94	1 935.69	18.44	13 340.90	21 924.86	—
	转出	31.76	88.42	4 768.95	918.86	1 048.79	13.77	213.48	—	—

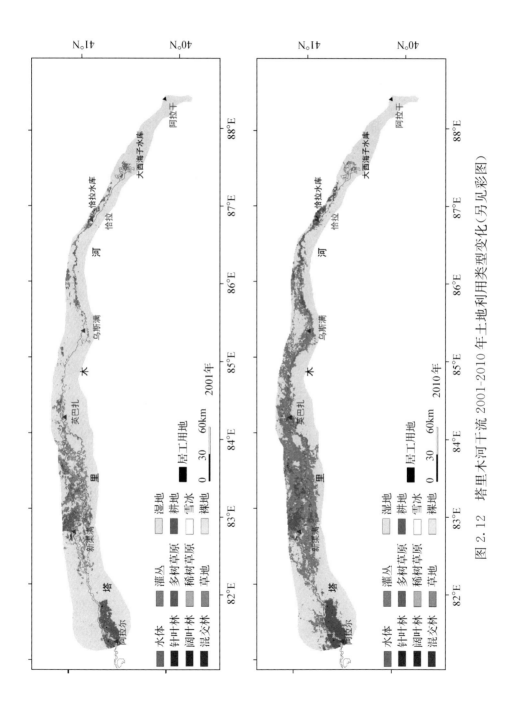

图 2.12　塔里木河干流 2001-2010 年土地利用类型变化（另见彩图）

第三章　塔里木河流域生态保护目标

据塔里木河流域多年监测数据,流域多年平均水资源总量约为 $367.21 \times 10^8 \mathrm{m}^3$,其中多年平均地表水资源量约为 $346.82 \times 10^8 \mathrm{m}^3$,不重复计算的地下水资源量多年平均约为 $20.39 \times 10^8 \mathrm{m}^3$。2010 年塔里木河全流域总需水量为 $324.85 \times 10^8 \mathrm{m}^3$,其中农业需水量为 $314.24 \times 10^8 \mathrm{m}^3$。耕地面积的持续增长,过多占用了流域有限的水资源。丰水年生态用水基本可以得到保障,但是在平水年,尤其枯水年生态用水严重不足。在来水量不确定、农业耗水过度增长情况下,提出不同生态保护目标,即生态红线保护目标与生态敏感区保护目标。总体目标就是确保生态红线保护区内天然植被不再退化,生态敏感保护区内天然植被即使在枯水年生态用水也能得到保障。

第一节　生态红线与保护目标

综合考虑塔里木河流域平原区天然荒漠植被在保障绿洲生态安全、绿洲城市文明可持续发展以及区域生物多样性保育等方面的重要功能,确定塔里木河流域平原区天然植被总面积为生态红线。

在现状条件下,为了逐步推进生态红线的保护目标,在生态红线的约束下,依据天然植被分布格局、水分来源,生物多样性及物种资源基因库的保存,并考虑枯水年整个流域平原区天然植被生态需水供应可能面临不足的现实情况,流域天然植被保护范围与目标可首先考虑各河流下游具有极重要生态防护功能,同时也要兼顾对水分条件响应敏感的生态脆弱区,即各河流域灌区以下集中连片分布的天然植被。

一、生态红线的内涵与划定依据

（一）生态红线的内涵

生态红线是指最基本的生态环境保护要求，是维护一定生态环境质量所必须坚持的防护底线。生态红线的划分主要以下三个重要区域为依据，即重要生态功能区、生态脆弱区或敏感区、生物多样性保育区三大区域。

重要生态功能区的保护红线指的是水源涵养区，保持水土、防风固沙、调蓄洪水等。城市发展需要安全健康的水源，这是一条经济社会的生态保护安全线，是国家生态安全的底线，能够从根本上解决经济发展过程中资源开发与生态保护之间的矛盾。

生态脆弱区或敏感区保护红线，即重大生态屏障红线，可以为城市、城市群提供生态屏障。建立这条红线，可以减轻外界对城市生态的影响和风险。

生物多样性保育区红线。这是我国生物多样性保护的红线，是为保护的物种提供最小生存面积。红线就是底线，如果再开发就会危及种群安全，非常紧迫。

（二）生态红线划定依据

1. 干旱区内陆河流域最低生态需水量所支持的生态红线面积

西北干旱区内陆河流域天然植被生态需水量占年径流量的百分比一般在 18.99%-36.66%（表 3.1），这一比例的浮动主要取决于生态环境、植被类型和面积大小。塔里木河流域远比表 3.1 的流域或区域大得多，其天然植被面积和规模相应也大很多。参照干旱区内陆河流域生态需水与径流量的一般关系，塔里木河流域天然植被生态需水占年径流量比例的下限取西北干旱区内陆河流域的平均值，即至少应该在26.88%左右；塔里木河流域天然植被生态需水占年径流量比例的上限取西北干旱区内陆河流域的最高值，即 36.66%。根据多年监测资料，塔里木河流域天然植被生态需水量在 50% 的来水频率下，应该在 $86.04×10^8$-$117.34×10^8 m^3$。实际上，与表 3.1 上所列河流和区域相比,塔里木河流域的生态需水可能要更大。这是因为塔里木河流域地处中亚腹地,是中国最干旱的区域。其主要特点是:干燥少雨,蒸发强烈,生态系统极端脆弱。盆地内的降水大多没有生态意义,天然植被主要依赖于土壤水和地下水维系生存。

表 3.1　干旱区内陆河流域生态需水量评估

流域(区域)	天然植被生态需水量/$\times 10^8 m^3$	年径流量/$\times 10^8 m^3$	生态需水所占份额/%	数据来源
奎屯河	5.65	15.41	36.66	母敏霞等,2008
石羊河	4.14	15.75	26.29	张瑞君等,2012
疏勒河	2.49	7.81	31.88	雷文娟,2011
张掖地区	5.47	26.60	20.56	司建华等,2004
黑河中下游	7.13	37.55	18.99	王根绪等,2005

根据研究结果,塔里木河上、中、下游 $142.06\times 10^4 hm^2$ 的天然植被最低生态需水量为 $31.74\times 10^8 m^3$(陈亚宁等,2008)。考虑到整个流域天然植被的组成结构具有一致性,按此面积与需水量关系,则塔里木河流域需保护的天然植被面积应该在 385.09×10^4-$525.18\times 10^4 hm^2$ 以上。而实际依据当前自然植被现状、水资源管理能力、社会经济发展状况和节水技术水平,塔里木河流域生态红线面积划定为 $477.71\times 10^4 hm^2$,远低于需要保护的天然植被最大面积,因此,现状天然植被保护面积不能再减少。

2. 干流绿色带宽度

历史上,塔里木河干流存在“南河”和“北河”两条河流。在“两河”共存时期,整个干流区的河道与天然植被宽度最大。现状塔里木河干流上中游天然植被平均宽度为 64km,与历史时期最大宽度相比,萎缩了 160-180km。

随着绿色带宽度的萎缩,塔克拉玛干沙漠向北扩展侵蚀,从文献记载河道位置的空间分析,唐以前至清中期,1100 年时间,沙漠向北移动了 90-100km;清中期至今约 220 年时间,沙漠又继续向北推进了 40km,相当于整个历史时期,沙漠以每年 106m 的速度向北推进,可见绿色带宽度的萎缩是沙漠化所致。至今,塔里木河干流绿色带已被压缩至80km 范围内,成为了阻挡沙漠继续北扩的最后一道屏障,现状河岸植被宽度如果继续萎缩,就意味着沙漠可继续向北挺进,随着沙源的扩大和逼近,植被盖度的降低,塔北地区浮尘与沙尘天气将会增加,天山南坡经济带的发展将受到威胁。因此,从防风固沙、保护人居环境的角度,现状塔里木河干流绿色廊道宽度就是目前生态红线,不能再继续萎缩。

3. 塔里木河流域生态红线与面积

塔里木河流域地处中亚极端干旱区,水资源是制约社会、经济活动的最关键因素,绿洲是人类社会、经济活动的主要载体,因此,在塔里木河流域生态红线的划定过程中,必须要以保护绿洲生态安全以及绿洲城市文明的可持续发展为基础。塔里木河流域"九源一干"的水系格局形成了依托水系孕育而生的绿洲及城镇分布的基本格局。流域平原区天然植被不仅担负着绿洲区水土保持和防风固沙的重任,同时也是条带状分布的城市与乡镇的绿色屏障;除此之外,平原区天然植被也是塔里木盆地重要物种资源——胡杨、灰杨、柽柳等多种乔、灌、草植物的最后栖息地,发挥着区域生物多样性的保育的重要功能。然而,流域天然植被受极端干旱的自然条件的影响,在沙漠化日益侵蚀之下,生态系统脆弱,一旦水分条件受损,天然植被响应敏感。鉴于塔里木河流域平原区天然植被的生态重要性、不可替代性、易扰动性、脆弱性与复杂性等特性,将它作为流域平原区生态红线,保护目标主要是这一范围内的自然绿洲生态系统、荒漠生态系统和荒漠-绿洲过渡带的天然植被;生态红线的保护范围就是平原区天然植被现状分布格局与总面积。

二、生态保护目标

依据天然植被分布格局、水分来源,并考虑保护工程的分阶段逐步推进,塔里木河流域天然植被保护范围与目标分为以下 2 个层次:一是,平原区生态红线,即平原区天然植被总面积;二是,生态敏感区范围,即各河下游区集中连片分布的荒漠河岸林植被。

（一）生态红线范围与目标

综合考虑平原区天然植被的生态重要性、不可替代性、易扰动性、脆弱性与复杂性等特性,依据塔里木河流域的水系格局,以"九源一干"为重点,确定塔里木河流域天然植被生态红线保护范围为区域各河流域平原区天然植被分布的总面积;生态保护目标就是要确保流域平原区天然植被不再退化和减少。

（二）生态敏感区范围与目标

塔里木河流域平原区天然植被主要分布在灌区外围和灌区以下。灌区外围或周边的天然植被的水分来源包括河道渗漏的地下水以及灌区灌溉侧渗补给的地下水或土壤水分。因此,相对于灌区以下天然植被,灌区外围的天然植被在水分来源上具有更高的保障率。灌区以下天然植被是构成流域天然植被的主体,因其水分来源比较单一(河道渗漏或洪水期漫溢),河流下游水量的多少对天然植被影响明显,在生态红线的大目标之下,保护灌区以下天然植被的稳定是保护流域天然植被生态系统安全与稳定的基础。因此,根据流域生态系统服务功能以及流域重要生态环境对象的分布和枯水年份流域可保证的生态水量,为保护塔里木河流域生物多样性、物种资源基因库以及生态系统的健康与稳定,将塔里木河流域"九源一干"平原区分布的重要天然林、湖泊、湿地以及河流下游两岸的荒漠河岸林作为生态敏感保护区范围与目标。塔里木河干流区现有河道范围以及两岸依靠生态闸工程可以进行地表水淹灌的天然林草为干流生态敏感区保护范围与目标。

第二节　生态保护范围

塔里木河流域主要由阿克苏河、叶尔羌河、和田河、开都-孔雀河、迪那河、渭干-库车河、喀什噶尔河、克里雅河、车尔臣河以及塔里木河干流(肖夹克以下至台特玛湖)即"九源一干"构成,因此,塔里木河流域生态保护范围主要是依据不同流域的生态红线范围与保护目标来确定的。阿克苏河平原区生态红线保护的总面积为 $102.67 \times 10^4 \, hm^2$;生态敏感区保护范围为两支流(库玛拉克河和托什干河)集中连片分布的河谷林植被,面积为 $3.62 \times 10^4 hm^2$。叶尔羌河平原区生态红线保护的总面积为 $53.64 \times 10^4 hm^2$;叶尔羌河下游生态红线保护范围位于阿拉根乡以下河段的荒漠河岸林植被,总面积约 $17.97 \times 10^4 hm^2$。和田河流域生态红线保护的总面积为 $30.77 \times 10^4 hm^2$;生态敏感区保护的植被面积为 $17.40 \times 10^4 hm^2$,主要树种为灰杨和胡杨,主要分布在和田河上游的喀拉喀什河和玉龙喀什河下游两岸及和田河干流的绿色带。开都-孔雀河流域平原区的生态红线的保护总面积为 $77.61 \times 10^4 hm^2$;生态敏感区天然林草植被主要分布在孔雀河下游 66km 分水闸以下河道两岸,面积约 $10.93 \times 10^4 hm^2$。迪那河平原区生态红线保护面积为 $11.07 \times 10^4 hm^2$;生态敏感区为河流尾闾,荒漠植被的南北范围为:北起卡尔塔水库,南至轮南镇,天然植被面积约 $1.31 \times 10^4 hm^2$。渭干-库车河平原区的生态红线面积为 $19.96 \times 10^4 hm^2$;灌区下游荒漠河岸林植被为该流域生态敏感区保护范围,现状荒漠河岸林植被面积共有 $0.40 \times 10^4 hm^2$,主要为林地和灌丛。喀什噶尔河天然植被主要分布在两支流克孜河、盖孜河下游以及主河道喀什噶尔河下游,平原区天然植被总面积为 $16.89 \times 10^4 hm^2$,为生态红线;灌区以下天然植被分布区为生态敏感区,保护总面积为 $7.68 \times 10^4 hm^2$。克里雅河平原区天然植被基本上都分布在灌区以下,生态红线的总面积为 $7.96 \times 10^4 hm^2$;生态敏感范围为尾闾达里雅布依冲积平原上分布的荒漠河岸林植被,面积为 $6.73 \times 10^4 hm^2$。车尔臣河天然林植被主要分布在下游塔提让大桥以下至车尔臣河尾闾的河道两岸,生态红线保护面积约 $6.69 \times 10^4 hm^2$;灌区以下的荒漠河岸林植被分布区为生态敏感区,保护面积为 $3.20 \times 10^4 hm^2$(表 3.2)。

表 3.2 塔里木河九源流天然植被不同保护目标下的保护范围

(单位:$\times 10^4 hm^2$)

河流	生态红线	生态敏感区保护范围
阿克苏河	102.67	3.62
叶尔羌河	53.64	17.97
和田河	30.77	17.40
开都-孔雀河	77.61	10.93

续表

河流	生态红线	生态敏感区保护范围
迪那河	11.07	1.31
渭干-库车河	19.96	7.67
喀什噶尔河	16.89	7.67
克里雅河	7.96	6.72
车尔臣河	6.68	3.20

塔里木河干流自阿拉尔至台特玛湖,河道两岸天然植被分布的范围就是生态红线范围,总面积为 $150.44 \times 10^4 \, \mathrm{hm}^2$;干流生态敏感区范围为河道正常来水情况下,可能达到的最大漫溢范围,即干流北岸距河道 7.90-26km,南岸距河道 2-11.50km 范围。干流不同区段天然植被生态红线面积见表 3.3。

下面就塔里木河流域"九源一干"的生态保护目标进行分述。

表 3.3　干流不同区段天然植被生态红线保护面积统计

（单位:$\times 10^4 \mathrm{hm}^2$）

河段		北岸				南岸			
		疏林地	有林地	低覆盖度草地	高覆盖度草地	疏林地	有林地	低覆盖度草地	高覆盖度草地
干流上游	阿拉尔-新渠满	0.90	2.99	4.95	10.88	4.94	3.45	5.24	4.03
	新渠满-英巴扎	1.61	5.46	5.72	11.46	5.37	3.26	2.65	3.62
干流中游	英巴扎-乌斯满	8.05	5.56	6.04	5.98	1.89	1.81	4.19	1.90
	乌斯满-恰拉	4.51	2.92	5.82	6.79	0.67	0.33	1.50	0.80
干流下游	恰拉-台特玛湖	2.03	0.57	5.24	1.71	2.74	0.59	1.08	1.19

一、阿克苏河流域天然植被保护范围

根据遥感解译和现场调查结果,阿克苏河流域平原区天然林草植被总面积102.67×10⁴hm²(表3.4)。考虑到阿克苏河流域生态系统构成及生态环境现状等现实,遵循生态红线划定所要考虑的生态重要性、当地实际情况以及受保护对象和当地监管能力等,从生态角度出发,提出将阿克苏河流域平原区天然植被的保护范围定为流域平原区的生态红线,即102.67×10⁴hm²的天然林草植被。该流域平原区生态保护基本范围与生态红线一致。

表3.4 阿克苏河流域天然植被保护范围与目标

(单位:$\times 10^4 \text{hm}^2$)

保护范围		保护目标	植被类型	保护面积
生态红线	流域平原区	流域绿洲生态系统及荒漠生态系统天然植被	林地	5.15
			1. 有林地	0.45
			2. 疏林地	0.23
			3. 灌木林	4.47
			天然草地	97.52
			林草合计	102.67
生态敏感区	库玛拉克河协合拉至两河汇合河谷区	协合拉至两河汇合河岸生态系统河谷林草	1. 乔木林	0.01
			2. 柽柳灌木	0.47
			3. 荒漠小灌木	1.80
			4. 草地	0.15
			林草合计	2.43
	托什干河哈拉奇至联合渠首河谷区	河谷林草植被	河谷林草	1.19

除了将流域平原区天然植被作为生态保护目标外,提出将阿克苏河流域两大支流托什干河与库玛拉克河出山口到两支流汇合处的河谷及河谷天然林草列为生态敏感区保护范围与生态敏感区保护目标,总保护面积3.62×10⁴hm²。具体为库玛拉克河协合拉出山口水文站到两

大支流汇合口的河谷柽柳林及河流东岸的胡杨、柽柳林,面积
$2.43 \times 10^4 \, hm^2$,包括林地 $0.01 \times 10^4 \, hm^2$,柽柳灌木林 $0.47 \times 10^4 \, hm^2$,灌
木、小半灌木荒漠林 $1.80 \times 10^4 \, hm^2$,草地 $0.15 \times 10^4 \, hm^2$;托什干河哈拉
奇至联合渠首之间的河谷柽柳以及沙棘林 $1.19 \times 10^4 \, hm^2$,包括奥依阿
额孜至沙里桂兰克之间的 $0.91 \times 10^4 \, hm^2$ 河谷林以及沙里桂兰克至联合
渠首之间的 $0.28 \times 10^4 \, hm^2$ 河谷林。

　　将托什干河与库玛拉克河出山口河谷林作为生态敏感区保护对象
是基于两方面原因:一方面,它是塔里木河流域各源流中保存相对较
好、面积较大且受人类活动扰动相对较低的原生态河谷林,保持着相对
较好的物种多样性与较为健康的生态结构,具备稀缺性与生态重要性;
另一方面,这一范围内的河谷林草对于阿克苏河河道防护、水土保持有
着重要且不可替代的生态防护功能。

二、叶尔羌河流域天然植被保护范围

　　叶尔羌河阿拉根乡至黑尼亚孜河段河道两侧分布有大面积荒漠河
岸林植被,这些天然植被主要依靠河道两侧地下水及汛期河道渗漏水
维持生长发育。这一区域天然植被主要建群种是灰杨和胡杨,它们适
应性强,耐寒、耐盐碱,根系发达,抗风力强,对防风固沙和保护农牧业
生产具有重大的意义。

　　根据植被水源和地下水位的不同,叶尔羌河干流可分为四十八团
至艾里克塔木河段、艾里克塔木至夏河林场河段、夏河林场至黑尼亚孜
河段。叶尔羌河平原区天然林草植被总面积 $53.63 \times 10^4 \, hm^2$,为该流域
平原区生态红线,包括有林地 $12.13 \times 10^4 \, hm^2$、疏林地 $9.73 \times 10^4 \, hm^2$、
灌木林 $7.81 \times 10^4 \, hm^2$、天然草地 $23.96 \times 10^4 \, hm^2$。阿拉根乡以下河段
天然植被沿河道两岸连续集中分布,为叶尔羌河下游河岸林植被生态
敏感区,该区域河道长 405km,总面积 $17.97 \times 10^4 \, hm^2$,其中艾里克塔木
以下河段长 290km,面积 $12.40 \times 10^4 \, hm^2$,主要植被类型为胡杨、灰杨林
地(表 3.5)。

表 3.5　叶尔羌河流域天然植被保护范围与目标

(单位：$\times 10^4 \, hm^2$)

保护范围		保护目标	植被类型	保护面积
生态红线	流域平原区	流域绿洲生态系统及荒漠生态系统天然植被	有林地	12.13
			疏林地	9.73
			灌木林	7.81
			天然草地	23.96
			林草合计	53.63
生态敏感区	阿拉根乡以下河段天然植被	胡杨、灰杨生态系统	林地	17.97

现状年叶尔羌河自艾里克塔木渠首下泄生态水量为 $8.26 \times 10^8 \, m^3$，入塔里木河断面黑尼亚孜水量为 $3.30 \times 10^8 \, m^3$，区间河道入渗、潜水蒸发及自然植被耗水总量为 $4.96 \times 10^8 \, m^3$。

三、和田河流域天然植被保护范围

和田河是目前唯一穿越塔克拉玛干沙漠的河流，是南北贯穿的通道，也是塔里木盆地三条绿色走廊（塔里木河干流、叶尔羌河下游、和田河下游）中保存的最好的一条自然生态体系。和田河中下游绿色走廊主要由荒漠河岸林构成，建群种为胡杨、灰杨和柽柳等，地表洪水漫溢和地下水补给是和田河绿色走廊天然植被形成、生长与繁殖的关键要素。和田河中下游绿色走廊分布范围从墨玉县县城以北 60km 开始直到与塔里木河的交汇处，南北长约 380km，海拔由 1260m 下降到1050m，河谷宽度从 1-2km 到 7-8km。和田河绿色走廊按照河流断面依地貌覆盖类型可划分为主河流、河漫滩、河岸乔木林、固定半固定沙丘柽柳林和流动沙丘柽柳林。

根据 2010 年遥感解译结果（表 3.6），和田河平原区天然林草植被总面积 $30.77 \times 10^4 \, hm^2$，为该流域平原区生态红线。主要植被类型包括：有林地 $4.81 \times 10^4 \, hm^2$、疏林地 $5.04 \times 10^4 \, hm^2$、灌木林 $8.94 \times 10^4 \, hm^2$、

草地 11.98×10⁴hm²。生态敏感区保护的植被面积 17.4×10⁴hm²,主要树种为灰杨和胡杨,主要分布在喀拉喀什河和玉龙喀什河下游两岸及和田河干流绿色走廊地带。生态敏感区保护范围内良好植被11.60×10⁴hm²、稀疏植被 5.80×10⁴hm²。

现状年和田河自两河渠首下泄水量为 11.63×10⁸m³,入塔里木河断面水量为 3.76×10⁸m³,区间河道入渗、潜水蒸发及自然植被耗水总量为 7.87×10⁸m³。

表 3.6　和田河流域天然植被保护范围与目标

（单位：×10⁴hm²）

保护范围		保护目标	植被类型	保护面积
生态红线	流域平原区	流域绿洲生态系统及荒漠生态系统天然植被	有林地	4.81
			疏林地	5.04
			灌木林	8.94
			天然草地	11.98
			林草合计	30.77
生态敏感区	喀拉喀什河和玉龙喀什河下游两岸及和田河干流绿色走廊地带	胡杨、灰杨生态系统	良好植被（林地）	11.60
			稀疏植被（林地）	5.80

四、开都-孔雀河流域天然植被保护范围

开都-孔雀河平原区天然林草植被总面积 77.61×10⁴hm²,为该流域平原区生态红线(表 3.7),主要植被类型包括:有林地 0.65×10⁴hm²、疏林地 6.63×10⁴hm²、灌木林 1.01×10⁴hm²、草地 69.32×10⁴hm²。生态红线保护范围内天然林草主要建群乔木种为白榆、柳树等;其中,灌木物种以蔷薇、黑果枸杞、忍冬等为主;草本植物以芦苇、大蓟、苦豆子、芨芨草等为主。

表 3.7 开都-孔雀河流域天然植被保护范围与目标

（单位：$\times 10^4 \mathrm{hm}^2$）

保护范围		保护目标	植被类型	保护面积
生态红线	流域平原区	流域绿洲生态系统及荒漠生态系统天然植被	有林地	0.65
			疏林地	6.63
			灌木林	1.01
			天然草地	69.32
			林草合计	77.61
生态敏感区	66km 分水闸以下绿色走廊	胡杨、柽柳林地生态系统	良好植被（林地）	10.93

天然植被生态敏感保护区分布于 66km 分水闸以下的河道两岸，面积 $10.93 \times 10^4 \mathrm{hm}^2$，主要由以胡杨为主的乔木林和以柽柳为主的灌木林组成，为荒漠地带特有的走廊式荒漠河岸林。

现状年开都-孔雀河在第 66km 分水闸断面向塔里木河供水量为 $5.49 \times 10^8 \mathrm{m}^3$，向塔里木河供水总量为 $4.5 \times 10^8 \mathrm{m}^3$（含生态供水水量），一般情况下孔雀河基本无水下泄入孔雀河阿克苏甫下游河道。

五、迪那河流域天然植被保护范围

迪那河平原区天然植被 $11.07 \times 10^4 \mathrm{hm}^2$，为该流域平原区生态红线（表 3.8）。其中林地、灌丛 $7.57 \times 10^4 \mathrm{hm}^2$，草地 $3.50 \times 10^4 \mathrm{hm}^2$。生态敏感保护区为河流尾闾，荒漠植被的南北范围为：北起卡尔塔水库，南至轮南镇，天然植被面积约 $1.31 \times 10^4 \mathrm{hm}^2$，其中林地、灌丛 $1.10 \times 10^4 \mathrm{hm}^2$，草地 $0.21 \times 10^4 \mathrm{hm}^2$。该区荒漠植被主要以芦苇、红柳、梭梭为建群种，分布在迪那河下游的低洼地，林分发育不一，林相一般不整齐。现状条件下，迪那河出山后大部分水量随即被引入灌区，仅在汛期部分洪水通过河道，最后散失在灌区南部的荒漠区。洪水期迪那河于轮南镇附近断流，枯水期和灌溉季节河道水量基本消耗于灌区内，基本无河水下泄。由于本区降水较少，气候较为干燥，迪那河下游荒漠植被主要靠迪那河在洪水期下泄的洪水和地下水补给生长。现状年迪那河下泄水量为 $0.95 \times 10^8 \mathrm{m}^3$。

表 3.8　迪那河流域天然植被保护范围与目标

（单位：$\times 10^4 \, \text{hm}^2$）

保护范围		保护目标	植被类型	保护面积
生态红线	流域平原区	流域绿洲生态系统及荒漠生态系统天然植被	林地、灌丛	7.57
			草地	3.50
			林草合计	11.07
生态敏感区	北起卡尔塔水库，南至轮南镇河流尾闾	河流尾闾绿色走廊天然林草生态系统	林地、灌丛	1.10
			草地	0.21
			林草合计	1.31

六、渭干-库车河流域天然植被保护范围

渭干-库车河平原区天然植被总面积 $19.96 \times 10^4 \, \text{hm}^2$，其中林地、灌丛 $13.06 \times 10^4 \, \text{hm}^2$，草地 $6.90 \times 10^4 \, \text{hm}^2$，为平原区生态红线（表 3.9）。渭干-库车河灌区下游荒漠区为天然植被生态敏感保护区，该区域现状天然林共有 $0.40 \times 10^4 \, \text{hm}^2$，主要为林地和灌丛，主要由洪水下泄补充该区地下水维持生长。生态敏感保护区天然植被主要分布在轮东石油公路以北、沙参石油二井东南方以及于奇厄肯以北地区。现状年渭干-库车河自库车河铜场水库计算断面下泄水量为 $0.152 \times 10^8 \, \text{m}^3$。

表 3.9　渭干-库车河流域天然植被保护范围与目标

（单位：$\times 10^4 \, \text{hm}^2$）

保护范围		保护目标	植被类型	保护面积
生态红线	流域平原区	流域绿洲生态系统及荒漠生态系统天然植被	林地、灌丛	13.06
			草地	6.90
			林草合计	19.96
生态敏感区	轮东石油公路以北、沙参石油二井东南方以及于奇厄肯以北地区	河流尾闾绿色走廊天然林草生态系统	林地、灌丛	0.40
			草地	—
			林草合计	0.40

七、喀什噶尔河流域天然植被保护范围

喀什噶尔河天然植被主要分布在两支流克孜河、盖孜河干流平原区以及主河道喀什噶尔河干流平原区，天然植被总面积 16.89×10^4 hm^2，为生态红线（表 3.10）。其中，克孜河下游天然植被面积 4.34×10^4 hm^2，包括林地、灌丛 1.78×10^4 hm^2 和草地 2.56×10^4 hm^2；盖孜河下游天然植被面积 7.96×10^4 hm^2，包括林地、灌丛 2.96×10^4 hm^2 和草地 4.99×10^4 hm^2；喀什噶尔河下游天然植被面积 4.59×10^4 hm^2，包括林地、灌丛 1.65×10^4 hm^2 和草地 2.94×10^4 hm^2。

表 3.10　喀什噶尔河流域天然植被保护范围与目标

（单位：$\times10^4$ hm^2）

保护范围		保护目标	植被类型	面积
生态红线	克孜河流域平原区	流域绿洲生态系统及荒漠生态系统天然植被	林地、灌丛	1.78
			草地	2.56
			林草合计	4.34
	盖孜河流域平原区	流域绿洲生态系统及荒漠生态系统天然植被	林地、灌丛	2.97
			草地	4.99
			林草合计	7.96
	喀什噶尔河干流平原区	流域绿洲生态系统及荒漠生态系统天然植被	林地、灌丛	1.65
			草地	2.94
			林草合计	4.59
	流域总计			253.33
生态敏感区	克孜河灌区下游的河滩地及古河道两旁	流域绿洲生态系统及荒漠生态系统天然植被	林地、灌丛	1.33
			草地	1.32
			林草合计	2.65
	盖孜河下游岳普湖县境稀疏林和天然洪灌草地	流域绿洲生态系统及荒漠生态系统天然植被	林地、灌丛	0.90
			草地	1.03
			林草合计	1.93

保护范围		保护目标	植被类型	面积
生态敏感区	喀什噶尔河干流尾闾	流域绿洲生态系统及荒漠生态系统天然植被	林地、灌丛	1.44
			草地	1.66
			林草合计	3.10
		流域总计		115.17

生态敏感区保护总面积 $7.68 \times 10^4 \, hm^2$，其中克孜河下游天然植被面积 $2.65 \times 10^4 \, hm^2$，包括林地、灌丛 $1.33 \times 10^4 \, hm^2$ 和草地 $1.32 \times 10^4 \, hm^2$；盖孜河下游天然植被面积 $1.93 \times 10^4 \, hm^2$，包括林地、灌丛 $0.90 \times 10^4 \, hm^2$ 和草地 $1.03 \times 10^4 \, hm^2$；喀什噶尔河下游天然植被面积 $3.10 \times 10^4 \, hm^2$，包括林地、灌丛 $1.44 \times 10^4 \, hm^2$ 和草地 $1.66 \times 10^4 \, hm^2$。

喀什噶尔河重点天然林草植被主要分布在克孜河及盖孜河下游，其中克孜河下游绿色走廊的天然林草主要分布于灌区下游的河滩地及古河道两旁，盖孜河下游主要分布在岳普湖县境内的少量稀疏林和天然洪灌草场。目前，流域内下游河道由于常年断流，荒漠河岸林植被主要依靠地下水滋润，区内大气降水极其微弱，对地下水的补给无实际意义。现状年克孜河余水（布哈拉渠首）为 $0.75 \times 10^8 \, m^3$，盖孜河下游余水基本全部进入灌区下游河道由河道水面蒸发、入渗及自然植被消耗殆尽。

八、克里雅河流域天然植被保护范围

克里雅河平原区天然植被基本上都分布在灌区以下。平原区生态红线总面积 $7.96 \times 10^4 \, hm^2$，其中天然林地、灌丛 $4.10 \times 10^4 \, hm^2$，草地 $3.86 \times 10^4 \, hm^2$。生态敏感区保护面积 $6.73 \times 10^4 \, hm^2$，其中天然林地、灌丛 $3.95 \times 10^4 \, hm^2$，草地 $2.78 \times 10^4 \, hm^2$。主要分布在尾闾达里雅布依冲积平原区上，长约 75km、宽 2-20km，林区为海拔 1212-1162m，林地主要由乔木林和灌木林组成，乔木林以胡杨为建群种，夹杂有柳树等乔木，胡杨林长势一般，林冠郁闭度在 0.10-0.20 的面积占大多数，多为成熟林，中龄林和幼龄林占比例较小（表 3.11）。

表 3.11 克里雅河流域天然植被保护范围与目标

（单位：$\times 10^4 \mathrm{hm}^2$）

保护范围		保护目标	植被类型	保护面积
生态红线	流域平原区	流域绿洲生态系统及荒漠生态系统天然植被	林地、灌丛	4.10
			草地	3.86
			林草合计	7.96
生态敏感区	尾闾达里雅布依冲积平原区，长约75km、宽2-20km	河流尾闾绿色走廊天然林草生态系统	林地、灌丛	3.95
			草地	2.78

克里雅河下游荒漠河岸林草主要依靠地下水滋润，地下水的补给源主要包括：尧干托格拉克泉水渗漏补给、上游区含水层的侧向径流流入。区内大气降水极其微弱，对地下水的补给无实际意义。该区河岸林建群种胡杨有利用洪水漂种与种子着床的繁殖需求，而目前克里雅河洪水已不能到达该区，该区胡杨更新方式主要是无性繁殖（根蘖），区域多为成熟林，中龄林和幼龄林占比例较小，区域水分条件已不能较好地满足荒漠河岸林草植被生长繁衍需求。现状年克里雅河自昆仑渠首以下进入下游河道的水量为 $1.21 \times 10^8 \mathrm{m}^3$。

九、车尔臣河流域天然植被保护范围

车尔臣河天然林植被主要分布在下游塔提让大桥以下至车尔臣河尾闾的河道两岸，分布有荒漠地带特有的走廊式荒漠河岸林，由乔木林与灌木林组成，面积约 $6.69 \times 10^4 \mathrm{hm}^2$，为该河流区生态红线（表 3.12）。该区域河岸林草沿河分布长约248km、宽1-28km，其中乔木林与灌木林面积为 $2.65 \times 10^4 \mathrm{hm}^2$，以灌丛低地草甸和荒漠草地为主的草本类面积为 $4.04 \times 10^4 \mathrm{hm}^2$。生态敏感区保护面积 $3.20 \times 10^4 \mathrm{hm}^2$，其中天然林地、灌丛 $0.55 \times 10^4 \mathrm{hm}^2$，草地 $2.65 \times 10^4 \mathrm{hm}^2$。车尔臣河下游天然林草主要依靠车尔臣河在洪水期下泄的洪水和地下水补给生长。现状年车尔臣河进入第一分水枢纽下游河道的水量为 $3.09 \times 10^8 \mathrm{m}^3$。

表 3. 12 车尔臣河流域天然植被保护范围与目标

（单位：$\times 10^4 hm^2$）

保护范围		保护目标	植被类型	保护面积
生态红线	流域平原区	流域绿洲生态系统及荒漠生态系统天然植被	林地、灌丛	2.65
			草地	4.04
			林草合计	6.69
生态敏感区	下游尾闾	河流尾闾绿色走廊天然林草生态系统	林地、灌丛	0.55
			草地	2.65
			林草合计	3.20

十、塔里木河干流天然植被保护范围

塔里木河干流河道两岸发育了大面积以胡杨、怪柳为主要建群种的荒漠河岸林植物,这些荒漠河岸林的存在对生态环境起到了重要的保护作用。历史上塔里木河南北两河共存时期,发育有两条横贯塔克拉玛干沙漠东西向的主要的绿色带,这两条绿色带的客观存在束缚了沙漠的侵蚀扩张。在自然和人为因素的共同作用下,塔里木河"南河"最终消失,与之伴生的绿色走廊以及历史上曾存在的绿洲文明也随之衰败消亡。很显然,绿洲与河岸植被的消失,使得阻挡塔克拉玛干向北扩展的屏障不复存在,沙漠北缘直逼现在的塔里木河干流。塔里木"北河"历经数次河道变迁,最终形成了现在的河网格局,然而主河道下段的历史变迁,却又促使库鲁克沙漠的形成、发展和扩大。

目前的塔里木河干流自身不产流,完全靠源流下泄水量的补给维护河道功能并维系着沿河道生长的天然植被。因此,塔里木河干流区生态保护目标最重要的任务就是要保证沿河道绿色带的稳定。塔里木河干流绿色带作为生态屏障,在塔里木盆地北面有效阻止了塔克拉玛干沙漠的北移扩张,在盆地东部,有效阻隔了塔克拉玛干沙漠与库鲁克沙漠的合拢。然而,干流区域同时也是生态敏感区和脆弱区。因此,从这个角度上,塔里木河干流生态红线就是干流平原区现状 $150.44 \times 10^4 hm^2$ 的天然林草地。

塔里木河干流生态敏感区保护范围为河道正常来水情况下,借助工程措施能达到的最大漫溢范围,即干流北岸距河道 7.90-26km,南岸距河道 2-11.50km 范围。

塔里木河干流自阿拉尔至台特玛湖全长 1321km,习惯上依据各关键水文控制节点划分为干流上游、中游和下游区。在以上分区基础上,又根据水文站点控制断面进一步细化为上游上段(阿拉尔-新渠满)、上游下段(新渠满-英巴扎)、中游上段(英巴扎-乌斯满)、中游下段(乌斯满-恰拉)和下游段(恰拉-台特玛湖)。塔里木河干流天然植被总面积为 $150.44 \times 10^4 hm^2$,其中:阿拉尔-新渠满、新渠满-英巴扎、英巴扎-乌斯满、乌斯满-恰拉、恰拉-台特玛湖 5 个河段的天然植被面积分别为 $37.38 \times 10^4 hm^2$、$39.15 \times 10^4 hm^2$、$35.42 \times 10^4 hm^2$、$23.34 \times 10^4 hm^2$ 和 $15.15 \times 10^4 hm^2$,分别占总天然植被面积的 24.80%、26.00%、23.50%、15.50% 和 10.10%(表 3.13)。

表 3.13　塔里木河干流天然植被分布范围与面积

(单位:$\times 10^4 hm^2$)

保护范围		保护目标	植被类型	面积
阿拉尔-新渠满	北岸 16-60km 宽度;南岸 12-40km 宽度	河岸天然林草生态系统	疏林地	5.84
			有林地	6.44
			低盖度草地	10.19
			高盖度草地	14.91
			合计	37.38
新渠满-英巴扎	北岸 30-80km 宽度;南岸 16-40km 宽度	河岸天然林草生态系统	疏林地	6.98
			有林地	8.72
			低盖度草地	8.37
			高盖度草地	15.08
			合计	39.15

续表

保护范围		保护目标	植被类型	面积
英巴扎-乌斯满	北岸 30-40km 宽度；南岸 15-40km 宽度	河岸天然林草生态系统	疏林地	9.94
			有林地	7.37
			低盖度草地	10.23
			高盖度草地	7.88
			合计	35.42
乌斯满-恰拉	北岸 30-50km 宽度；南岸 1-10km 宽度	河岸天然林草生态系统	疏林地	5.18
			有林地	3.25
			低盖度草地	7.32
			高盖度草地	7.59
			合计	23.34
恰拉-台特玛湖	近河道两岸的退化林地	恢复退化的河岸天然林草植被	疏林地	4.77
			有林地	1.16
			低盖度草地	6.32
			高盖度草地	2.90
			合计	15.15
干流总计			天然植被	150.44

从 5 个河段总体来看,疏林地面积 32.72×10^4 hm²,有林地 26.94×10^4 hm²,低盖度草地 42.42×10^4 hm²,高盖度草地 48.36×10^4 hm²,分别占天然植被总面积的 21.80%、17.90%、28.20% 和 32.10%。从阿拉尔至台特玛湖 5 个河段区间内各种植被类型的面积分布比例分别为:疏林地 17.90%、21.30%、30.40%、15.80% 和 14.60%;有林地为 23.90%、32.40%、27.40%、12.10% 和 4.30%;低盖度草地为 24%、19.70%、24.10%、17.30% 和 14.90%;高盖度草地为 30.80%、31.20%、16.30%、15.70% 和 6%。各河段天然植被分布特征具体如下。

（一）上游河段

上游阿拉尔-新渠满河段：北岸天然植被宽为 16-60km，疏林地、有林地、低盖度草地和高盖度草地面积分别为 $0.90\times10^4 hm^2$、$2.99\times10^4 hm^2$、$4.95\times10^4 hm^2$ 和 $10.88\times10^4 hm^2$；南岸天然植被宽度为 12-40km，相应的天然植被面积分别为 $4.94\times10^4 hm^2$、$3.45\times10^4 hm^2$、$5.24\times10^4 hm^2$ 和 $4.03\times10^4 hm^2$。上游新渠满-英巴扎河段：北岸天然植被宽度为 30-80km，疏林地、有林地、低盖度草地和高盖度草地面积分别为 $1.61\times10^4 hm^2$、$5.46\times10^4 hm^2$、$5.72\times10^4 hm^2$ 和 $11.46\times10^4 hm^2$；南岸天然植被宽度为 16-40km，相应的天然植被面积分别为 $5.37\times10^4 hm^2$、$3.26\times10^4 hm^2$、$2.65\times10^4 hm^2$ 和 $3.62\times10^4 hm^2$。

上游河段北岸疏林地面积比南岸少 $7.8\times10^4 hm^2$，有林地北岸较南岸多 $1.74\times10^4 hm^2$，总体表现为南岸林地面积不多，而北岸林地覆盖度高，长势较好。

（二）中游河段

中游英巴扎-乌斯满河段：北岸天然植被宽度为 30-40km，疏林地、有林地、低盖度草地与高盖度草地的面积分别为 $8.05\times10^4 hm^2$、$5.57\times10^4 hm^2$、$6.04\times10^4 hm^2$ 和 $5.98\times10^4 hm^2$；南岸天然植被宽度为 15-40km，相应植被类型面积分别为 $1.89\times10^4 hm^2$、$1.81\times10^4 hm^2$、$4.19\times10^4 hm^2$ 和 $1.90\times10^4 hm^2$。中游乌斯满-恰拉河段：北岸天然植被宽度为 30-50km，疏林地、有林地、低盖度草地和高盖度草地面积分别为 $4.51\times10^4 hm^2$、$2.92\times10^4 hm^2$、$5.82\times10^4 hm^2$ 和 $6.79\times10^4 hm^2$；南岸天然植被宽度为 1-10km，相应植被面积分别为 $0.66\times10^4 hm^2$、$0.33\times10^4 hm^2$、$1.50\times10^4 hm^2$ 和 $0.80\times10^4 hm^2$。

中游段南、北岸植被面积分布差异最大，北岸疏林地、有林地、低盖度草地和高盖度草地的面积较南岸高出 $10.00\times10^4 hm^2$、$6.34\times10^4 hm^2$、$6.17\times10^4 hm^2$ 和 $10.07\times10^4 hm^2$。

（三）下游河段

下游河段以齐文阔尔河划分南、北岸，北岸疏林地、有林地、低盖度草地和高盖度草地面积分别为 $2.03\times10^4\,hm^2$、$0.57\times10^4\,hm^2$、$5.24\times10^4\,hm^2$ 和 $1.71\times10^4\,hm^2$；南岸相应植被面积分别为 $2.74\times10^4\,hm^2$、$0.59\times10^4\,hm^2$、$1.07\times10^4\,hm^2$ 和 $1.19\times10^4\,hm^2$。下游河段北岸恰拉至大西海子段北岸分布有农二师三十一团、三十二团、三十三团和三十四团 4 个农垦团场，沿线耕地斑块状分布，人类活动对天然植被破坏严重。大西海子水库附件地下水埋深浅，少量分布覆盖度较高的沼泽化草甸。阿拉干以下天然植被分布范围窄，草地基本退化，植被仅分布在河岸 1-2km 范围内。

　　总体来看，塔里木河干流北岸疏林地、有林地、低盖度草地和高盖度草地面积分别为 $17.10\times10^4\,hm^2$、$17.50\times10^4\,hm^2$、$27.77\times10^4\,hm^2$ 和 $36.82\times10^4\,hm^2$；南岸分别为 $15.61\times10^4\,hm^2$、$9.44\times10^4\,hm^2$、$14.66\times10^4\,hm^2$ 和 $11.54\times10^4\,hm^2$。北岸疏林地、有林地、低盖度草地和高盖度草地分别比南岸高出 $1.48\times10^4\,hm^2$、$8.06\times10^4\,hm^2$、$13.11\times10^4\,hm^2$ 和 $25.28\times10^4\,hm^2$。

参 考 文 献

陈亚宁，郝兴明，李卫红，等. 2008. 干旱区内陆河流域的生态安全与生态需水量研究. 地球科学进展，23(7)：723-738.

雷文娟. 2011. 疏勒河流域水资源优化配置研究. 兰州大学硕士学位论文：29-31.

母敏霞，王文科，杜东，等. 2008. 新疆奎屯河流域平原区生态需水研究. 干旱区资源与环境，22(3)：96-102.

司建华，龚家栋，张勃. 2004. 干旱地区生态需水量的初步估算. 干旱区资源与环境，18(1)：49-53.

王根绪，张钰，刘桂民，等. 2005. 干旱内陆河流域河道外生态需水量评价. 生态学报，25(10)：2467-2476.

张瑞君，段争虎，谭明亮，等. 2012. 石羊河流域天然植被生态需水估算及预测. 中国沙漠，32(2)：545-550.

第四章 塔里木河流域生态需水研究

不断增长的人口对自然资源的需求在不断增加,淡水将是首先短缺的资源。在过去对干旱区内陆河流域水土资源开发过程中,我们曾经过分强调干旱荒漠地区具有充分的光热生产潜力,而缺乏对整个流域生态安全的综合考虑,在流域中上游建立了大面积的人工绿洲,过度开发利用水资源,导致下游河道断流、天然绿洲萎缩、生态环境恶化、沙漠化过程加剧、生物多样性受损,并危及区域社会经济可持续发展和人类生存环境。为了实现水资源的可持续利用及国民经济的可持续发展,生态需水研究的重要性日益凸显。基于生态需水的流域水资源配置,是实现水资源有序开发利用、人与自然协调发展的基础。

本研究中,主要采用潜水蒸发法(阿克苏水平衡公式、阿维里扬诺夫公式)和面积定额法分别计算各河流域天然植被生态需水量。

对塔里木河源流区和干流上中游,主要考虑的是不同保护范围(目标)下维持天然植被现状的生态需水量,即维持水量以及河道蒸发和渗漏耗水量。干流下游区由于断流河道生态输水的独特性,除了采用同样的方法计算保护下游天然植被现状的生态需水量外,还依据相关观测数据,以天然植被适宜生态水位为核心,计算下游不同恢复目标下的生态修复需水量以及地下水恢复到适宜水位的恢复水量(表4.1)。

表 4.1 塔里木河流域生态保护需水量与河道耗水量

(单位:$\times 10^8 \, \mathrm{m}^3$)

河流		生态红线需水量	生态敏感区保护需水量	河道损耗水量
九源流	阿克苏河	19.07	0.72	8.84
	叶尔羌河	10.38	3.76	22.67
	和田河	6.05	4.10	16.37
	开都-孔雀河	13.82	2.06	18.07

河流		生态红线需水量	生态敏感区保护需水量	河道损耗水量
九源流	迪那河	2.27	0.27	0.41
	渭干-库车河	4.09	0.09	4.50
	喀什噶尔河	3.34	1.54	2.29
	克里雅河	1.60	1.37	5.07
	车尔臣河	1.33	0.62	0.98
	源流总计	61.95	14.53	79.20
干流	上游阿拉尔-新渠满	5.66	4.89	7.00
	上游新渠满-英巴扎	6.37	5.51	8.88
	中游英巴扎-乌斯满	4.58	3.96	6.83
	中游乌斯满-恰拉	3.31	2.86	4.22
	上中游总计	19.92	17.22	26.93
	下游恰拉-台特玛湖	1.43	1.43	2.00

注:下游河道损耗为恰拉至大西海子河段

第一节　生态需水的内涵及计算方法

一、生态需水的内涵

随着生态环境日益恶化,人类对生态环境保护和生态环境重建越来越重视,而作为生态系统循环中最重要的因素之一,水资源的供需矛盾日益突出。近 50 年来,塔里木河流域在以水资源开发利用为核心的高强度人类经济、社会活动的作用下,流域自然生态过程发生了显著变化,导致塔里木河下游以天然植被为主体的生态系统和生态过程因人为对自然水资源时空格局的改变而受到严重影响,生态环境严重退化,河道断流,湖泊干涸,地下水位大幅下降,以胡杨林为主体的荒漠植被全面衰退,沙漠化过程加剧发展,生物多样性严重受损,并危及区域社会经济可持续发展和人类生存环境。为了实现水资源的可持续利用及国民经济的可持续发展,生态需水量的研究近年逐渐受到关注并发展起来,成为生态水文学的重要研究内容之一。生态需水量是水资源可持续利用的重要基础(赵文智和程国栋,2001),我国生态需水研究起步较晚,现阶段生态需水的概念还未得到统一,其研究主体不明确,不同学者根据研究对象的具体情况,对其进行界定,出现不同的定义,如生态用水、生态耗水、生态缺水、生态储水、环境需水及生态环境需水等,上述概念与生态需水并不等同,属于不同层次的概念(张丽,2008)。生态用水是指流域生态系统实际使用的水资源,反映生态系统历史或现状的用水水平(柳长顺等,2005),生态需水是生态用水的依据。生态耗水是指生态系统维持生物生存消耗掉的水量(如蒸发量),生态需水大于生态耗水。生态缺水是指特定状态下的生态系统对于预期的生态目标,系统缺乏的、需要补充的水量,即供水与需水的差值。生态储水是指生态系统所处的特定时空范围内储存的或可获取的天然存在的水,是生态需水总量中的部分非消耗用水因参与了生态系统的物质和能量循环而滞留在生态系统内部(郑红星等,2004)。环境需水是改善人类生存环境质量所需要的水量(左其亭,2005)。生态环境需水量是生态需水和环境需水的总和。王玉敏和周孝德(2002)认为广义的生态需水量是指维持地球生物地理生态系统水分平衡所需用的水,包括水热平衡、水沙平衡、水盐平衡等。狭义地说,生态需水量是指为维护生态系统不再恶化并逐渐改善所需要消耗的水资源总量。

按照不同生态恢复与保护目标,生态需水可以分为5类:①现状生态需水,就是要维持现状生态系统的需水量。②目标生态需水,是指生态系统达到某一目标状况时的用水。根据发展的需要,制定生态系统的目标,有利于生态环境保护与水资源合理分配。③最低生态需水,即对应的植物生长不好、生态系统完整性较差,但能维持生态系统完整。这一生态需水可以给人们一种警示,要求生态配水量不能再低于此值。④适宜生态需水,即对应的植物生长较好、生态系统完整,处于使社会经济-环境协调发展的状态。⑤生态恢复需水,特指在生态退化地区,为了挽救退化的生态系统或者使生态系统恢复到一定状态的生态用水量。

广义上看,生态系统可以分为天然生态系统和人工生态系统,因而按照需水对象,生态需水也可划分为天然生态需水和人工生态需水两大类。人工生态系统主要是人工绿洲生态系统即农田生态系统、饲草料建设基地和人工林。天然生态需水包括天然植被生态需水和水域生态需水。天然植被生态需水由天然乔灌林、草地、荒漠植被和植被盖度小于5%的荒漠区蒸发需水共同组成,水域生态需水主要是天然河道的蒸发需水量和湖泊蒸发需水量。本研究主要以天然植被生态系统和水域生态系统中的河道为研究对象,因此本项目需水类型见表4.2。

表4.2　塔里木河流域生态需水分类

生态需水类型	生态需水组成成分	含义
植被生态需水	天然乔灌林	以胡杨为主的河岸林,以柽柳为主的灌木林
	草地	以芦苇、骆驼刺、甘草为主的草类
	荒漠植被	以胡杨、柽柳为建群种的乔灌草混合植被
	荒漠区蒸发	植被盖度小于5%的荒地
水域生态需水	河道蒸发	河道水面蒸发
	河道侧渗	河道侧渗

二、生态需水研究进展

(一)国外生态需水研究进展

国外生态需水研究经历了以下几个阶段,早期的研究开始于河道枯水流量的研究(Armbruster,1976)。从1940年美国鱼类和野生动物保护协会对河道内流量的研究开始;20世纪60-70年代按照系统理论对历史上著名的印度、孟加拉的布拉马普特拉河流域(1960)、比斯坦的印度河流域(1968)、埃及尼罗河工程(1972)等重新进行评价和规划;1971年提出河道内流量法确定自然和景观河流的基本流量;20世纪80年代初期美国全面调整对流域的开发和管理目标,可以说是生态需水分配研究的雏形(Tennant,1976)。20世纪90年代以来,水资源和生态的相关性研究,特别是生态系统需水量研究才正式成为全球关注的焦点。代表性的研究包括:Covich(1993)强调在水资源管理中要保证恢复和维持生态系统健康发展所需的水量。Gleick(1998a,1998b,2000)提出了基本生态需水量(basic ecological water requirement)的概念,即提供一定质量和数量的水给天然生境,以求最低程度地改变天然生态系统的过程,并保护物种多样性和生态整合性。Falkenmark(1995)将绿水(green water)的概念从其他水资源中分离出来,提醒人们注意生态系统对水资源的要求,水资源的供给不仅要满足人类的要求,而且生态系统对水资源的要求也必须得到保证。Rashin 等(1996)也提出了可持续的水利用要求保证足够的水量来保护河流、湖泊和湿地生态系统,人类所使用的作为娱乐、航运和水力的河流和湖泊要保持最小流量。Whipple 等(1999)指出国家水供给包括城市、工业农业利用,还有河道内的环境利用,同时指出流域内用水应当协调解决环境需水与国民经济需水的矛盾,强调单纯依靠立法保护濒临灭绝物种的弊端。Baird 和Wilby(1999)针对各类型生态系统(草地、林地、河流、湖泊、淡水湿地等)的基本结构和功能,较详细地分析了植物与水文过程的相互关系,强调了水作为环境因子对自然保护和恢复所起到的巨大作用。

(二)国内生态需水研究进展

我国水资源利用方面的研究主要集中于社会经济用水等方面,而对维持和恢复流域生态对水的需求则开始于20世纪末。1989年汤奇成等在分析塔里木盆地水资源与绿洲建设问题时首次提出了生态用水的概念。1993年由水利部组织编制的《江河流域规划环境影响评价规范》(SL45-92)行业标准中,根据新疆叶尔羌河流域规划环境影响评价的实践,将生态环境用水正式作为环境脆弱地区水资源规划中必须予以考虑的用水类型。但是,如何实施、如何管理,缺乏进一步的实践探索。进入20世纪90年代,随着我国可持续发展战略的确立,人们开始探讨面向21世纪如何实现经济社会和人口、资源、环境协调发展的新问题。国家"九五"科技攻关项目"西北地区水资源合理利用与生态环境保护",对我国的西北五省区的水资源利用情况、生态环境现状和存在问题进行了分析,探讨了干旱区生态环境需水量的概念和计算方法。黄河水利委员会针对黄河断流的问题,对环境生态用水进行了讨论。进入 21 世纪,生态需水问题的研究进一步深化。2001 年,由钱正英、张光斗主编正式出版了中国工程院重大咨询项目研究成果《中国可持续发展水资源战略研究综合报告及各专题报告》,提出我国水资源的总战略必须以水资源的可持续利用支持经济的可持续发展,建议从防洪减灾、农业用水、城市和工业用水、生态环境建设等 8 个方面实行战略性改变,在中国大地上真正展开一场提高用水效率的革命。2004 年,由刘昌明主编出版的《西北地区生态环境建设区域配置与生态环境需水量研究》一书中,提出生态环境用水是指为维护生态环境不再恶化并逐步改善所需要消耗的水资源总量。

国内对生态需水的研究大致经历两个阶段:一是生态需水概念的认识阶段(1988-1998 年),二是起步性研究阶段。我国生态需水研究起步虽晚,但是发展很快,进入 21 世纪以后,生态需水研究已经成为我国的热点。主要集中在以下 4 个方面。

1. 河道内流量研究

以杨志峰等为代表的学者对河道内流量的概念、研究方法等做了一定的探讨,并运用到特定区域,主要选择的研究区为海河与黑河流域。

2. 干旱地区生态需水研究

以汤奇成、程国栋、陈亚宁、赵文智等为代表的专家、学者对干旱区生态需水的研究主要侧重方法论研究,尤其对干旱区天然植被生态需水量进行了实例计算,主要研究区域为黑河流域、塔里木河流域、柴达木盆地、民勤、张掖等地。

3. 湿地湖泊的需水研究

杨志峰等对典型类型湿地生态需水量的内涵和临界值、湿地生态系统生态需水量的计算方法与相关指标等做了详尽的分析,并运用到扎龙、北京六海、天津、黄河三角洲、白洋淀等地区的湿地研究中,取得了较大的成绩。

4. 理论方法研究

卞戈亚等(2003)综述了国内外关于植被、河流、景观等生态需水量的常用计算方法,对其优缺点和适用性进行了评价,对其中部分方法进行修正和补充,指出生态需水量的计算方法还不够成熟,有些计算方法仅是建立了理论框架,在实际应用中还存在一定的困难,必须加强基础理论研究。杨志峰等(2004)首先评价了生态环境需水量概念内涵,包括概念的界定、生态环境的组成结构和需水特点,在此基础上,提出了生态环境需水量分级和计算方法;以黄淮海地区为研究实例,估算了研究区生态环境现状用水量、最小需水量、适宜需水量,并计算了相应的缺水量,然后根据相关的规划对未来的水平年 2010 年、2030 年和 2050年生态环境需水量进行了预测。王珊琳等(2004)通过对国内外生态环境需水量研究现状的分析,阐述了生态环境需水量的概念。提出生态环境需水量是由河道内生态环境需水和河道外生态环境需水、景观娱乐需水三部分组成的观点,从生态环境需水的时空分布、自然生态优先和可持续角度对其内涵进行了探讨,分析了生态环境需水量的动态性、可控制性和极限特性。对目前采取的各种生态环境需水量计算评价方法进行了总结。姜德娟和王会肖(2004)主要从概念、分类以及计算方法等方面论述了生态环境需水量的国内外研究动态。目前,国外对生态环境需水量的研究主要集中在河流方面,并已形成一套比较成熟的计算方法体系;国内则主要集中于水资源缺乏的西北内陆河流域及黄河、海滦河流域的陆地和河流方面的研究。总的来说,国内外对生态环境需水量的研究已经取得了一定的成果,但仍然存在着许多尚待进一步研究的问题:①强化生态环境需水量的基础理论(概念、分类和计算方法等)研究;②加强对生态环境需水量的内在与外在影响因素及保障生态环境需水量的途径与措施等方面的研究;③拓展生态需水量的应用性研究等。李秀梅等(2005)从生态环境需水量研究的发展历程探究了有关概念的发展过程及内涵,构建了有关的概念框架,分析了生态环境用水、生态用水、生态需水、环境用水、环境需水、生态环境需水之间的关系,从而为生态需水的研究提供统一的概念标准,便于研究结果的分析和比较。

三、生态需水的计算方法

(一) 植被需水计算方法

1. Penman 法

通过计算作物潜在腾发量来推算作物生态需水量。植物所需补充的水量可通过水量平衡法来计算。潜在腾发量的计算目前常用的是改进后的 Penman 公式(沈振荣等,1992)。

实际需水量的计算公式如下:

$$ET = ET_0 K_c f(s) \tag{4.1}$$

式中,ET 为作物实际需水量(mm/d);ET_0 为植物潜在腾发量(mm/d);K_c 为植物系数(表 4.3),随植物种类、生长发育阶段而异,生育初期和末期较小,中期较大,接近或大于 1.0,一般通过试验取得;$f(s)$ 为土壤影响因素。

在非充分灌溉条件下或水分不足时,土壤影响因素主要反映土壤水分状况对植物蒸腾量的影响,即

$$f(s) = \begin{cases} 1 & \text{当 } \theta \geqslant \theta_{c1} \text{ 时} \\ \dfrac{\ln(1+\theta)}{\ln 101} & \text{当 } \theta_{c2} \leqslant \theta < \theta_{c1} \text{ 时} \\ \dfrac{\alpha \exp(\theta - \theta_{c2})}{\theta_{c2}} & \text{当 } \theta < \theta_{c2} \text{ 时} \end{cases} \tag{4.2}$$

式中,θ 为实际平均土壤含水率,对于旱地,为占田间持水率百分数(%);θ_{c1} 为土壤水分适宜含水率,旱地为田间持水率的 90%;θ_{c2} 为土壤水分胁迫临界土壤含水率,为与作物永久凋萎系数相对应的土壤含水率;α 为经验系数,一般为 0.80-0.95。

表 4.3　干旱区潜水埋深与植被影响系数的关系

潜水埋深/m	1.00	1.50	2.00	2.50	3.00	3.50	4.00
植被影响系数	1.98	1.63	1.56	1.45	1.38	1.29	1.00

植物在生长发育任一时段,土壤湿润层内储水的变化量可用水量平衡法计算。在干旱缺水时,对土壤湿润层储水量的要求是植物不发

生凋萎死亡,范围可定为土壤适宜含水量和植物凋萎时所对应的含水量之间,由此来确定时段内植物所需补充的水量。

一般用 Penmam 法计算的是在充分供水、供肥、无病虫害理想条件下获得的作物需水量,即植被的最大需水量,理论上讲并不是维持植物生长、不发生凋萎的生态需水量,但是该方法主要利用能量平衡原理,理论上比较成熟完整,实际上具有很好的操作性。针对我国对植物生态需水量计算方法研究还比较薄弱的实际情况,该方法可近似计算植物生态需水量。

2. 潜水蒸发法

根据潜水蒸发量间接计算生态需水量。该方法适用于干旱区植被生存主要依赖地下水的情况。对于某些地区天然植被生态用水量计算,若以前工作积累较少,模型参数获取困难,也可考虑采用此方法。干旱区天然植被的实际蒸散可近似地用潜水蒸发量 W 表示。

$$W = E \cdot A \qquad (4.3)$$

式中,E 为潜水蒸发强度(mm);A 为要维持或保护的植被面积。潜水蒸发与气象要素、土壤质地、土壤水分储量和地下水埋深等密切相关。目前潜水蒸发法常用的计算公式如下。

1) 阿维里扬诺夫公式:

$$E = a (1 - H/H_{\max})^b E_{\Phi 20} \qquad (4.4)$$

2) 阿克苏水平衡公式:

$$E = E_{20} (1 - H/H_{\max})^{2.51} \qquad (4.5)$$

式中,E 为潜水蒸发强度(mm);$E_{\Phi 20}$ 为常规气象蒸发皿观测值(mm);H 为地下水埋深(m);E_{20} 为 $20 m^2$ 蒸发池水面蒸发量,使用阿克苏水平衡站多年实测平均值 1292.20mm;$H_{\max}$ 为地下水极限埋深(m),按 5m 计算;a、b 为经验系数分别取 $a = 0.62$、$b = 2.80$。需要指出的是,以上公式计算结果均为裸地条件下的潜水蒸散发数值,若考虑不同植被覆盖条件下的潜水蒸散发,需通过植被稀疏对裸地条件下蒸散发计算结果进行修正,依据宋郁东等(2009)的研究,在塔里木河流域植被影响系数见表 4.3。

3. 不同植物的实测蒸腾量估算(王根绪和程国栋,2002)

$$\mu \Delta H = P\lambda_1 + R\lambda_2 - Q_1 \qquad (4.6)$$

式中,P、R 分别表示灌水量和降水量;λ_1、λ_2 分别代表灌溉、降水补给系数;Q_1 为植物耗水量;μ 为给水度。

4. 定额法

$$W_p = \sum_{i=1}^{n} W_{pi} = A_i m_{pi} \qquad (4.7)$$

式中,p 为植被需水保证率;A_i 为 i 类的植被面积;m_{pi} 为相应保证率的植被需水定额;n 为植被类型数。

5. 基于遥感和 GIS 技术的研究方法

目前最新的研究方法是基于植被生长需水地域分异规律,通过遥感手段、地理信息系统软件和实测资料相结合计算生态需水量。主要思路为:首先利用遥感和 GIS 技术进行生态分区,然后通过生态分区与水资源分区叠加分析确定各级生态分区的面积及其需水类型,再进一步分析生态分区的空间对应关系,确定生态耗水的范围和标准(定额),并以流域为单元进行降水平衡分析和水资源平衡分析,在此基础上计算生态需水量(梁瑞驹等,2000)。

6. 牧草生态需水量

在一定范围内,牧草的需水量和土壤水分呈正相关,该类计算可用于同一地区或降水量、土壤质地相近地区需水量的估算(左其亭,2002),其计算公式为

$$E = aw^b \text{ 或 } E = ae^{bw} \qquad (4.8)$$

式中,E 为牧草需水量;w 为土壤生育期平均湿度;a、b 为常数,由经验或实验确定。

这种方法仅适用于有灌溉条件的牧草,不适合其他植被。

(二)河道内生态需水量计算方法

1. 水文学方法

该方法是确定一个保护河流流量权所需的最小流量标准。这种方法属于非现场类型的方法,根据流量的历史资料(流量时间序列)而不

是现场测量数据来推导河流流量推荐值。主要有 Tennant 法（或 Montana 法）（Tennant，1976）、7Q10 法（Caissie et al.，1998）和 Texas 法（Mathews and Bao，1991）。水文学方法的优点是计算简单，容易操作，对于数据的要求不高，但由于过于简化了河流的实际情况，没有直接考虑生物参数及其相互影响（Karim et al.，1995），同时，由于受气候、人为污染等因素的影响并不能完全反映出河流生态需水的实际情况，只能在优先度不高的河段使用，或作为其他方法的一种粗略检验。

2. 水力学方法

该方法是根据河道水力参数（如宽度、深度、流速和湿周等）确定河流所需流量，所需水力参数可以实测获得，也可以采用 Manning 公式计算获得，代表方法有湿周法（Gippel and Stewardson，1998）和 R2CROSS 法（Mosely，1982）等。水力学法的优点是只需进行简单的现场测量，不需详细的物种-生境关系数据，故数据容易获得。但是该方法体现不出季节变化因素，通常不能确定季节性河流的流量，但它能为其他方法提供水力学依据，所以可与其他方法相结合使用（杨志峰和张远，2003）。

3. 栖息地法

该法需要研究水文系列的特定水力条件及相关鱼类栖息地参数。栖息地法最典型的是 IFIM 法（Gore et al.，1991；Stalnaker et al.，1994）。该方法的优点在于能将生物资料与河流流量相结合，使其更具有说服力（杨志峰和张远，2003）。但是传统的 IFIM 法分析的重点是目标物种（指示物种或种群）而非整个河流生态系统，因此，它的输出结果也非整个河流管理计划所要求的流量推荐值（King and Tharme，1994）。由于定量化的生物信息较难获得，这就大大限制了该方法的使用（Orth and Maughan，1982）。

4. 整体分析法（holistic method）

整体分析法主要指 BBM（building block method），目前该法在南非得到了较为广泛的应用（King and Tharme，1994；Rowntree Wadeson，1998；King and Louw，1998）。BBM 集中于流量的变化对河流生态与环境的影响分析，需要对流量大小变化与相应的河流生态系统进行长年的观测，对不同流量的界定非常关键，整个过程需要由水生生态学家和水利工程师等多学科团体的参与,较复杂,使用起来比较困难。

另外,我国学者还针对污染物稀释净化需水量(王西琴等,2001a,2001b;宋进喜等,2005)、输沙需水量、防止海水入侵所需维持的河道最小需水量(郑冬燕等,2002)、河道生态环境分区需水量(张远等,2005)以及水面蒸发生态需水量(严登华等,2001)等做了较为广泛的研究,也相应提出了一些计算方法。但由于我国河流生态需水研究刚刚开始,大多数研究都是从水文数据、水质数据出发进行研究,偏重于宏观尺度,计算方法不尽完善,尚需要进一步深入研究。

四、气候变化对生态需水的影响

全球气候变化是近年来的研究热点,无论是长期还是短期,气候变化对人类生产和生活方方面面都产生了重要的影响。概括起来气候变化的影响主要分为两大类:一类是对自然生态系统的影响。比如全球气候变暖导致的海平面上升、冰川退缩、湖泊水位下降、冻土融化、动植物分布范围变化等;另一类是对国民经济的影响,主要体现在农业、水资源、居住环境、灾害性气候事件频发等方面。干旱区气候变化对全球气候变化的响应更为敏感。在这一背景下进行塔里木河流域生态需水的研究,必须充分考虑气候变化对生态需水的影响。截至目前,气候变化对生态需水影响的直接研究甚少,但是气候变化本身的各种表现形式(如气温、降水变化、蒸发等)却或多或少对生态需水产生影响,以及由此引起的次一级表现形式(如冰川融雪、径流变化等)也对生态需水产生影响。塔里木河流域生态需水可划分为植被生态需水和水域生态需水,本节就分别讨论气候变化对不同生态需水类型产生的影响。

(一)气候变化对植被生态需水的影响

如前所述,由于干旱区降水量稀少,天然植被生长完全依赖地下水,一般采用潜水蒸发法间接计算植被的生态需水量。因此潜水蒸发的变化将直接导致天然植被生态需水量发生变化。气候变化也正是通过影响潜水蒸发从而影响植被生态需水量。

郝振纯等(2011)针对淮北平原裸土潜水蒸发进行了试验研究,结果表明,裸土潜水蒸发的影响因素主要有潜水埋深、土质和气象因素。其中,气象因素对靠近地表的潜水蒸发量影响较大,对于不同土质其影响深度略有不同。因此,对于埋深较浅的区域生态需水量的计算要特别注意气象因素的影响。柏菊等(2010)对淮北平原蒸发量变化趋势及其影响因素进行分析,研究表明,气候变化对蒸发过程影响显著。温度和相对湿度成为影响蒸发能力的主要因子。大气蒸发能力对潜水蒸发的影响随地下水埋深的加大而减弱;当地下水埋深较浅时,潜水蒸发随埋深的增大而迅速减小;在埋深大于 2m 时,潜水蒸发减小的速率趋于缓慢,蒸发量趋近于零(刘铁钢等,2005)。气候的变化趋势影响着区域蒸发能力的趋势。赵成义等(2000)的研究也证实了这一点,他提出的潜水蒸发公式的分段拟合公式,将潜水蒸发的过程分为三个过程:当水位较小且大气蒸发能力低于某一临界值时,潜水蒸发主要由大气蒸发能力来决定;当潜水埋深较大时,且大气蒸发能力小于某一临界值时,潜水蒸发主要由土壤的输水性能控制,潜水蒸发与大气蒸发能力呈非线性关系,即符合阿维里扬诺夫和指数型等公式;当大气蒸发能力大于某一临界值时,潜水蒸发为某一最大值,此值与潜水的埋深有关。其中第一个过程是受气候变化影响较大的过程。张振华等(2008)研究认为潜水蒸发主要受土壤输水能力和外界蒸发力的影响,而且受两者中较小者的控制。其中,外界蒸发能力主要受光照、风速、气温、水汽压、空气流通情况等气象因素影响。影响潜水蒸发量的主要气候因素是降水量和大气蒸发能力。大气蒸发能力的大小以水面蒸发量来衡量。降水一方面通过增加大气湿度减小大气蒸发能力而减小潜水蒸发量,另一方面通过对土壤水分的补给而减小潜水蒸发量(尤文瑞,1994)。

从诸多的有关潜水蒸发影响因素的研究中我们不难发现,无一例外地都要考虑气象因素对其产生的影响(刘铁钢等,2005;李琦等,2011;尤文瑞,1994;张朝新,1995)。

（二）气候变化对水域生态需水的影响

水域生态需水包括河道（水面）蒸发和侧渗。Hao 等（2008）通过对新疆长期（1957-2003 年）的气温、降水时间序列数据进行分析，结果表明过去近 50 年新疆的平均气温升高了 1℃，意味着水蒸发能力提高了 5％或 6％（Philip and Biney，2002）。也就是说随着气温的升高带来了蒸发量的增加，这也意味着大量的淡水通过蒸发的形式流失掉。降水的增加可以部分减弱气温升高带来的蒸发增大，但同时也使得水域面积的增加从而增大蒸发量。正是气温和降水的共同作用，使得近 50 年无论是整个新疆还是塔里木河流域蒸发都处于增加趋势。Li 等（2013a）对西北干旱区 1960-2010 年的气温、降水进行时空分析，发现气温升高的速率出现了区域性特点，即北疆地区最快，河西走廊次之，南疆最慢。进一步分析季节变化发现冬季气温升高速率最快。降水的增加速率也表现出区域性的特点：北疆最快，南疆次之，河西走廊最慢。通过季节变化分析得到夏季降水升高速率最快。

气温、降水的变化改变了水文循环的格局，同时带来了蒸发量的变化及区域差异，从而导致了与水面蒸发密切相关的水域生态需水量的变化。

气温变化也引起了径流的变化（Li et al.，2012；Fan et al.，2011；Li et al.，2013b；Hao et al.，2008）。Li 等（2012）选择了西北干旱区 5 个典型流域的 11 条河流，对这些河流近 50 年的径流量变化进行了分析，发现由于径流补给的来源不同，河流径流量的变化受气温和降水影响的程度也不相同。当冰川融水和降水补给相当时，气温和降水的增加会导致径流量的增加；当冰川融水对河流径流补给比重很大时，温度升高会引起径流增加，而降水增多可能会导致温度有所降低，总的结果可能会使径流减少；当以降水补给为主时径流量的变化则主要受降水影响。Li 等（2013c）运用 Penman 模型对西北干旱区蒸发皿的蒸发量进行模拟和估算，发现 1958 年到 20 世纪 90 年代初，蒸发皿蒸发量处于明显的下降趋势，而 1993 年之后转为上升趋势。蒸发皿的蒸发能够反映水面蒸发的强度。结合上述研究成果，我们不难得出结论，如果径流量增加,那么河道水面面积扩大,加之水面蒸发的增强,水面蒸发量将增大,这是水域生态需水量计算中的一项重要组成部分。

鉴于目前气候变化对生态需水的影响研究并不深入,有待从事干旱区生态需水研究工作的科研人员进一步探讨气候变化的各种表现形式、未来变化趋势以及如何影响各种不同的生态需水类型,对未来气候变化背景下生态需水的变化趋势做出正确的判断和预估。

五、适宜生态水位确定

自苏联土壤学家波勒诺夫建立"地下水临界深度"的概念以来,许多学者对如何确定潜水位临界深度及怎样把潜水位控制在临界深度以下做了大量研究。在国外,Chaudhary 等(1974)研究了作物(小麦)对地下水埋深、盐度和土壤盐水的响应。Eamus 等(2006)指出,在缺水环境,陆生植被的生存与演变依赖于能否从潜水面或毛细带直接吸取水分。Lubczynski(2009)在干旱荒漠地区研究得出树木根系能延伸到地下数十米,直接从潜水面吸取蒸腾水分。在国内,临界水位的确定主要考虑因素为土壤盐渍化、植被生长以及环境地质等问题。

地下水适宜水位是指能维持良好地下水环境、保证地下水可持续开发利用、发挥地下水资源环境功能的地下水位或地下水位埋深。不同的水文地质条件、环境问题和水文年,地下水适宜水位也不相同,因而地下水适宜水位是一个阈值,一般可用最高和最低水位(或埋深)限制值。确定地下水适宜水位的范围主要考虑以下几种因素:①潜水蒸发和土壤盐碱化条件;②地下水可能造成污染的条件;③工程地质环境破坏的条件;④生态环境破坏的条件;⑤地下水的战略储备和空间储备。

干旱区植物生存的水分来源包括地表径流、降水和地下水。由于干旱区降雨稀少,地表径流一般都具有时空分布的差异性和有限性,因此在大多数情况下,干旱区植被主要利用地下水来维持其正常生长。因此,对干旱区地下水开发时应保证该区的地下水位处于一个合理的范围之内,即地下水生态水位。干旱区影响植被生长的土壤水分和盐分与地下水位高低密切相关。地下水位过高,在蒸发的作用下,溶解于地下水中的盐分沿毛管上升水流聚积于表土,使土壤发生盐渍化,对植物产生盐胁迫;地下水位过低,毛管上升水流不易到达植物根系层,使上层土壤干旱,植物生长受到水分胁迫而生长不良,发生荒漠化。从防治土壤盐渍化角度讲,地下水位埋深可减少土壤积盐,有利于盐分淋洗,但从防治荒漠化角度,地下水位过深,若无灌溉,植物所需水分难以保证,导致生长衰败,从而促进风蚀沙化的发展。

　　适宜地下水生态水位概括地讲是指满足生态环境要求、不造成生态环境恶化的地下水位,主要受地质结构、地形、地貌和植被等条件影响,是一个随时空变化的函数,是地下水的一个水位区间,其上、下限在不同区域各不一样。在干旱区,其合理生态水位上限是潜水蒸发强烈深度,下限是潜水蒸发极限深度。这里我们把维持天然植被生长所需水分的地下水埋深称作生态地下水位。由于水量有限,确定合理生态水位的基本原则是地面通常不允许积聚水量,地下水一般不允许上升至根系吸水层以内,以免加重土壤盐渍化。地面水和地下水必须通过毛管适时适量地转化成为植被根系吸水层中的土壤水,才能较好地被各种植物所吸收。因此,合理生态水位的确定有两个限制条件:①地下水位过高,超过毛管水最大含水率的重力水,一般都下渗流失,不能为土壤所保存,不能很好地被植被所吸收;另外在蒸发作用下,溶解于地下水中的盐分可在表层土中聚积,使土壤溶液浓度增大,从而引起土壤溶液渗透压力增加,不利于植被生长。同时土壤水允许的含盐溶液浓度的最高值,视盐类及作物的种类而定。②若地下水位过低,地下水不能通过毛管上升来补充因腾发而损失的土壤水分,使土壤含水率降至凋萎系数以下,即形成所谓的土壤干旱情况,干旱时间过长,即会造成植物死亡,因此防止土壤干旱的最低要求就是使土壤水的渗透压力不小于根毛细胞液的渗透压力。

　　沿塔里木河两岸分布的自然植被,主要是非地带性的隐域植被,它们不依赖于大气降水,而是靠地下水供其蒸腾和蒸发。土壤水是可被植物吸收利用的唯一水分形式,自然界中不同形式的水分只有通过转化为土壤水才能够直接影响控制植物的生态发育,它就像座桥梁一样将地表水、地下水和植物生长发育紧紧联系在一起。研究塔里木河下游地区天然植被生存的适宜生态水位对于确定塔里木河下游生态安全的最低需水量问题具有重要的意义,对干旱区生态环境保育至关重要。

由于塔里木河下游河道两侧植被种类的多样性及交叉覆盖,决定了取单纯的某一植被作为典型计算并不具有代表性,而各种植被同时计算则由于无一致性而对其值无法取舍,需通过实际调查植被分布状况,分析地下水、土壤水与植被生长状况的关系确定生态地下水位,也就是确定既不使土壤发生强烈盐渍化又不发生荒漠化的适宜生态水位。适宜生态水位不是一个值,而是包含上限和下限的区间,其中上限值即潜水蒸发强烈埋深值,下限值即潜水蒸发极限埋深值。

根据生态适宜性原理,在植被最适地下水位附近,植物生长最好,出现频率最高,相应的植被盖度就高;在植物的适宜地下水范围内,植物生长良好;在其他地下水范围内则植物长势受水分亏缺或土壤盐渍化的影响,生长相对不好,出现频率相应就低,盖度就低。从塔里木河下游 8 个断面地下水变化与野外实地调查数据的统计分析可见,塔里木河下游植被的盖度、物种数、植被总高度等,在不同的地下水位范围内差异明显。总的来说植被盖度、物种数和总高度这三个指标随着地下水埋深的增加而呈现下降的趋势:在 4m 以内植被盖度下降速度较快,4-5m 变化不大,超过 5m 植被盖度再次下降,且低于 10%;随着地下水位的下降,样地内植物种类也逐渐下降,从最高一个样地的 8 种降到只剩 2 种植物,说明随着水分条件的恶化,群落结构趋向单一。研究认为 5m 左右是植被特征发生显著变化的埋深。5m 是大多数植被生存的生态地下水位下限。如果超过这一水位,潜水停止蒸发,不能增加上层土壤水分含量,植被难以生存。另外,当地下水埋深在 3.72-4.86m 变动时,土壤含水量的变动范围是 4.40%-11.40%,平均土壤含水量为 8.13%,略高于该流域天然植被的凋萎系数 7%,说明当地下水埋深超过 5m,土壤水分得不到有效供应,低于该凋萎系数,植被将逐渐衰亡。土壤含水量与天然植被的这种关系进一步证实 5m 可作为地下水蒸发的极限埋深。因此确定 5m 为地下水蒸发的极限埋深是合理的。

第二节　生态需水特点分析

一、生态需水特点

（一）实际蒸散耗水量小

干旱区的自然植被相对比较抗旱,大多数常常得不到充分的水量供给,同时,生物生产量也相对较低,总体上来讲,单位面积对水分的消耗量也相对较小。根据对渭干-库车河流域水均衡计算的主要植被类型实际蒸散量,以人工林最大为 914mm、耕地次之为 797mm、自然植被(地下水埋深 1-2m,包括乔、灌、草)325mm。自然植被仅为人工林的 35.50%、耕地的 40.70%(王让会等,2003)。

（二）用水的可塑性大

沿塔里木河干流两岸的大部分自然植被,每年只有洪水期 7-8 月灌溉一次,洪水大时漫溢范围广,灌水量多;洪水少时,仅在主河道两侧有限范围,灌水量少;自然植被不像农作物灌溉不适时适量就会造成减产。所以生态用水和农业用水在时间上不会有大的矛盾,春季水量少时,全部供农业利用。夏季洪水大时,农作物灌溉利用不完可作生态用水,在南疆有些地方引洪放淤,繁育恢复怪柳,对改善生态起了良好作用。

（三）水分有效利用程度高

农作物灌溉大多是地面灌溉,通过水库调节、渠道输水和田间灌溉造成蒸发渗漏损失很大,农作物真正实际利用的不到 30%。生态用水除了洪水淹灌造成积水蒸发损耗外,大部分是地表水渗漏转化为地下水供植物利用,与农作物相比,水资源利用率高。

（四）能够利用农业上暂难利用的水资源

农作物用水是"以需定供",而生态用水是"以供定耗"。目前生态用水主要是农业上难以引用的洪水及由水库、渠道、田间渗漏补给的地下水和一部分农田排水,将来还有城市和工业污水。用这些水可维护自然植被,保护生态,无疑可提高水资源利用率。特别是由水库、渠道和田间渗漏补给的地下水,被天然植被吸收利用,大大提高了水资源重复利用的效率。

(五)可利用埋藏较深的潜水

农作物由于根系浅,主要利用根系密积层(一般在 1m 以内)的土壤水,一旦土壤干旱,就会影响生长。而天然植被,特别是乔灌木根系随着地下水位下降,也向下延伸,成年柽柳、胡杨都可达 10m 以下,所以不少地方尽管地下水位已下降到 4-8m,乔灌木仍能生长,主要利用的是埋藏较深的地下水。因此可利用乔灌木生长和地下水的这种关系,在幼林阶段,通过灌溉使根系向下延伸,一旦根系能接触到地下水,就可减少水分供应,让根系吸收地下水,可节省生态用水。

二、生态需水定额

生态用水的形式主要以河道入渗补给地下水及洪水漫溢的地面灌溉为主。河道入渗在河道两岸横断面上形成一个近似梯形的地下水区域,使天然植被的根系能够有效地吸收水分;洪水漫溢地面灌溉可使植被达到自我更新、孕育幼林和草本植物生长的需水要求。

据 2008 年干流上、中、下游分区天然植被生态耗水分析(陈亚宁等,2008),干流生态用水定额为 2235m³/hm²,其中,上游区为 2125.6m³/hm²、中游区为 2277.70m³/hm²、下游区为 2344.60m³/hm²。上游区植被主要以林木为主,以灌、草类植被为辅,生态用水以河道漫溢形成的地面灌溉为主,河道入渗补给地下水为辅,故用水指标较高;中游区植被以林、灌、草结合,生态用水形式以河道及汊流入渗补给地下水为主,河道漫溢形成的地面灌溉为辅,用水指标适中;下游区由于总水量不足,植被衰败、枯萎,生态用水以河道入渗补给地下水为主,下游英苏以下河道断流 30 多年,地下水位已下降至 9-13m,用水指标异常偏低。

和田河两河灌区以下至肖夹克区间耗水 $8.23 \times 10^8 \mathrm{m}^3$，生态用水指标为 $5535 \mathrm{m}^3/\mathrm{hm}^2$，用水指标远较干流大。

根据生态用水的不同特点，特别是塔里木河两岸的自然植被主要依靠洪水漫溢和河道入渗补给地下水维持生机的特点，其生态用水指标也由于各自计算方法不同而计算值各异：

1）中国科学院新疆生态与地理研究所计算资料为 $3900 \mathrm{m}^3/\mathrm{hm}^2$；

2）新疆水利厅流域规划办公室计算资料为 $3885 \mathrm{m}^3/\mathrm{hm}^2$；

3）清华大学塔里木河干流水均衡模型计算资料为 $3495 \mathrm{m}^3/\mathrm{hm}^2$；

4）根据王让会等研究成果，有林地为 $3000 \mathrm{m}^3/\mathrm{hm}^2$、疏林地为 $450 \mathrm{m}^3/\mathrm{hm}^2$、高盖度草地为 $2340 \mathrm{m}^3/\mathrm{hm}^2$、低盖度草地为 $630 \mathrm{m}^3/\mathrm{hm}^2$。

根据以上定额指标，并参考潜水蒸发与水平衡公式计算的需水量结果，确定现状条件下林地需水定额为 $3000 \mathrm{m}^3/\mathrm{hm}^2$、疏林地（小半灌木林地）需水定额 $1500 \mathrm{m}^3/\mathrm{hm}^2$、草地统一设定为 $2250 \mathrm{m}^3/\mathrm{hm}^2$。

第三节　生态需水量计算结果

采用潜水蒸发法（阿克苏水平衡公式、阿维里扬诺夫公式）和定额法估算了塔里木河流域"九源一干"生态红线和生态敏感区保护范围内的天然植被生态需水量。所采用的潜水蒸发法计算公式包括阿克苏水平衡公式与阿维里扬诺夫公式；定额法计算公式的天然植被需水定额确定为：有林地需水定额为 $3000 \mathrm{m}^3/\mathrm{hm}^2$、疏林地（小半灌木林地）需水定额 $1500 \mathrm{m}^3/\mathrm{hm}^2$、草地统一设定为 $2250 \mathrm{m}^3/\mathrm{hm}^2$。为了消除单一方法估算结果的偏差，将三种计算公式的计算结果进行算术平均，从而获得不同保护范围天然植被的需水量。

一、阿克苏河流域生态需水量

采用潜水蒸发法和面积定额法估算源流区生态需水量，其中潜水蒸发采用了阿克苏水平衡公式（简称阿克苏水平衡）和阿维里扬诺夫公式（简称阿氏公式）。阿克苏河流域平原区天然林草总面积 $102.67 \times 10^4 \mathrm{hm}^2$，根据不同植被类型需水定额指标，确定为林草平均需水定额为

2250m³/hm²,阿克苏河流域生态红线需水量为 $23.10 \times 10^8 m^3$;阿克苏水平衡公式计算结果为 $18.37 \times 10^8 m^3$,阿氏公式计算结果为 $15.74 \times 10^8 m^3$。对以上结果取平均值,阿克苏河流域平原区生态红线需水量为 $19.07 \times 10^8 m^3$(表4.4,图4.1)。

表4.4 阿克苏河生态需水计算结果

保护范围	植被类型	面积 /×10⁴hm²	埋深 /m	植被系数	阿克苏水平衡 /×10⁸m³	阿氏公式 /×10⁸m³	定额法 /×10⁸m³	定额 /(m³/hm²)
生态红线	林草地	102.67	3.00	1.38	18.37	15.74	23.10	2250
生态敏感区-库玛拉克河谷	乔木	0.01	2.50	1.45	0.01	0.01	0.01	3000
	柽柳灌木林	0.47	2.50	1.45	0.16	0.14	0.14	3000
	小半灌木	1.80	3.00	1.38	0.32	0.28	0.27	1500
	草地	0.15	3.00	1.38	0.03	0.02	0.03	2250
生态敏感区-托什干河谷	河谷林	1.19	3.00	1.38	0.21	0.18	0.36	3000
生态敏感区合计		3.62	—	—	0.73	0.63	0.81	—

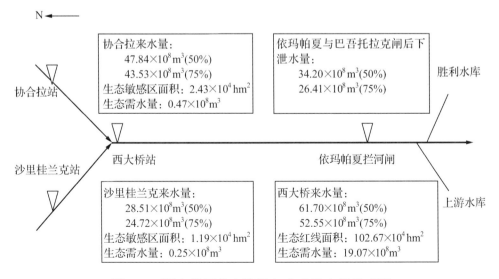

图4.1 阿克苏河节点流量与生态需水量示意图

　　阿克苏河流域天然植被生态敏感区保护范围为两支流的天然河谷林,其中库玛拉克河河谷林 $2.43 \times 10^4 \ \text{hm}^2$,定额法计算需水量为 $0.45 \times 10^8 \ \text{m}^3$,阿克苏水平衡公式计算需水量为 $0.52 \times 10^8 \ \text{m}^3$,阿氏公式计算需水量为 $0.45 \times 10^8 \ \text{m}^3$,三者平均为 $0.47 \times 10^8 \ \text{m}^3$。托什干河河谷林 $1.19 \times 10^4 \ \text{hm}^2$,定额法计算需水量为 $0.36 \times 10^8 \ \text{m}^3$,阿克苏水平衡与阿氏公式计算需水量分别为 $0.21 \times 10^8 \ \text{m}^3$ 和 $0.18 \times 10^8 \ \text{m}^3$,三者平均为 $0.25 \times 10^8 \ \text{m}^3$。因此,阿克苏河谷林生态敏感区生态需水总量为 $0.72 \times 10^8 \ \text{m}^3$。

二、叶尔羌河流域生态需水量

　　叶尔羌河生态红线为平原区 $53.63 \times 10^4 \ \text{hm}^2$ 的天然林草植被,其中包括有林地 $12.13 \times 10^4 \ \text{hm}^2$,需水定额 $3000 \text{m}^3 / \text{hm}^2$;疏林地 $9.74 \times 10^4 \ \text{hm}^2$,需水定额 $1500 \text{m}^3 / \text{hm}^2$;灌木林地 $7.81 \times 10^4 \ \text{hm}^2$,需水定额 $3000 \text{m}^3 / \text{hm}^2$;天然草地 $23.95 \times 10^4 \ \text{hm}^2$,需水定额 $2250 \text{m}^3 / \text{hm}^2$。基于定额法计算结果,叶尔羌河生态红线保护目标下需水量为 $12.83 \times 10^8 \ \text{m}^3$,基于潜水蒸发法的阿克苏水平衡公式需水量为 $9.90 \times 10^8 \ \text{m}^3$,阿氏公式计算需水量为 $8.40 \times 10^8 \ \text{m}^3$,三者平均则平原区生态红线保护目标下生态需水量为 $10.38 \times 10^8 \ \text{m}^3$(表 4.5,图 4.2)。

表 4.5　叶尔羌河生态需水计算结果

保护范围	植被类型	面积 /×10⁴hm²	埋深 /m	植被系数	阿克苏水平衡 /×10⁸m³	阿氏公式 /×10⁸m³	定额法 /×10⁸m³	定额 /(m³/hm²)
生态红线	有林地	12.13	2.50	1.45	3.99	3.53	3.64	3000
	疏林地	9.74	4.00	1.00	0.22	0.15	1.46	1500
	灌木林	7.81	3.00	1.38	1.40	1.16	2.34	3000
	草地	23.95	3.00	1.38	4.29	3.55	5.39	2250
生态敏感区-阿拉根乡以下	胡杨(灰杨)	17.97	3.00	1.38	3.21	2.67	5.39	3000

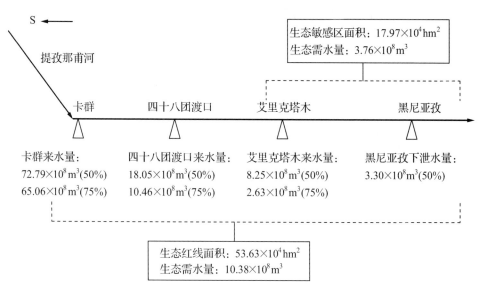

图 4.2　叶尔羌河节点流量与生态需水量示意图

叶尔羌河流域天然植被生态敏感区位于阿拉根乡以下区域,面积为 $17.97×10^4 hm^2$,主要植被类型为胡杨、灰杨林地,对应地下水埋深平均为 3m 左右,灌溉定额为 $3000m^3/hm^2$。因此,定额法计算的生态敏感区生态需水量为 $5.39×10^8 m^3$,阿克苏水平衡公式计算需水量为 $3.21×10^8 m^3$,阿氏公式计算需水量为 $2.67×10^8 m^3$,三者平均为 $3.76×10^8 m^3$。

三、和田河流域生态需水量

和田河流域平原区天然植被生态红线为 $30.77×10^4 hm^2$,包括有林地 $4.81×10^4 hm^2$,需水定额 $3000m^3/hm^2$,平均地下水埋深 2.50m;疏林地 $5.04×10^4 hm^2$,需水定额 $1500m^3/hm^2$,平均地下水埋深 4.50m;灌木林 $8.94×10^4 hm^2$,需水定额 $3000m^3/hm^2$,平均地下水埋深 3m;草地 $11.98×10^4 hm^2$,需水定额 $2250m^3/hm^2$,平均地下水埋深 3m。根据定额法计算结果,和田河平原区生态红线下需水量为 $7.58×10^8 m^3$,基于潜水蒸发法的阿克苏水平衡公式计算结果为 $5.34 \times 10^8 m^3$，阿氏公式计算结果为 $5.21 \times 10^8 m^3$。根据计算结果进行平均，则和田河生态红线需水量为 $6.04 \times 10^8 m^3$。

和田河天然植被生态敏感区依据植被的长势情况划分为良好植被和稀疏植被两种情形。其中良好植被面积为 $11.6 \times 10^4 hm^2$，参照有林地和高盖度草地的划分，良好植被需水定额为 $3000 m^3/hm^2$，平均地下水埋深 2.50m；稀疏植被面积 $5.80 \times 10^4 hm^2$，参照疏林地和低盖度草地的划分，稀疏植被需水定额为 $1500 m^3/hm^2$，平均地下水埋深为 4m。定额法计算生态敏感区天然植被需水量为 $4.35 \times 10^8 m^3$，潜水蒸发法的阿克苏水平衡公式和阿氏公式计算需水量分别为 $3.95 \times 10^8 m^3$ 和 $4.00 \times 10^8 m^3$，三者平均为 $4.10 \times 10^8 m^3$。和田河流域平原区的良好植被包括有林地、高盖度草地等有 1/3 以上都集中分布在生态敏感区，因而，生态敏感区天然植被面积虽然只占流域平原区生态红线的 56.50%，但蓄水量却达到流域生态蓄水量的 67.80%（表 4.6，图 4.3）。

表 4.6　和田河生态需水计算结果

保护范围	植被类型	面积/$\times 10^4 hm^2$	埋深/m	植被系数	阿克苏水平衡/$\times 10^8 m^3$	阿氏公式/$\times 10^8 m^3$	定额法/$\times 10^8 m^3$	定额/(m^3/hm^2)
生态红线	有林地	4.81	2.50	1.45	1.58	1.62	1.44	3000
	疏林地	5.04	4.50	1.00	0.02	0.01	0.76	1500
	灌木林	8.94	3.00	1.38	1.60	1.53	2.68	3000
	草地	11.98	3.00	1.38	2.14	2.05	2.70	2250
生态敏感区	良好植被	11.60	2.50	1.45	3.82	3.90	3.48	3000
	稀疏植被	5.80	4.00	1.00	0.13	0.10	0.87	1500

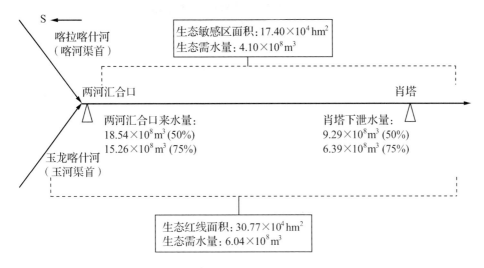

图 4.3 和田河节点流量与生态需水量示意图

四、开都-孔雀河流域生态需水量

开都-孔雀河流域平原区天然植被生态红线面积为 $77.61 \times 10^4 \text{hm}^2$，包括有林地 $0.65 \times 10^4 \text{hm}^2$，需水定额 $3000 \text{m}^3/\text{hm}^2$，平均地下水埋深 2.50m；疏林地 $6.63 \times 10^4 \text{hm}^2$，需水定额 $1500 \text{m}^3/\text{hm}^2$，平均地下水埋深 4.50m；灌木林 $1.01 \times 10^4 \text{hm}^2$，需水定额 $3000 \text{m}^3/\text{hm}^2$，平均地下水埋深 3m；草地 $69.32 \times 10^4 \text{hm}^2$，需水定额 $2250 \text{m}^3/\text{hm}^2$，平均地下水埋深 3m。根据定额法计算结果，开都-孔雀河平原区生态红线下需水量为 $17.10 \times 10^8 \text{m}^3$，基于潜水蒸发法的阿克苏水平衡公式计算结果为 $12.83 \times 10^8 \text{m}^3$，阿氏公式计算结果为 $11.55 \times 10^8 \text{m}^3$。根据计算结果进行平均，则开都-孔雀河生态红线需水量为 $13.82 \times 10^8 \text{m}^3$（表 4.7）。

开都-孔雀河流域天然植被生态敏感区分布于 66km 分水闸以下的河道两岸，面积 $10.93 \times 10^4 \text{hm}^2$，主要由以胡杨为主的乔木林和以柽柳为主的灌木林组成，对应地下水埋深平均为 3m 左右，灌溉定额综合考虑有林地、疏林地和灌木林情况，定为 $2250 \text{m}^3/\text{hm}^2$。因此，定额法计算的生态敏感区生态需水量为 $2.46 \times 10^8 \text{m}^3$，阿克苏水平衡公式计算需水量为 $1.96 \times 10^8 \text{m}^3$，阿氏公式计算需水量为 $1.76 \times 10^8 \text{m}^3$，三者平均为 $2.06 \times 10^8 \text{m}^3$（图 4.4）。

表 4.7　开都-孔雀河流域生态需水量计算

保护范围	植被类型	面积/×10⁴hm²	埋深/m	植被系数	阿克苏水平衡/×10⁸m³	阿氏公式/×10⁸m³	定额法/×10⁸m³	定额/(m³/hm²)
生态红线	有林地	0.65	2.50	1.45	0.22	0.21	0.20	3000
	疏林地	6.63	4.50	1.00	0.03	0.02	1.00	1500
	灌木林	1.01	3.00	1.38	0.18	0.16	0.30	3000
	草地	69.32	3.00	1.38	12.40	11.16	15.60	2250
生态敏感区	乔木、灌木林	10.93	3.00	1.38	1.96	1.76	2.46	2250

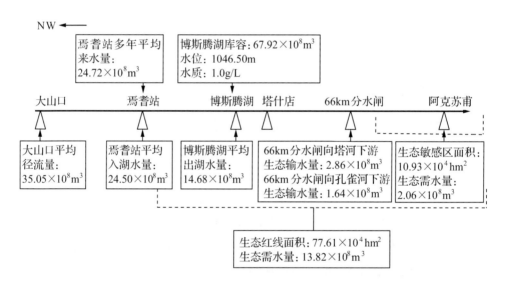

图 4.4　开都-孔雀河节点流量与生态需水量示意图

博斯腾湖作为一个开放的浅水湖,其蒸发和渗漏损失的水量在开都-孔雀河流域水循环系统中占据很大一部分。博斯腾湖多年平均入湖水量为 $24.5×10^8 m^3$,出湖水量为 $14.68×10^8 m^3$,假设保持博斯腾湖 $67.92×10^8 m^3$ 库容不变,运用水量平衡法计算得出,博斯腾湖多年平均蒸发和渗漏损失水量为 $9.82×10^8 m^3$。参考《博斯腾湖流域水资源可持续利用研究》一书发现,运用由水量平衡方程和稳定同位素质量平衡方程建立的模型并结合相关的气象数据,估算得出 2011 年博斯腾湖全年可能的实际蒸发量为 1233mm,即 $12.59×10^8 m^3$。运用水量平衡法计算得出的湖泊多年平均蒸发渗漏损失水量与 2011 年计算得出的相差不大,由此可知,运用水量平衡法计算得出的博斯腾湖多年平均蒸发渗漏水量是比较真实的。

五、迪那河流域生态需水量

迪那河流域平原区天然植被生态红线 $11.07 \times 10^4 hm^2$,包括林地、灌木林地 $7.57 \times 10^4 hm^2$,草地 $3.50 \times 10^4 hm^2$。迪那河尾闾荒漠植被为天然植被生态敏感区保护范围,面积 $1.31 \times 10^4 hm^2$,包括林地、灌木林地 $1.10 \times 10^4 hm^2$,草地 $0.21 \times 10^4 hm^2$。参照有林地、疏林地以及灌木林地需水定额与地下水埋深划分标准,林灌植被类型,需水定额确定为 $3000m^3/hm^2$,平均地下水埋深 3m;参照高盖度草地和低盖度草地需水定额与地下水埋深划分标准,草地植被类型需水定额 $2250m^3/hm^2$,平均地下水埋深 3m(图 4.5)。

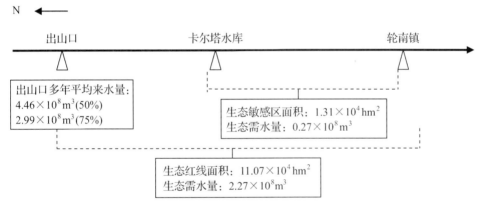

图 4.5　迪那河节点流量与生态需水量示意图

根据计算结果,迪那河平原区生态红线下,定额需水量为 $3.06 \times 10^8 m^3$,阿克苏水平衡公式计算结果为 $1.98 \times 10^8 m^3$,阿氏公式计算结果为 $1.78 \times 10^8 m^3$,三者平均为 $2.27 \times 10^8 m^3$。生态敏感区保护范围内,定额需水量为 $0.38 \times 10^8 m^3$,阿克苏水平衡公式计算结果为 $0.24 \times 10^8 m^3$,阿氏公式计算结果为 $0.21 \times 10^8 m^3$,三者平均为 $0.27 \times 10^8 m^3$(表 4.8)。

表 4.8　迪那河流域生态需水量计算

保护范围	植被类型	面积 /×10⁴hm²	埋深 /m	植被系数	阿克苏水平衡 /×10⁸m³	阿氏公式 /×10⁸m³	定额法 /×10⁸m³	定额 /(m³/hm²)
生态红线	林灌	7.57	3.00	1.38	1.35	1.22	2.27	3000
	草地	3.50	3.00	1.38	0.63	0.56	0.79	2250
	合计	11.07	—	—	1.98	1.78	3.06	—
生态敏感区	林灌	1.10	3.00	1.38	0.20	0.18	0.33	3000
	草地	0.21	3.00	1.38	0.04	0.03	0.05	2250
	合计	1.31	—	—	0.24	0.21	0.38	—

六、渭干-库车河流域生态需水量

渭干-库车河流域平原区天然植被保护红线 $19.96 \times 10^4 hm^2$，包括林地、灌木林地 $13.06 \times 10^4 hm^2$，草地 $6.90 \times 10^4 hm^2$。灌区下游荒漠区为天然植被生态敏感区，主要分布在轮东石油公路以北、沙参石油二井东南方以及于奇厄肯以北地区，面积 $0.40 \times 10^4 hm^2$，主要植被类型为林地和灌木林。参照有林地、疏林地以及灌木林地需水定额与地下水埋深划分标准，林灌植被类型需水定额确定为 $3000 m^3/hm^2$，平均地下水埋深 3m。

根据计算结果：渭干-库车河流域平原区生态红线下，定额需水量为 $5.47 \times 10^8 m^3$，阿克苏水平衡公式计算结果为 $3.57 \times 10^8 m^3$，阿氏公式计算结果为 $3.21 \times 10^8 m^3$，三者平均为 $4.08 \times 10^8 m^3$。生态敏感区保护范围内，定额需水量为 $0.12 \times 10^8 m^3$，阿克苏水平衡公式计算结果为 $0.07 \times 10^8 m^3$，阿氏公式计算结果为 $0.06 \times 10^8 m^3$，三者平均为 $0.08 \times 10^8 m^3$（表 4.9，图 4.6）。

表 4.9　渭干-库车河生态需水量计算

保护范围	植被类型	面积/×10⁴hm²	埋深/m	植被系数	阿克苏水平衡/×10⁸m³	阿氏公式/×10⁸m³	定额法/×10⁸m³	定额/(m³/hm²)
生态红线	林灌	13.06	3.00	1.38	2.34	2.10	3.92	3000
	草地	6.90	3.00	1.38	1.23	1.11	1.55	2250
	合计	19.96	—	—	3.57	3.21	5.47	—
生态敏感区	林灌	0.40	3.00	1.38	0.07	0.06	0.12	3000
	草地	—	—	—	—	—	—	—
	合计	0.40	—	—	0.07	0.06	0.12	—

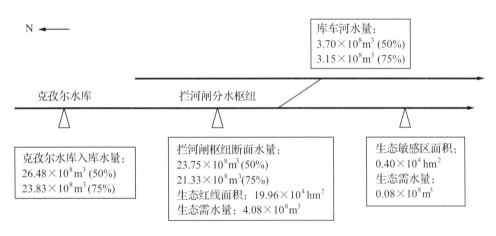

N ←

库车河水量：
3.70×10⁸m³ (50%)
3.15×10⁸m³ (75%)

克孜尔水库　　　拦河闸分水枢组

克孜尔水库入库水量：
26.48×10⁸m³ (50%)
23.83×10⁸m³ (75%)

拦河闸枢组断面水量：
23.75×10⁸m³ (50%)
21.33×10⁸m³ (75%)
生态红线面积：19.96×10⁴hm²
生态需水量：4.08×10⁸m³

生态敏感区面积：
0.40×10⁴hm²
生态需水量：
0.08×10⁸m³

图 4.6　渭干-库车河节点流量与生态需水量示意图

七、喀什噶尔河流域生态需水量

喀什噶尔河流域平原区天然植被保护红线 16.89×10⁴hm²,包括林地、灌木林地 6.40×10⁴hm²,草地 10.49×10⁴hm²。天然植被生态敏感区面积 7.67×10⁴hm²,包括林地、灌木林地 3.66×10⁴hm²,草地 4.01×10⁴hm²。参照有林地、疏林地以及灌木林地需水定额与地下水埋深划分标准,林灌植被类型需水定额确定为 3000m³/hm²,平均地下水埋深 3m;参照高盖度草地和低盖度草地需水定额与地下水埋深划分标准,草地植被类型(未明确高盖度、低盖度)需水定额 2250m³/hm²,平均地下水埋深 3m(表 4.10,图 4.7)。

表 4.10　喀什噶尔河生态需水量计算

保护范围	植被类型	面积/×10⁴hm²	埋深/m	植被系数	阿克苏水平衡/×10⁸m³	阿氏公式/×10⁸m³	定额法/×10⁸m³	定额/(m³/hm²)
生态红线	林灌	6.40	3.00	1.38	1.14	1.03	1.92	3000
	草地	10.49	3.00	1.38	1.88	1.69	2.36	2250
	合计	16.89	—	—	3.02	2.72	4.28	—
生态敏感区	林灌	3.66	3.00	1.38	0.66	0.59	1.10	3000
	草地	4.01	3.00	1.38	0.72	0.65	0.90	2250
	合计	7.67	—	—	1.37	1.24	2.00	—

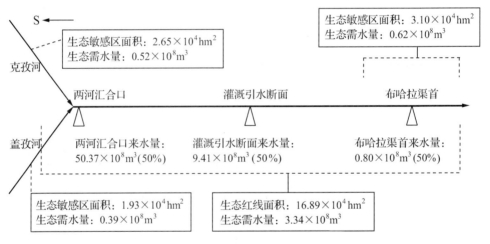

图 4.7　喀什噶尔河节点流量与生态需水量示意图

根据计算结果,喀什噶尔河平原区生态红线下,定额需水量为 $4.28\times10^8 m^3$,阿克苏水平衡公式计算结果为 $3.02\times10^8 m^3$,阿氏公式计算结果为 $2.72\times10^8 m^3$,三者平均为 $3.34\times10^8 m^3$,其中克孜河生态红线需水量 $0.86\times10^8 m^3$,盖孜河生态红线需水量 $1.57\times10^8 m^3$,喀什噶尔河干流生态红线需水量 $0.91\times10^8 m^3$。生态敏感区保护范围内,定额需水量为 $2.00\times10^8 m^3$,阿克苏水平衡公式计算结果为 $1.37\times10^8 m^3$,阿氏公式计算结果为 $1.24\times10^8 m^3$,三者平均为 $1.54\times10^8 m^3$,其中克孜河、盖孜河和喀什噶尔河干流生态敏感区保护范围内生态需水量分别为 $0.52 \times 10^8 m^3$、$0.39 \times 10^8 m^3$ 和 $0.62 \times 10^8 m^3$。

八、克里雅河流域生态需水量

克里雅河流域平原区天然植被保护红线与天然植被基本保护范围一致,面积为 $7.96 \times 10^4 hm^2$,包括林地、灌木林地 $4.10 \times 10^4 hm^2$,草地 $3.86 \times 10^4 hm^2$。克里雅河流域天然植被生态敏感区保护范围位于灌区以下,面积 $6.72 \times 10^4 hm^2$,包括林地、灌木林地 $3.95 \times 10^4 hm^2$,草地 $2.77 \times 10^4 hm^2$。参照有林地、疏林地以及灌木林地需水定额与地下水埋深划分标准,林灌植被类型需水定额确定为 $3000 m^3/hm^2$,平均地下水埋深 3m;参照高盖度草地和低盖度草地需水定额与地下水埋深划分标准,草地植被类型(未明确高盖度、低盖度)需水定额 $2250 m^3/hm^2$,平均地下水埋深 3m。

根据计算结果,克里雅河平原区生态红线下,定额需水量为 $2.10 \times 10^8 m^3$,阿克苏水平衡公式计算结果为 $1.42 \times 10^8 m^3$,阿氏公式计算结果为 $1.28 \times 10^8 m^3$,三者平均为 $1.60 \times 10^8 m^3$。生态敏感区保护范围内,定额需水量为 $1.81 \times 10^8 m^3$,阿克苏水平衡公式计算结果为 $1.20 \times 10^8 m^3$,阿氏公式计算结果为 $1.08 \times 10^8 m^3$,三者平均为 $1.36 \times 10^8 m^3$(表 4.11,图 4.8)。

表 4.11 克里雅河生态需水量计算

保护范围	植被类型	面积 /$\times 10^4 hm^2$	埋深 /m	植被系数	阿克苏水平衡 /$\times 10^8 m^3$	阿氏公式 /$\times 10^8 m^3$	定额法 /$\times 10^8 m^3$	定额 /(m³/hm²)
生态红线	林灌	4.10	3.00	1.38	0.73	0.66	1.23	3000
	草地	3.86	3.00	1.38	0.69	0.62	0.87	2250
	合计	7.96	—	—	1.42	1.28	2.10	
生态敏感区	林灌	3.95	3.00	1.38	0.71	0.64	1.19	3000
	草地	2.77	3.00	1.38	0.50	0.45	0.62	2250
	合计	6.72	—	—	1.20	1.08	1.81	

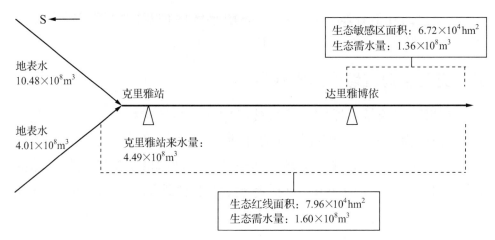

图 4.8　克里雅河节点流量与生态需水量示意图

九、车尔臣河流域生态需水量

车尔臣河流域平原区天然植被保护红线 $6.68\times10^4\,hm^2$，包括林地、灌木林地 $2.65\times10^4\,hm^2$，草地 $4.03\times10^4\,hm^2$。天然植被生态敏感区面积 $3.20\times10^4\,hm^2$，包括林地、灌木林地 $0.55\times10^4\,hm^2$，草地 $2.65\times10^4\,hm^2$。参照有林地、疏林地以及灌木林地需水定额与地下水埋深划分标准，林灌植被类型需水定额确定为 $3000m^3/hm^2$，平均地下水埋深 3m；参照高盖度草地和低盖度草地需水定额与地下水埋深划分标准，草地植被类型（未明确高盖度、低盖度）需水定额 $2250m^3/hm^2$，平均地下水埋深 3m（表 4.12）。

表 4.12　车尔臣河生态需水量计算

保护范围	植被类型	面积/$\times10^4\,hm^2$	埋深/m	植被系数	阿克苏水平衡/$\times10^8\,m^3$	阿氏公式/$\times10^8\,m^3$	定额法/$\times10^8\,m^3$	定额/(m^3/hm^2)
生态红线	林灌	2.65	3.00	1.38	0.47	0.43	0.80	3000
	草地	4.03	3.00	1.38	0.72	0.65	0.91	2250
	合计	6.68	—	—	1.19	1.08	1.71	—
生态敏感区	林灌	0.55	3.00	1.38	0.10	0.09	0.16	3000
	草地	2.65	3.00	1.38	0.47	0.43	0.60	2250
	合计	3.20	—	—	0.57	0.52	0.76	—

根据计算结果,车尔臣河平原区生态红线下,定额需水量为 $1.70 \times 10^8 \mathrm{m}^3$,阿克苏水平衡公式计算结果为 $1.20 \times 10^8 \mathrm{m}^3$,阿氏公式计算结果为 $1.08 \times 10^8 \mathrm{m}^3$,三者平均为 $1.33 \times 10^8 \mathrm{m}^3$。生态敏感区保护范围内,定额需水量为 $0.76 \times 10^8 \mathrm{m}^3$,阿克苏水平衡公式计算结果为 $0.57 \times 10^8 \mathrm{m}^3$,阿氏公式计算结果为 $0.52 \times 10^8 \mathrm{m}^3$,三者平均为 $0.62 \times 10^8 \mathrm{m}^3$(图 4.9)。

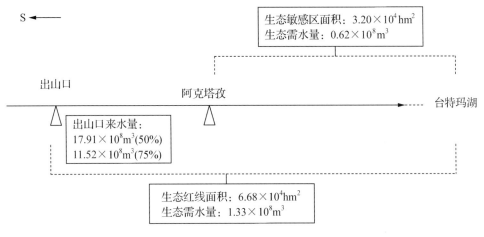

图 4.9　车尔臣河节点流量与生态需水量示意图

十、塔里木河干流天然植被需水量

(一) 干流上中游天然植被需水量

采用潜水蒸发法(阿克苏水平衡公式、阿维里扬诺夫公式)和面积定额法分别估算了塔里木河干流保护天然植被生态红线的生态需水量。计算结果表明,面积定额法计算的需水量最大,阿克苏水平衡公式计算的天然植被生态需水量最低。为了避免单一计算方法可能造成的计算结果的不确定性,将上述 3 种公式计算结果进行算术平均,作为保护干流天然植被的生态需水量的依据。

根据计算结果,取 3 种方法计算结果的平均值,干流上中游段阿拉尔-恰拉河段生态需水量为 $19.89 \times 10^8 \mathrm{m}^3$,其中:阿拉尔-新渠满河段天然植被生态需水量为 $5.65 \times 10^8 \mathrm{m}^3$;新渠满-英巴扎河段天然植被生态

需水量为 $6.37×10^8 m^3$；英巴扎-乌斯满河段天然植被生态需水量为 $4.57×10^8 m^3$；乌斯满-恰拉河段天然植被生态需水量为 $3.30×10^8 m^3$。计算结果详见表 4.13。

表 4.13　干流上中游天然植被生态红线需水量估算

（单位：$×10^8 m^3$）

		疏林地	有林地	低盖度草地	高盖度草地	合计
阿维里扬诺夫公式	阿拉尔-新渠满	0.01	1.62	0.14	3.75	5.52
	新渠满-英巴扎	0.01	2.32	0.12	4.01	6.46
	英巴扎-乌斯满	0.02	2.24	0.16	2.40	4.82
	乌斯满-恰拉	0.01	1.10	0.13	2.56	3.80
阿克苏水平衡公式	阿拉尔-新渠满	0.02	1.46	0.23	3.38	5.09
	新渠满-英巴扎	0.03	1.98	0.19	3.42	5.62
	英巴扎-乌斯满	0.04	1.67	0.23	1.79	3.73
	乌斯满-恰拉	0.02	0.74	0.17	1.72	2.65
面积定额法	阿拉尔-新渠满	0.26	1.96	0.64	3.49	6.35
	新渠满-英巴扎	0.31	2.65	0.53	3.53	7.02
	英巴扎-乌斯满	0.44	2.24	0.64	1.85	5.17
	乌斯满-恰拉	0.23	0.99	0.46	1.78	3.46
平均需水量	阿拉尔-新渠满	0.10	1.68	0.34	3.54	5.65
	新渠满-英巴扎	0.12	2.32	0.28	3.65	6.37
	英巴扎-乌斯满	0.17	2.05	0.34	2.01	4.57
	乌斯满-恰拉	0.09	0.94	0.25	2.02	3.30

同样采用潜水蒸发法和面积定额法估算了干流上中游生态敏感区保护范围天然植被生态需水量。干流上中游生态敏感区保护范围内生态需水量总计为 $17.22×10^8 m^3$，其中阿拉尔-新渠满、新渠满-英巴扎、英巴扎-乌斯满、乌斯满-恰拉 4 个河段天然植被生态需水量分别为 $4.89×10^8 m^3$、$5.51×10^8 m^3$、$3.96×10^8 m^3$ 和 $2.86×10^8 m^3$。

（二）干流下游生态需水量

1. 维持现状天然植被需水量

下游河段以齐文阔尔河划分南、北岸，北岸疏林地、有林地、低盖度草地和高盖度草地面积分别为 $2.03 \times 10^4 hm^2$、$0.57 \times 10^4 hm^2$、$5.24 \times 10^4 hm^2$ 和 $1.71 \times 10^4 hm^2$；南岸相应植被面积分别为 $2.74 \times 10^4 hm^2$、$0.59 \times 10^4 hm^2$、$1.07 \times 10^4 hm^2$ 和 $1.19 \times 10^4 hm^2$。采用潜水蒸发与面积定额法，并对计算结果进行算术平均，得到干流下游维持天然植被现状的生态需水量为 $1.43 \times 10^8 m^3$。

2. 恢复至 1986 年水平的天然植被维持水量

随着生态输水的不断进行，下游距河道 500m 范围内地下水恢复到适宜生态水位范围后，每年只需满足植被的维持需水量即可。如果将植被面积恢复到 1986 年的水平定为生态恢复的水平，计算的恢复目标下的维持需水量为天然植被恢复需水量。下游植被面积采用 1986 年遥感图像解译的天然植被面积图。有植被面积合计 $38.50 \times 10^4 hm^2$，将植被面积与对应地下水埋深的潜水蒸发量相乘得到塔里木河下游天然植被生态恢复需水量为 $2.79 \times 10^8 m^3$。

3. 不同恢复目标下地下水恢复需水量

塔里木河下游为间歇性输水河道，主要目的是补充地下水，抬升地下水位，达到荒漠植被的适应水位。因此，下游河道损耗主要就是指抬升地下水位所需的输水量，即地下水恢复水量。

地下水恢复量（ΔW）采用以下公式计算：

$$\Delta W = M \cdot \Delta H \cdot F \cdot n \qquad (4.9)$$

式中，ΔH 为潜水水位上升幅度；M 为水位变动带的饱和差；F 为计算面积；n 为土壤容重。

生态输水工程实施以来，下游地下水位大幅抬升，但仍未恢复至合理生态水位 4-5m。以距离河道单侧 500m 和 1000m 为不同恢复范围，通过生态输水将地下水埋深恢复至 4m 和 5m。在 500m 恢复目标下，地下水埋深抬升至 4m 和 5m 的生态恢复需水量分别为 $3.67 \times 10^8 m^3$ 和

$2.52 \times 10^8 m^3$，地下水恢复需水量取二者的平均值为 $3.09 \times 10^8 m^3$。如果以 5 年为恢复期，则年恢复水量为 $0.62 \times 10^8 m^3$。在 1000m 恢复目标下，地下水埋深抬升至 4m 和 5m 的生态恢复需水量分别为 $7.33 \times 10^8 m^3$ 和 $5.04 \times 10^8 m^3$，地下水恢复需水量取二者的平均值为 $6.18 \times 10^8 m^3$。如果以 5 年为恢复期，则年恢复水量为 $1.24 \times 10^8 m^3$。

4. 不同恢复目标下植被生态需水量

将河道单侧距离 500m、1000m 范围确定为不同的生态恢复范围。通过输水将地下水埋深抬升至 4-5m，同时结合地表漫溢、断根萌蘖、人工漂种等多种生态恢复技术与措施，将恢复范围内的衰败植被（疏林地、低盖度草地）恢复为良好植被（有林地、高盖度草地）。

依据现有植被分布格局，届时将有部分稀疏植被通过生态恢复措施可转化为良好植被。500m、1000m 范围稀疏植被面积转化为良好植被。预期恢复目标下天然植被生态需水量分别为 $2.86 \times 10^8 m^3$、$2.98 \times 10^8 m^3$（表 4.14，图 4.10）。

表 4.14 不同恢复范围内下游天然植被生态需水量

植被类型		生态恢复范围（河道一侧距离）内植被面积/$\times 10^4 hm^2$			
		≤500m	>500m	≤1000m	>1000m
植被现状	有林地	0.05	1.11	0.10	1.07
	疏林地	0.89	3.89	1.40	3.37
	高盖度草地	0.16	2.74	0.27	2.63
	低盖度草地	0.19	6.13	0.36	5.96
不同恢复情景	有林地	0.94	1.11	1.50	1.07
	疏林地	—	4.21	—	3.88
	高盖度草地	0.35	2.74	0.63	2.63
	低盖度草地	—	6.13	—	5.96
生态需水量/（$\times 10^8 m^3$）		2.86		2.98	

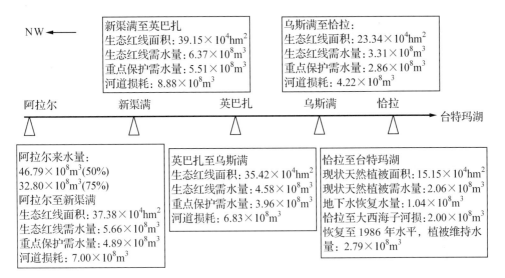

图 4.10　塔里木河干流节点流量与生态需水量示意图

第四节　河道损耗估算

采用两种方法估算了塔里木河"九源一干"的河损。对于水文站点观测数据完善的河流采用水量平衡的方法估算河损;对于缺乏完善观测资料的河流,则通过水面蒸发公式和达西定律计算河面蒸发与河道渗漏损耗。估算结果表明:源流河道损耗总量为 $79.2 \times 10^8 \text{m}^3$,其中阿克苏河、叶尔羌河、和田河、开都-孔雀河、迪那河、渭干-库车河、喀什噶尔河、克里雅河和车尔臣各河河道损耗依次为 $8.84 \times 10^8 \text{m}^3$、$22.67 \times 10^8 \text{m}^3$(其中提孜那甫河河损 $2.81 \times 10^8 \text{m}^3$)、$16.37 \times 10^8 \text{m}^3$、$18.07 \times 10^8 \text{m}^3$、$0.41 \times 10^8 \text{m}^3$、$4.50 \times 10^8 \text{m}^3$、$2.29 \times 10^8 \text{m}^3$、$5.07 \times 10^8 \text{m}^3$ 和 $0.98 \times 10^8 \text{m}^3$。

塔里木河干流上中游河道耗水总量为 $26.93 \times 10^8 \text{m}^3$,其中:阿拉尔-新渠满、新渠满-英巴扎、英巴扎-乌斯满、乌斯满-恰拉河段河损量合计分别为 $7.00 \times 10^8 \text{m}^3$、$8.88 \times 10^8 \text{m}^3$、$6.83 \times 10^8 \text{m}^3$ 和 $4.22 \times 10^8 \text{m}^3$。下游恰拉至大西海子河段河损量为 $2.00 \times 10^8 \text{m}^3$。

一、河道损失水量估算方法

在估算河道水量自然损耗时,应用流域河流节点的水量监测与区段引用水量是相对最准确易用的。各河流水量监测站点对流量的监测数据是基于实测的,数据来源可靠且与实际情况最为接近。通过引水枢纽的地表水人工引用,也是可以准确计量的,因此通过上下两个节点的水量数据与区间人工引水数据计算所得的河道自然损失量较为准确,它避免了计算模型中可能的参数误差,直接反映河道流量损失。缺点是,这种方法反映的是一个总的河道流量自然损耗,无法具体分出蒸发损耗与渗漏损耗。并且这种方法需要有完善的节点监测,对于缺乏监测控制站点的河流难以应用。

(一)基于水量平衡的河道损耗量估算

在塔里木河流域,水文观测数据较完善的河流,我们采用这种方法计算,具体公式为

$$W_{损} = W_{来} - W_{引} + W_{退} - W_{泄} \tag{4.10}$$

式中,$W_{损}$ 为某河段河道损失量;$W_{来}$ 为某河段上断面来水量;$W_{引}$ 为河段引出水总量;$W_{退}$ 为河段总退入水量;$W_{泄}$ 为河段下断面泄水量。

(二)基于经验模型的河道损耗量估算

对于暂时缺少水量监测的河流与河段,通过地下水动力学模型公式与水面蒸发公式计算是一个普遍被采用的方法,计算模型经典可靠,但是在参数选择上可能会存在一定误差。其中河道渗漏损耗通过水动力学达西定律来计算,河面蒸发损耗通过水面蒸发公式与当地实测蒸发能力计算。

河道水面蒸发量的计算公式为

$$E = \sum_{i=1}^{12} \varepsilon_i LBE_{\Phi 20i} \tag{4.11}$$

$$E = 8.878t^{0.9791} \tag{4.12}$$

河道水面蒸发采用两种公式进行估算,各河流域依据流域特点与

数据情况,选择其中一种公式进行水面蒸发估算。式(4.11)中,E 为年河道水面蒸发量(m^3);L 为河道长度(km);B 为河道平均宽度(m);$E_{\Phi 20i}$ 为 20cm 口径蒸发皿月蒸发量;ε_i 为各月水面蒸发折算系数(0.65)。式(4.12)中,E 为月平均水面蒸发量(mm);t 为月平均气温(℃)。

河道侧向排泄量计算公式。河道侧向排泄量符合达西定律,即

$$Q = 2k \times I \times L \times H \times t \tag{4.13}$$

式中,Q 为河道向两岸的渗漏量(m^3);k 为含水层渗透系数,由于研究条件所限,含水层渗透系数的选取根据《新疆维吾尔自治区塔里木河干流流域水文地质及地下水开发利用调查》的结论选取,k 为 2.43m/d;I 为水力坡度,取值 0.004;H 为含水层厚度,本研究中取 30m;t 为过水时间(d)。

二、阿克苏河河道损耗

(一) 河道与引退水情况

阿克苏河由库玛拉克河和托什干河组成,河流总长 581km,其中托什干河河道全长 457km,国内长度 344km;库玛拉克河河道全长 293km,国内长度 105km。库玛拉克河、托什干河汇合口至肖夹克河道长度 132km。流域主要水文断面有沙里桂兰克、阿热力大桥、协合拉、西大桥新大河、拦河闸、三河汇合口阿拉尔断面。

沙里桂兰克至阿热力大桥段河道共有引水口 13 个,退水口 3 个;协合拉至西大桥新大河段河道共有引水口 13 个,其中老大河 5 个断面合并记为一个引水口,退水口 2 个;西大桥至拦河闸段河道大河引水口 2 个,退水口 3 个;拦河闸至阿拉尔段河道大河引水口 2 个,退水口 7 个。2005 年库玛拉克河东岸总干渠建成后,枯水期库玛拉克河来水直接进入库玛拉克河东岸总干渠,灌区灌溉用水后,剩余水从革命大渠渠首推入库玛拉克河。2008 年年底塔尕克电站及 2010 年吐木休克电站建成运行,其发电尾水进入库玛拉克河东岸总干渠、多浪延伸渠并最终推入库玛拉克河。

（二）河段划分与资料采用

本次研究将阿克苏河划分为 4 段,河段一:沙里桂兰克至阿热力大桥;河段二:协合拉至西大桥新大河;河段三:西大桥至拦河闸;河段四:拦河闸至阿拉尔断面。

本次河损统计所用资料主要为 2000-2012 年各站点整编及水情资料。其中来水资料中,2000-2010 年沙里桂兰克、协合拉、新大河、阿拉尔各月资料为整编资料,2011-2012 年各月资料为水情资料。

引水资料中,老大河、拦河闸南北干渠 2000-2010 年各月资料为整编资料,2011-2012 年各月资料为水情资料。阿合奇县色帕巴依乡 2004 年以前在托什干河沙里桂兰克断面以上用水,2005 年沙里桂兰克水文站上迁,色帕巴依乡在沙里桂兰克以下用水,2005 年以后沙里桂兰克至阿热力河段引水量包含了阿合奇县色帕巴依乡的用水量,2005-2012 年采用阿克苏河流域管理局和色帕巴依乡共同监测资料。

下泄退、排水资料中,2000-2010 年拦河闸各月资料为整编资料,2011-2012 年为水情资料;2006-2010 年阿热力各月资料为整编资料,2000-2005 年和 2011-2012 年资料为依据沙里桂兰克到阿热力河段 2006-2010 年各月平均损耗推算所得;2000-2003 年和 2006-2010 年巴吾托拉克排水渠各月资料为整编资料,2011-2012 年各月资料为水情资料,2004-2005 年无实测资料为推算值;2000-2010 年肖塔各月资料为整编资料,2011-2012 年为水情资料;2006-2010 年和 2000-2005 年小龙口退水、塔北二截渠排为年资料,各月资料为按照已有资料各月占年总量比例推算得出;阿拉尔 8 条排干中,14km 退水 2000 年无资料不计入,2001-2002 年为年数据,各月平均计入,2003-2012 年不计入;64km 退水 2000-2002 年为年数据,各月按平均值计入,2003-2012 年无数据,不计入;多浪退水渠 2006-2009 年为月、年数据,2000-2005 年为年数据,各月数据按照已有月数据占年总量比例推算计入;54km 退水和塔北截洪在阿拉尔断面以下进入塔里木河,不计入;阿瓦提总排干排水汇入肖塔断面;灌区用水、退水资料中,2000-2012 年灌区引、退水资料为阿克苏管理局整编资料。

（三）各河段河损及年内分配

阿克苏河流域两支流出山口站至拦河闸 2000-2012 年多年平均年河损量 $8.84 \times 10^8 \mathrm{m}^3$，河损率 9.80%，每千米河损 $0.0322 \times 10^8 \mathrm{m}^3$，拦河闸多年平均下泄 $29.70 \times 10^8 \mathrm{m}^3$。这其中，河损量主要发生在沙里桂兰克至阿热力大桥及西大桥至拦河闸段，沙里桂兰克至阿热力大桥河段 2000-2012 年多年平均年河损 $8.36 \times 10^8 \mathrm{m}^3$，河损率 22.10%，每千米河损量 $0.0559 \times 10^8 \mathrm{m}^3$；协合拉至西大桥新大河段 2000-2012 年多年平均年河损 $-3.89 \times 10^8 \mathrm{m}^3$，河损率 -7.40%，每千米河损量 $-0.0551 \times 10^8 \mathrm{m}^3$；西大桥至拦河闸段 2000-2012 年多年平均年河损 $4.38 \times 10^8 \mathrm{m}^3$，河损率 9.80%，每千米河损量 $0.0811 \times 10^8 \mathrm{m}^3$；拦河闸至阿拉尔段 2000-2012 年多年平均河损 $-1.38 \times 10^8 \mathrm{m}^3$，河损率 -4.60%，每千米河损量 $-0.0149 \times 10^8 \mathrm{m}^3$。各河段河损具体数据见表 4.15。

表 4.15　阿克苏河流域各河段 2000-2012 年多年平均河损

河段	来水量 $/\times 10^8 \mathrm{m}^3$	引水量 $/\times 10^8 \mathrm{m}^3$	退水量 $/\times 10^8 \mathrm{m}^3$	河损量 $/\times 10^8 \mathrm{m}^3$	河损率 $/\%$	每千米河损 $/\times 10^8 \mathrm{m}^3$	下泄水量 $/\times 10^8 \mathrm{m}^3$
沙里桂兰克至阿热力大桥	37.83	7.42	2.54	8.36	22.10	0.0559	24.59
协合拉至西大桥新大河	53.42	41.85	29.24	−3.89	−7.40	−0.0551	44.69
西大桥新大河至拦河闸	44.69	16.69	6.35	4.38	9.80	0.0811	29.70
拦河闸至阿拉尔	29.70	0.08	13.48	−1.38	−4.60	−0.0149	44.47
两河出山口站至拦河闸	91.25	66.23	13.53	8.84	9.80	0.0325	29.70

阿克苏河流域河道年内河损与上断面来水量变化趋势一致，河损主要发生在流域汛期。其中 1-4 月和 10-12 月属于阿克苏河枯水期，上断面来水小，因存在区间产流河退水量，价值蒸发渗漏相对较小，这一

时段河损多为负值;5-9 月进入汛期,河损随来水量增大而显著增大,至 7 月增至最大。拦河闸下泄水量因存在河段水量传导的滞后性,至 8 月下泄水量才达到最大。具体库玛拉克河与托什干河两河出山口沙里桂兰克和协合拉区间产流至拦河闸多年平均年内河损统计见表 4.16。

表 4.16 沙里桂兰克 + 协合拉 + 区间至拦河闸多年平均年内河损

月份	来水量 /$\times 10^8$ m^3	河损量 /$\times 10^8$ m^3	河损率/%	每千米河损 /$\times 10^8$ m^3	下泄水量 /$\times 10^8$ m^3
1 月	1.55	−0.63	−41.00	−0.0023	0.38
2 月	1.30	−0.77	−58.90	−0.0028	0.28
3 月	1.44	−1.07	−80.80	−0.0039	0.06
4 月	3.88	0.40	10.60	0.0015	0.78
5 月	7.08	1.51	21.50	0.0055	1.46
6 月	14.67	3.43	23.60	0.0126	3.37
7 月	21.51	4.00	18.70	0.0147	7.41
8 月	21.41	3.55	16.60	0.013	9.75
9 月	9.48	0.61	6.50	0.0023	3.93
10 月	4.29	−0.43	−10.00	−0.0016	1.87
11 月	2.62	−1.01	−39.20	−0.0037	0.12
12 月	2.02	−0.75	−37.10	−0.0028	0.29
合计	91.25	8.84	9.80	0.0325	29.70

三、叶尔羌河河道损耗

叶尔羌河河道损失估算包括叶尔羌河干流和主要支流提孜那甫河。本报告主要从引退水数据,分析叶尔羌河干流和提孜那甫支流的河损情况。

(一)河道与引退水情况

1. 叶尔羌河干流

叶尔羌河四十八团大桥以下河道曲折,坡度缓,是季节性河流,由风沙等因素致河床易于淤塞,大洪峰时河水常漫出河道并因此而改道,或形成岔河。历史上的泽河(现已废弃)、萨郎河、干美里克河、夏河及夏河胡杨林的若干处岔河等都是这样形成。近 50 年来,叶尔羌河灌区末端河道变迁也受到小海子水库修建的影响。水库于 20 世纪 60 年代初第一期工程建成并开始蓄水,水库蓄水通过泽河引水,一般情况下把叶尔羌河主河道堵死;到了 1972 年,泽河河道淤积严重,水库管理部门又堵死了泽河,改从干流上的艾里克塔木处将叶尔羌河堵死,通过人工开挖一段河道及干美里克河部分河道引洪水入库。叶尔羌河山区上游河道为基岩河床,河床稳定,出山口以后自上而下由砂卵石逐渐变为粗砂质及粉细沙河床,河床稳定性自上而下逐渐变差,河流下游形成游荡性河流。叶尔羌河上有栏杆、喀群、勿甫、依干其、民生渠首、四十八团渡口、艾里克塔木和黑尼亚孜水文断面,由喀什水文局进行水情监测。

叶尔羌河全灌区有干渠和分干渠 76 条,总长 1704.60km。流量达 50m³/s 以上的总干渠共有 8 条,分别为叶尔羌河东岸输水总干渠、叶尔羌河西岸输水总干渠、勿甫、民生、巴楚、麦盖提(吾依布代渠)、肖塔和前海总干渠,长 468.90km。灌区有支渠 673 条,长 4722km;斗、农渠 26 702 条,长 24 452km。其中,采用干砌卵石、浆砌石、混凝土衬砌和塑膜防渗的总干渠、分干渠长 660.80km,各级渠道防渗断面面积约占渠道过水断面湿周面积的 36%。其中,泽普县渠道防渗率最高为 70%,岳普湖县最低为 20%。全灌区渠系利用系数为 0.47,其中上游泽普县最高为 0.51,下游巴楚县最低为 0.46。灌区春旱极为突出,加之各级渠系渗漏严重,水资源利用效率低,更加重了春灌抗旱工作的难度。因此,渠道采取防渗措施,以减少渗漏损伤,提高渠道水利用系数是叶尔羌河灌区节水改造的迫切需要。

《新疆叶尔羌河灌区续建配套与节水改造规划报告》(2000 版)对排水工程进行了规划,叶尔羌河流域的排水总干渠分东、西岸两条,两大排水总干渠总长为 300km,规划控制面积 $17.27 \times 10^4 hm^2$,但由于诸多原因至今未能实现。目前,由于灌区排水系统的不完善,排水干、支渠仅有 125 条,长 1481km,而且淤积严重,极大地制约了农业生产的发展。

上游灌区现有莎车河东一排干,长 30km,流量 1.50m³/s,排干起始于莎车县依干其镇,终点汇入大寨渠口以上的老洼荡;莎车河东二排干,长 20km,流量 1.50m³/s,排干起始于莎车县佰什干镇,终点汇入吾依布代渠亚洪旦分水枢纽以上河道。现有的莎车县城东的马场排干,泽普县沿叶河从阿依库勒乡至依玛乡的排干,古勒巴格乡从阿瓦提、推古曼帕西、古鲁巴格、喀拉于奴翁至依干其水库排干,以及县农场至依肯苏牙甫拉克排干等均已建成,排水效果良好,今后需注重清淤维护。

中游灌区现有麦盖提上游西排干,长度 20km,流量 1m³/s,起始于汗克尔渠首附近,终点投入吾依布代渠亚洪旦分水枢纽;麦盖提上游东排干,排干长 40km,流量 0.50m³/s,起始于麦盖提央达克乡,流经吐曼塔勒、库尔玛乡汇入东岸总排干。

下游灌区叶尔羌河东岸排水总干,排干长度 20km,流量 4m³/s,起始于卡兰丹泽麦盖提东排干,终止于叶河下游东侧荒漠区;叶尔羌河西岸排水总干渠上段,排干长 120km,流量 1.50m³/s,起始于莎车县牌楼农场天鹅湖,终止于喀什噶尔河故道;叶尔羌河西岸排水总干渠下段,长 50km,流量 4m³/s,起始于西岸排水总干渠上段,终止于吐拉买提河下游东侧农一师三团以上荒漠区;巴楚上游排干,长 60km,流量 1m³/s,起始于巴楚色力布亚镇,末端投入福里克河接小海子水库北坝后排。

2. 提孜那甫河

根据《提孜那甫河防洪规划报告》,提孜那甫河发生较大变化的主要有 4 次:一是 20 世纪 60 年代新疆决定农三师以兴建前进水库为依托,重点开发提孜那甫河下游地区。为解决前进水库蓄水问题,于 1966 年始,在麦盖提县库买提渠的基础上扩大规模,新建叶尔羌河兵团引洪大渠(现东岸总干渠下段),计划引入提孜那甫河供前进水库蓄水、提孜那甫河灌区用水,因多种原因,该渠未达到设计规模,最大流量仅为100m³/s。二是按照 1966 年叶尔羌河流域早期规划,将莎车县依盖尔其及佰什坎特两个公社原先从佰什干渠引水的灌区,改从提孜那甫河上引水。三是麦盖提县在原汗克尔渠首以上 10 余千米的河道严重淤积,逐渐发展成为"地上河",以致后来每到汛期造成两岸决口,洪水泛滥成灾。四是提孜那甫河最末一级渠首汗克尔于 1987 年建成后,河水得到了较好的控制。另外,汗克尔渠首左侧退水闸由于汗克尔水库逐年向西南扩盘扩容,将汗克尔退水闸闸后退水渠包纳进库盘之内,实际已作为汗克尔水库的另一条进水渠在使用,至今提孜那甫河洪水无退洪出路,成为提孜那甫河一大隐患。

(二)各河段河损

1. 叶尔羌河干流河损

叶尔羌河喀群-黑尼亚孜河段,河长 651.85km,多年平均河损为 $19.86 \times 10^8 m^3$,河损率为 27.85%,单位河长河损量为 $0.0305 \times 10^8 m^3$。其中,喀群-依干其段,多年平均河损为 $5.64 \times 10^8 m^3$,河损率为 7.90%,单位河长河损量为 $0.0764 \times 10^8 m^3$;依干其-四十八团渡口河段,多年平均河损为 $6.64 \times 10^8 m^3$,河损率为 16.90%,单位河长河损量为 $0.0349 \times 10^8 m^3$;四十八团渡口-艾里克塔木段,多年河损量达 $5.58 \times 10^8 m^3$,河损率为 34.40%,单位河长河损量为 $0.0821 \times 10^8 m^3$;艾里克塔木-黑尼亚孜河段,多年平均河损为 $2.0 \times 10^8 m^3$,河损率为 71.30%,单位河长河损量为 $0.0063 \times 10^8 m^3$(表 4.17)。

表 4.17 叶尔羌河各河段河损表

河段	项目	2000-2012 年	2008-2012 年	2010-2012 年	2011-2012 年
喀群-依干其/73.85km	喀群/$\times 10^8 m^3$	71.31	73.19	78.37	79.15
	河损量/$\times 10^8 m^3$	5.64	8.27	9.59	13.54
	河损率/%	7.90	11.30	12.20	17.10
	单位河长河损量/$\times 10^8 m^3$	0.0764	0.1120	0.1299	0.1833
	依干其/$\times 10^8 m^3$	39.29	36.70	41.02	37.00
依干其-四十八团渡口/190km	依干其/$\times 10^8 m^3$	39.29	36.70	41.02	37.00
	河损量/$\times 10^8 m^3$	6.64	4.75	4.74	1.95
	河损率/%	16.90	12.90	11.50	5.30
	单位河长河损量/$\times 10^8 m^3$	0.0349	0.0250	0.0249	0.0103
	四十八团渡口/$\times 10^8 m^3$	16.2233	15.971	19.4864	17.48

河段	项目	2000-2012 年	2008-2012 年	2010-2012 年	2011-2012 年
四十八团渡口-艾里克塔木/68km	四十八团渡口/$\times 10^8 m^3$	16.22	15.97	19.49	17.48
	河损量/$\times 10^8 m^3$	5.58	5.93	7.15	4.41
	河损率/%	34.40	37.10	36.70	25.20
	单位河长河损量/$\times 10^8 m^3$	0.0821	0.0872	0.1051	0.0649
	艾里克塔木/$\times 10^8 m^3$	2.81	2.62	3.84	4.97
艾里克塔木-黑尼亚孜/320km	艾里克塔木/$\times 10^8 m^3$	2.81	2.62	3.84	4.97
	河损量/$\times 10^8 m^3$	2.00	1.55	2.11	2.60
	河损率/%	71.30	59.10	54.90	52.30
	单位河长河损量/$\times 10^8 m^3$	0.0063	0.0048	0.0066	0.0081
	黑尼亚孜/$\times 10^8 m^3$	0.81	1.07	1.73	2.37

2. 提孜那甫河河损

江卡-黑孜阿瓦提河段,长 102.50km,多年平均河损为 $2.81 \times 10^8 m^3$,河损率为 27.40%,单位河长河损量为 $0.0274 \times 10^8 m^3$。其中,江卡-红卫河段,多年平均河损为 $1.81 \times 10^8 m^3$,河损率为 17.60%,单位河长河损量为 $0.0320 \times 10^8 m^3$;红卫-黑孜阿瓦提河段,多年平均河损为 $1.00 \times 10^8 m^3$,河损率为 25.80%,单位河长河损量为 $0.0235 \times 10^8 m^3$(表 4.18)。

表 4.18　提孜那甫河各河段河损表

河段	项目	2000-2012 年	2008-2012 年	2010-2012 年	2011-2012 年
江卡-红卫	江卡/$\times 10^8 m^3$	10.26	9.44	10.58	10.17
	河损量/$\times 10^8 m^3$	1.81	0.91	0.40	0.21
	河损率/%	17.60	9.60	3.70	2.00
	单位河长河损量/$\times 10^8 m^3$	0.0320	0.0151	0.0066	0.0035
	红卫/$\times 10^8 m^3$	3.86	3.93	5.26	5.04

续表

河段	项目	2000-2012年	2008-2012年	2010-2012年	2011-2012年
红卫-黑孜阿瓦提	红卫/×10⁸m³	3.86	3.93	5.26	5.04
	河损量/×10⁸m³	1.00	1.02	1.94	1.74
	河损率/%	25.80	26.10	36.90	34.60
	单位河长河损量/×10⁸m³	0.0235	0.0241	0.0456	0.0409
	黑孜阿瓦提/×10⁸m³	2.32	2.38	2.68	2.66
江卡-黑孜阿瓦提	江卡/×10⁸m³	10.26	9.44	10.58	10.17
	河损量/×10⁸m³	2.81	1.93	2.34	1.95
	河损率/%	27.40	20.50	22.10	19.10
	单位河长河损量/×10⁸m³	0.0274	0.0189	0.0228	0.0190
	黑孜阿瓦提/×10⁸m³	2.32	2.38	2.68	2.66

四、和田河河道损耗

(一) 河道与引退水情况

和田河分为二支，东支为玉龙喀什河（简称玉河），西支为喀拉喀什河（简称喀河）。喀河全长 808km、玉河全长 513km（阔什拉什）至和田河入塔里木河处（肖塔）的干流长 319km，从玉龙河河源算起和田河全长 832km，近代和田河河道变迁的主要标志是老和田河改道西移而成新和田河。由于新和田河形成较晚，所以和田河河道近期无大的改变。

目前，和田河上有 9 个水文站，即喀河上的托曼水文站（汛期站也是乌鲁瓦提水库的进库站）、乌鲁瓦提水文站（喀河出山口站也是乌鲁瓦提水库出库站）、喀河渠首站（包括渠首下泄、和田干渠、墨玉干渠、电站干渠、皮亚勒玛干渠等 5 个断面）、吐直鲁克水文站（喀河末端站）、玉河上的黑山水文站（汛期站）、同古孜洛克水文站（玉河出山口站）、玉河渠首站（包括渠首下泄、和田干渠、洛甫干渠等 3 个断面）、艾格利亚水文站（玉河末端站）、和田河入塔里木河干流塔里木河干流处的肖塔水文站等。这些水文站控制着和田河来水、引水、塔里木河干流输水量的

90％左右。

根据实地考察,和田河共有 41 个引水口,无排、退水口。在和田河两支流均有人工引水口分布,两支流的人工引水主口主要集中在两河支流渠首以下的灌区内,在玉河、喀什河两岸均有分部。由于近 10 年流域内限额用水、以水定地、以供定需工作的严格执行和水量调度工作的进一步强化,部分引水口趋于废弃。总体而言,和田河引水口近期无大的改变。

(二) 河段划分与资料采用

和田河源流由东支玉龙喀什河和西支喀拉喀什河组成,两河在阔什拉什附近汇合。本次和田河河道损失分析将和田河全河共分 7 段,由上游向下:①乌鲁瓦提出库-喀拉喀什河渠首(58km);②喀拉喀什河渠首-吐直鲁克(115km);③同古孜洛克-玉龙喀什河渠首(12km);④玉龙喀什河渠首-艾格利亚(90km);⑤两河河口(吐直鲁克＋艾格利亚)-肖塔(319km);⑥和田河上游-肖塔(594km);⑦肖塔-阿拉尔(38km)。

喀拉喀什河上的乌鲁瓦提水文站、喀河渠首站(包括渠首下泄、和田干渠、墨玉干渠、电站干渠、皮亚勒玛干渠等 5 个断面)、吐直鲁克水文站、玉龙喀什河上的同古孜洛克水文站、玉龙喀什河渠首站(包括渠首下泄、和田干渠、洛甫干渠等 3 个断面)、艾格利亚水文站、和田河入塔里木河干流的肖塔水文站等断面的来水、引水资料均采用塔里木河流域管理局水调处所提供的资料(其中 2006-2010 年的资料为整编资料,2011 年及 2012 年为水情资料)。玉河渠首-艾格利亚河段、乌鲁瓦提出库-喀河渠首-吐直鲁克河段的引水资料均为塔里木河流域管理局的测量资料。肖塔-阿拉尔河段的阿克苏河(拦河闸)、叶尔羌河(黑尼亚孜)、阿拉尔水文站来水量、十六团泵站引水、阿瓦提排干退水量巴吾托拉克排水、小龙口退水、14km 退水、多浪退水、塔北二节排、64km 退水资料均为塔里木河流域管理局水调处提供的资料。

和田水文局于 2006 年开始建设喀拉喀什河渠首水文站(包括渠首下泄、和田干渠、墨玉干渠、电站干渠、皮亚勒玛干渠等 5 个断面)、玉龙喀什河渠首水文站(包括渠首下泄、和田干渠、洛甫干渠等 3 个断面)、吐直鲁克水文站、艾格利亚水文站等测水断面,2007 年正式投入使用,因此只有 2006 年以来的数据。

(三)各河段河损及年内分配

和田河全河(乌鲁瓦提＋同古孜洛克至肖塔)7 年平均来水量为 $50.61 \times 10^8 \, \mathrm{m}^3$,河损量为 $16.37 \times 10^8 \, \mathrm{m}^3$,河损率为 32.20%,单位河长河损量为 $0.028 \times 10^8 \, \mathrm{m}^3/\mathrm{km}$。河损最大值为 $22.81 \times 10^8 \, \mathrm{m}^3$,出现在 2009 年;河损最小值为 $8.56 \times 10^8 \, \mathrm{m}^3$,出现在 2009 年。其他河段见表 4.19。

表 4.19　和田河 2006-2012 年各河段河道损失量统计表

河段	项目	2006-2012 年	2008-2012 年	2010-2012 年	2011-2012 年
上断面	乌鲁瓦提/$\times 10^8 \mathrm{m}^3$	24.94	24.97	28.11	26.62
河段一	河损量/$\times 10^8 \mathrm{m}^3$	2.40	2.39	2.69	3.24
河长 58km	河损率/%	9.60	9.60	9.60	12.20
	单位河长河损量/$\times 10^8 \mathrm{m}^3$	0.041	0.041	0.046	0.056
下断面	喀河渠首下泄/$\times 10^8 \mathrm{m}^3$	7.48	7.77	10.93	9.38
上断面	同古孜洛克/$\times 10^8 \mathrm{m}^3$	25.67	25.59	29.84	27.39
河段二	河损量/$\times 10^8 \mathrm{m}^3$	2.15	2.07	2.15	2.52
河长 12km	河损率/%	8.40	8.10	7.20	9.20
	单位河长河损量/$\times 10^8 \mathrm{m}^3$	0.179	0.172	0.179	0.210
下断面	玉河渠首下泄/$\times 10^8 \mathrm{m}^3$	15.60	15.77	20.26	17.40
上断面	喀河渠首下泄/$\times 10^8 \mathrm{m}^3$	7.48	7.77	10.93	9.38
河段三	河损量/$\times 10^8 \mathrm{m}^3$	3.57	3.37	4.96	4.26
河长 115km	河损率/%	47.70	48.10	45.30	45.40
	单位河长河损量/$\times 10^8 \mathrm{m}^3$	0.031	0.032	0.043	0.037
下断面	吐直鲁克/$\times 10^8 \mathrm{m}^3$	3.06	3.11	4.54	3.12
上断面	玉河渠首下泄/$\times 10^8 \mathrm{m}^3$	15.06	15.77	20.26	17.40
河段四	河损量/$\times 10^8 \mathrm{m}^3$	0.90	1.42	1.79	1.67

续表

河段	项目	2006-2012年	2008-2012年	2010-2012年	2011-2012年
河长90km	河损率/%	7.10	9.40	8.80	9.30
	单位河长河损量/×10⁸m³	0.010	0.016	0.020	0.019
下断面	艾格利亚/×10⁸m³	13.99	13.62	17.67	14.89
上断面	两河汇合口/×10⁸m³	17.06	16.73	22.21	18.01
河段五	河损量/×10⁸m³	7.36	7.78	8.73	7.37
河长319km	河损率/%	52.20	54.70	41.50	43.60
	单位河长河损量/×10⁸m³	0.023	0.024	0.027	0.023
下断面	肖塔/×10⁸m³	9.69	8.95	13.48	10.64
上断面	和田河上游/×10⁸m³	50.61	50.56	57.95	54.01
河段六	河损量/×10⁸m³	16.37	17.38	20.31	19.07
河长594km	河损率/%	32.30	34.40	35.10	35.30
	河损量/×10⁸m³	0.028	0.029	0.034	0.0321
下断面	肖塔/×10⁸m³	9.69	8.95	13.48	10.64
上断面	肖塔/×10⁸m³	9.69	8.95	13.48	10.64
河段七	河损量/×10⁸m³	2.04	1.35	1.92	4.98
河长38km	河损率/%	−5.00	−4.00	−4.20	−12.00
	单位河长河损量/×10⁸m³	0.054	0.036	0.375	0.130
下断面	阿拉尔/×10⁸m³	45.43	45.87	62.06	57.14

五、开都-孔雀河河道损耗

(一)河道与引退水情况

开都河自大山口后有三个测水断面,分别是巴州水文局监测的开都河大山口水文断面、焉耆大桥水文断面,以及巴音郭楞管理局监测的宝浪苏木东、西支断面。开都河大山口至焉耆大桥段由开都河上(中)游管理站、焉耆水源地供水管理处管理;焉耆大桥至宝浪苏木分水闸段由焉耆水源地供水管理处管理。孔雀河自博湖扬水东、西泵站(大湖出流)和达吾提闸(小湖出流)后有 4 个测水断面,分别是巴州水文局监测的塔什店水文断面,巴音郭楞管理局监测的孔雀河第一、第三分水枢纽断面,阿恰枢纽断面(66km 分水闸)。孔雀河塔什店至第三分水枢纽由孔雀河上游管理站管理;第三分水枢纽至阿恰枢纽由孔雀河上游管理站、孔雀河中游管理站、孔雀河下游管理站管理。

开都河大山口(1972-2012 年)多年平均径流量为 $35.48 \times 10^8 \mathrm{m}^3$,开都河大山口和孔雀河塔什店来水量,1972 年以来总体呈增加趋势。塔里木河流域近期综合治理安排巴州 38 个项目,投资 9.33×10^8 元,应实现年节增水量 $2.78 \times 10^8 \mathrm{m}^3$,每年应向塔里木河下游输送生态水 $2.00 \times 10^8 \mathrm{m}^3$,农二师在焉耆盆地开采地下水置换 $1.5 \times 10^8 \mathrm{m}^3$ 地表水后,孔雀河按照丰增枯减原则向塔垦区输送 $2.5 \times 10^8 \mathrm{m}^3$ 农业用水。

开都-孔雀河下泄塔里木河干流生态水量从 2004 年开始持续减少,2006 年以后几乎无水向塔里木河干流生态输送,而且博斯腾湖的水位也在持续下降。按照河流来水的丰枯变化规律,2012 年以后的十几年开都-孔雀河可能会处于平水或平偏枯水期。

开都-孔雀河流域灌溉面积呈逐年大幅增加趋势,用水量剧增,超出了流域水资源的承载能力。据巴州国土资源局统计,截至 2010 年,开都-孔雀河灌区灌溉面积已达 $39.16 \times 10^4 \mathrm{hm}^2$,综合灌溉定额约 $9000 \mathrm{m}^3/\mathrm{hm}^2$,灌溉需水量约 $35.24 \times 10^8 \mathrm{m}^3$。开都河灌区多年平均(2000-2012 年)年地表水引水量为 $10.17 \times 10^8 \mathrm{m}^3$,孔雀河年地表水引水量为 $10.38 \times 10^8 \mathrm{m}^3$,2000-2012 年随着灌溉面积的增加,灌区引水量逐年增加。随着开都-孔雀河灌区地表水限额用水指标的核减和高新节水技术的引进,灌区地表水引水量也相对减少。

(二) 河段划分与资料采用

收集 2000-2012 年河道损失分析资料,包括开都河大山口水文站断面、孔雀河塔什店水文断面采用新疆水文局整编资料,开都河焉耆大桥水文断面采用巴州水文局整编资料。灌区引水量,宝浪苏木分水闸,孔雀河第一、第三分水枢纽,阿恰枢纽采用巴音郭楞管理局整编资料。

开都河河段划分为开都河大山口水文断面至焉耆大桥水文断面,

焉耆大桥水文断面至宝浪苏木东、西支断面。孔雀河河段划分为塔什店水文断面至孔雀河第一分水枢纽断面、孔雀河第一分水枢纽断面至第三分水枢纽断面、第一分水枢纽断面至阿恰枢纽断面。

(三) 各河段河损与年内分配

1. 各河段河损

通过对 2000-2012 年开都河和孔雀河不同河段河损量的分析(表4.20)发现,大山口至焉耆大桥河道损失 $6.46 \times 10^8 \mathrm{m}^3$,河损率为15.90%,单位河长河损量 $0.0615 \times 10^8 \mathrm{m}^3$。焉耆大桥至宝浪苏木河道损失 $-1.68 \times 10^8 \mathrm{m}^3$,河损率为 -6.60%,单位河长河损量 $-0.1631 \times 10^8 \mathrm{m}^3$。由此可知,大山口至宝浪苏木水文站 115.30km 河道损失水量为 $4.78 \times 10^8 \mathrm{m}^3$,河损率为 11.80%,单位河长河损 $0.0414 \times 10^8 \mathrm{m}^3$。孔雀河塔什店至第一分水枢纽近 13 年来平均河损水量为 $1.95 \times 10^8 \mathrm{m}^3$,河损率为 9.80%,单位河长河损量 $0.1198 \times 10^8 \mathrm{m}^3$;第一分水枢纽至第三分水枢纽河损量为 $1.04 \times 10^8 \mathrm{m}^3$,河损率为 9.60%,单位河长河损量 $0.0276 \times 10^8 \mathrm{m}^3$。总的来看,塔什店至阿恰枢纽 308.47km 河段河损量为 $5.52 \times 10^8 \mathrm{m}^3$,河损率为 27.90%,单位河长河损量 $0.0179 \times 10^8 \mathrm{m}^3$。库塔干渠至阿恰枢纽、希尼尔入库至希尼尔出库渠道和水库总损失量为 $0.936 \times 10^8 \mathrm{m}^3$。

表4.20 开都-孔雀河河道损耗

河流	河段	河损量 $/\times 10^8 \mathrm{m}^3$	河损率/%	单位河长河损量 $/\times 10^8 \mathrm{m}^3$
开都河	大山口-焉耆大桥	6.46	15.90	0.0615
	焉耆大桥-宝浪苏木	-1.68	-6.60	-0.1631
	大山口-宝浪苏木	4.78	11.80	0.0414
孔雀河	塔什店-第一分水枢纽	1.95	9.80	0.1198
	第一分水枢纽-第三分水枢纽	1.04	9.60	0.0276
	塔什店至阿恰枢纽	5.52	27.90	0.0179

2. 河损年内分配

开都河和孔雀河河道损耗年内分配规律基本相同,表现为冬季 12 月、1 月、2 月和 3 月河道损耗基本相等,随后,随着气温的升高和来水量的增加,河道损耗逐渐增加,夏季 7 月和 8 月达到最高,而后,又开始逐渐减少。开都河河段 9 月和 10 月损耗基本相等,11 月损耗有所增加后,12 月又逐渐回落;孔雀河河段 10 月份损耗最小,后又逐渐增加(表 4.21)。

表 4.21　开河-孔雀河河道损耗年内分配规律

河道		河损年内分配规律(1-12 月)		
		基本相等(变化不大)	最高月	最低月
开都河	大山口-焉耆大桥	4、5、9、10、11	7、8	3
	大山口-宝浪苏木	2、3、12	7、8	2
孔雀河	塔什店-阿恰枢纽	1、2	7、8	10

3. 河损规律分析

大山口-焉耆大桥河段:2000-2002 年开都河来水偏大,地下水位相对较高,河损偏小且变化不大。随着河段两岸灌溉面积的不断增加,2003 年开始需水量也不断增加。在严格控制地表水限额供水指标的情况下,大量开采地下水,地表水补充地下水,造成河道损耗不断增加,2009 年河损 $9.23 \times 10^8 \, \mathrm{m}^3$,为 13 年最大值。

焉耆大桥-宝浪苏木河段:该河段属于开都河下游段,存在着上游灌溉水从地下排入该河段的情况,所以河损为负值。由于灌溉面积增加,增加了地下水开发量,且陆面蒸发增加,导致该河段回归河道水量大幅减少,2000-2008 年河损逐年增加。该段河损与上游来水关系不大,且 2008 年后灌溉面积增加趋势得到了有效控制,或地下水开发到了临界点,历年河损较为平稳。

从 2006 年开始,开都河全河大山口至宝浪苏木河段河损基本上在 $10 \times 10^8 \, \mathrm{m}^3$ 左右变动。

孔雀河塔什店-第一分水枢纽河段:2000-2012 年平均年河损量 $1.95 \times 10^8 \, \mathrm{m}^3$,2000-2003 年,当来水 $\geqslant 24.73 \times 10^8 \, \mathrm{m}^3$ 时,河损值在

$1.19×10^8 m^3$ 上下浮动,较为稳定,因此,该值可作为该来水量下的河损控制值。2004-2012 年,当来水 $<24.73×10^8 m^3$ 时,河损值在 $2.29×10^8 m^3$ 上下浮动,也较为稳定,因此,该值可作为该来水量下的河损控制值。

第一分水枢纽-第三分水枢纽河段:2000-2012 年平均年河损量 $1.04×10^8 m^3$,因河道两岸泵站抽水量全部计算至河道损耗,故河损量偏大。2004 年河损 $0.19×10^8 m^3$,为 13 年最小值;2000 年河损 $1.65×10^8 m^3$,为 13 年最大值。

孔雀河第一分水枢纽至阿恰枢纽河段:该河段河损与孔雀河出流之间存在一定的相关性($R^2=0.7887$)。2000-2002 年孔雀河出流较大,河损也相应较大,2002 年河损 $6.59×10^8 m^3$,为 13 年最大值;2002 年以后孔雀河出流逐渐减少,河损也随之减少,其中,2004-2011 年河损比较稳定,2012 年河损明显减少,为 13 年最小值,这是因为 2012 年河道损耗不含沿河泵站抽水量。

六、迪那河河道损耗

迪那河河道水面蒸发耗水计算,所用的蒸发能力是按照轮台气象站 20 年 E_{20} 实测数据确定,实地水面蒸发能力 1532mm/年,河段全长 120km,河宽按照平均 80m,计算得到迪那河河道蒸发损失约为 $0.15×10^8 m^3$。

河道渗漏损失按照达西定律公式计算,含水层渗透系数取 2.43m/d;水力坡度 4‰;河长 120km;河道两岸含水层厚度取平均值 30m。通过计算,本河段河道渗漏损失约 $0.26×10^8 m^3$。迪那河蒸发、渗漏二者总计 $0.41×10^8 m^3$。

七、渭干-库车河河道损耗

对于渭干-库车河流域,计算河流河道水量自然损耗也采用了两种方法。其中,渭干河河道水量的自然损耗主要依据各节点实测河道来水数据与各区段引水数据计算得到。克孜尔水库以上各河道水面蒸发与渗漏造成的水量损失在 $P=50\%$ 和 $P=75\%$ 来水频率下均约为 $1.80×10^8 m^3$,克孜尔水库到拦河引水枢纽段河道水量损失在 $P=50\%$

和 $P=75\%$ 来水频率下分别约为 $2.50\times10^8\mathrm{m}^3$ 和 $2.20\times10^8\mathrm{m}^3$。

库车河水量在整个流域中占较小一部分,水文数据与节点引水数据也不够健全,因此通过地下水水动力学方法与达西定律公式进行计算。水面蒸发所用的蒸发能力是按照渭干-库车河流域平原区多年 $E_{\Phi20}$ 实测数据,并依据黄河水利委员会关于西北地区内陆河流域蒸发折算系数 0.65 计算,实地水面蒸发能力 1642.94mm/年,库车河全长 138km,河宽按照平均 30m,计算得到库车河河道蒸发损失约为 $0.06\times10^8\mathrm{m}^3$。

河道渗漏损失按照达西定律公式计算,含水层渗透系数取 2.43m/d;水力坡度取 4‰;河长 138km;河道两岸含水层依据多地调查资料,取平均值 30m。通过计算,库车河河道渗漏损失约 $0.29\times10^8\mathrm{m}^3$。渭干-库车河流域蒸发、渗漏二者合计为 $0.35\times10^8\mathrm{m}^3$。

八、喀什噶尔河河道损耗

克孜河出山口以下河长 362km,盖孜河河长 320km,喀什噶尔河下游灌区以下河道长 442km,喀什噶尔河流域喀什和乌恰两个气象站 1958-2010 年 20cm 口径蒸发皿年蒸发量平均值分别为 2325.98mm、2661.62mm,取二者的平均值 2493.80mm 为计算标准,河道平均宽度取 1-3km,计算获得克孜河、盖孜河、喀什噶尔河下游河道水平蒸发量分别为 0.23×10^8-$0.70\times10^8\mathrm{m}^3$、$0.21\times10^8$-$0.62\times10^8\mathrm{m}^3$、$0.29\times10^8$-$0.86\times10^8\mathrm{m}^3$。喀什噶尔河流域出山口以下河道水面蒸发量在 0.73×10^8-$2.18\times10^8\mathrm{m}^3$。

河道过水天数设 240-270d(河道过水受上游水库控制,实际过水天数存在变数)。依据以上公式计算得克孜河、盖孜河、喀什噶尔河下游河道侧向排泄量分别为 0.25×10^8-$0.28\times10^8\mathrm{m}^3$、$0.23\times10^8$-$0.25\times10^8\mathrm{m}^3$、$0.31\times10^8$-$0.35\times10^8\mathrm{m}^3$。喀河流域出山口以下河道侧向排泄量为 0.79×10^8-$0.88\times10^8\mathrm{m}^3$。通过对河道水面蒸发和河道侧向排泄量的计算,可知喀什噶尔河流域河道蒸发渗漏量为 1.51×10^8-$3.07\times10^8\mathrm{m}^3$,取平均值则为 $2.29\times10^8\mathrm{m}^3$。

九、克里雅河河道损耗

对于暂时缺少水量监测的河流与河段，为了准确反映克里雅河沿途的蒸发损耗和渗漏损耗水量，可分别采用河道水面蒸发公式和水动力学达西定律计算得到。据调查，克里雅河从源头到消失区 530km，河宽 40-1200m，平均河宽 620m，各月水面蒸发折算系数 ε_i 按照 0.65 计算，多年平均蒸发量为 1839.90-2379mm。运用河面蒸发计算式(4.11)和式(4.12)计算得到，克里雅河河道蒸发损耗水量为 $4.51 \times 10^8 \mathrm{m}^3$。

依据达西定律公式计算河道渗漏损耗水量，由于研究条件所限，含水层渗透系数的选取根据《新疆维吾尔自治区塔里木河干流流域水文地质及地下水开发利用调查》的结论选取，k 为 2.43m/d；I 为水力坡度，取值 0.004；H 为含水层厚度，依据多地调查资料，取 30m；假定河道内全年都有水，过水时间 t 取 365d。计算得到克里雅河河道渗漏损耗水量为 $0.56 \times 10^8 \mathrm{m}^3$。综上可知，克里雅河流域河道蒸发渗漏损耗水量合计为 $5.07 \times 10^8 \mathrm{m}^3$。

十、车尔臣河河道损耗

车尔臣河河道宽度近似为 30m，中游段自河道出山口至阿克塔孜，河道长 224.50km，下游段自阿克塔孜至尾闾台特玛湖，河道长 235.50km，生态敏感区河道长度 2120km，由于研究区内没有气象站，故计算需要的气象数据选取距离研究区最近的若羌县的数据，所以研究区的蒸散系数选取 0.47，经过矫正的水面蒸散量为 2671.40mm/年，多年平均降水量为 34.90mm。因此，运用式(4.12)计算得到车尔臣河流域中下游河道年蒸发量为 $36.38 \times 10^4 \mathrm{m}^3$，生态敏感区河道年蒸发量为 $16.77 \times 10^4 \mathrm{m}^3$。

车尔臣河侧渗水量的估算中，假定河道内全年都有水，根据公式计算车尔臣河流域中下游河道渗漏量为 $0.98 \times 10^8 \mathrm{m}^3$，生态敏感区河道渗漏量为 $0.45 \times 10^8 \mathrm{m}^3$。

十一、塔里木河干流河道损耗

（一）河道与引退水情况

塔里木河干流全长 1321km，按地貌特点可划分为三段：从肖夹克至英巴扎为上游，河道长 495km，河道纵坡平均 1/5400，河道比较顺直，水面宽一般在 500-1000m，河漫滩广阔，阶地不明显。英巴扎至恰拉为中游，河道长 398km，河道纵坡平均 1/7000，水面宽一般在 200-500m，河道弯曲，水流缓慢，土质松散，泥沙沉积严重，河床不断抬升。恰拉以下至台特玛湖为下游，河道长 428km，河道纵坡较中游段大，平均 1/5900，河床宽 100m 左右，比较稳定。塔里木河干流河床宽浅，水流散乱，河床沙洲密布，泥沙沿程大量淤积，导致河床不断抬高，河流来回改道迁移。20 世纪 60 年代以来，受干流两岸大量饮水灌溉农田和漫灌草场等人类活动的影响，干流主河道输沙能力锐减，加速了河床淤积。

干流上游有灌区 4 个，水库 4 座，农业灌溉引水口和生态闸水口 20 个；中游有灌区 3 个，水库 2 座，农业灌溉引水口和生态闸水口 43 个；下游有灌区 1 个，水库 2 座，农业灌溉引水口、生态闸水口以及节制闸口共计 16 个。

（二）分析资料

干流河损分析主要采用了 2000-2012 年阿克苏地区和巴音郭楞蒙古自治州水文局整编资料和 2002-2012 年干流水量调度的水情资料。具体如下。

1）干流引水口数据为水情资料。因前期管理不到位，干流 2000-2004 年引水口数据不完整，上游阿拉尔至英巴扎河段共计 18 个引水口数据缺失。因此，水量损耗分析只选用了 2005-2012 年水情数据。

2）大河断面阿拉尔、新渠满、英巴扎、乌斯满和恰拉数据为整编资料，由水文局提供，资料相对较完整、准确，但英巴扎、乌斯满和恰拉缺失 2005 年资料。因此，这三个断面 2005 年分析资料用水情资料代替。

3）大河断面阿其克资料为水情资料。

4）泵灌区水量：因泵灌区按亩收费，其面积可按当年上交水费推算，或按当年管理人员掌握情况确定，再以 9000m³/hm² 定额核算当年泵灌区引水量。其水量不宜归在某一个引水闸口上，本报告直接将其核算到各河段年度总引水量中。

5）2008 年和 2010 年恰拉断面因水文局数据与恰铁干渠引水量差异较大，已影响到该段河损，故这两年数据采用水情数据。

6）大西海子水库资料采用水情资料，且资料不完整，基本按生态输水时间监测，因此在计算恰拉至大西海子河段损耗时，结合大西海子水库蓄变量和一库泄洪闸水情资料进行分析计算。

（三）各河段河损及年内分配

塔里木河干流阿拉尔至大西海子河段，多年平均来水量为 $45.91 \times 10^8 \mathrm{m}^3$，恰拉多年平均下泄水量为 $6.43 \times 10^8 \mathrm{m}^3$，整个干流阿拉尔-大西海子区间河损量多年平均为 $28.95 \times 10^8 \mathrm{m}^3$，河损量占阿拉尔来水量的 63.05%。阿拉尔-大西海子全长 956km 的河道，单位河长耗水量为 $0.03 \times 10^8 \mathrm{m}^3/\mathrm{km}$。

就干流不同河段而言：阿拉尔-新渠满河段多年平均河损量为 $7.01 \times 10^8 \mathrm{m}^3$；新渠满-英巴扎河段多年平均河损量为 $8.88 \times 10^8 \mathrm{m}^3$；英巴扎-乌斯满河段多年平均河损量为 $6.83 \times 10^8 \mathrm{m}^3$；乌斯满-阿其克河段多年平均河损量为 $1.86 \times 10^8 \mathrm{m}^3$；阿其克-恰拉河段多年平均河损量为 $2.36 \times 10^8 \mathrm{m}^3$；恰拉-大西海子河段多年平均河损量为 $2.01 \times 10^8 \mathrm{m}^3$（表 4.22）。塔里木河干流河损情况总体表现为上游大于中游，主要原因有以下 4 个方面：①上游河段来水量最大，而且上游河段长度为 447km 远大于中游 398km 的河段长度；②上游泵灌区沿河取水量大；③上游河段堤防少，汛期洪水漫溢量大；④上游河段水面宽大，夏季水面蒸发损失较大。

表 4.22　干流各河段近 2 年、3 年、5 年和多年平均河损与单位河损量

河段	项目	05-12 年平均	08-12 年平均	10-12 年平均	11-12 年平均
阿拉尔-新渠满河段(189km)	阿拉尔/×10⁸m³	45.9128	44.3027	59.4975	53.2985
	引水量/×10⁸m³	3.3719	3.5327	4.1418	4.2540
	退水量/×10⁸m³	0	0	0	0
	河损量/×10⁸m³	7.0084	4.4741	2.0218	3.2885
	河损率/%	15.30	10.10	3.40	6.20
	单位河损/×10⁸m³	0.0371	0.0253	0.0114	0.0186
新渠满-英巴扎河段(258km)	新渠满	35.5325	32.9600	53.3339	45.7560
	引水量/×10⁸m³	2.5404	2.7643	3.7059	3.3222
	退水量/×10⁸m³	0	0	0	0
	河损量/×10⁸m³	8.8800	6.7844	8.4725	4.1441
	河损率/%	25.00	18.70	15.90	9.10
	单位河损/×10⁸m³	0.0300	0.0263	0.0328	0.0161
英巴扎-乌斯满河段(179km)	英巴扎/×10⁸m³	24.1153	26.7473	41.1556	38.2896
	引水量/×10⁸m³	4.8547	5.0332	7.3258	7.3723
	退水量/×10⁸m³	0	0	0	0
	河损量/×10⁸m³	6.8344	8.6085	13.3054	10.2890
	河损率/%	28.30	32.20	32.30	26.90
	单位河损/×10⁸m³	0.0400	0.0481	0.0743	0.0575
乌斯满-阿其克河段(74.10km)	乌斯满/×10⁸m³	12.4262	13.1055	20.5254	20.6284
	引水量/×10⁸m³	1.2456	1.0055	1.5963	1.7385
	退水量/×10⁸m³	0	0	0	0
	河损量/×10⁸m³	1.8618	1.5127	2.1633	1.0505
	河损率/%	16.20	11.50	10.50	5.10
	单位河损/×10⁸m³	0.0242	0.0204	0.0292	0.0142

河段	项目	05-12年平均	08-12年平均	10-12年平均	11-12年平均
阿其克-恰拉河段(144.90km)	阿其克/×10⁸m³	9.3188	10.5873	16.7648	17.8394
	引水量/×10⁸m³	0.7970	1.0567	1.5952	1.4768
	退水量/×10⁸m³	0.2678	0.1072	0.0667	0
	河损量/×10⁸m³	2.3609	2.4668	3.8236	4.6276
	河损率/%	27.20	23.30	22.80	25.90
	单位河损/×10⁸m³	0.0163	0.0170	0.0264	0.0319
恰拉-大西海子河段(108km)	恰拉/×10⁸m³	6.4286	7.1710	11.4127	11.7350
	引水量/×10⁸m³	1.4333	1.5319	2.1495	2.2667
	退水量/×10⁸m³	0.0086	0.0772	0.1313	0.1313
	河损量/×10⁸m³	2.0059	1.9030	3.0939	2.1621
	河损率/%	40.20	26.50	27.10	18.40
	单位河损/×10⁸m³	0.0186	0.0175	0.0291	0.0207
阿拉尔-大西海子	阿拉尔/×10⁸m³	45.9128	44.3027	59.4975	53.2985
	引水量/×10⁸m³	14.2429	14.9243	20.5145	20.4305
	退水量/×10⁸m³	0.2764	0.0300	0.0646	0.1313
	河损量/×10⁸m³	28.9514	25.7495	32.8805	25.5618
	河损率/%	63.06	58.12	55.26	47.96
	单位河损/×10⁸m³	0.0304	0.0270	0.0345	0.0268

干流河损具有明显的年内动态规律(表4.23),河损量最大值出现在8月,为$10.81 \times 10^8 m^3$,占全年河损总量的38.60%;河损量最小值出现在11月,为$0.0018 \times 10^8 m^3$,仅占全年河损的0.006%。这主要是因为干流8月来水量最大,各河段漫溢跑水量相应增大;而11月河道来水量小,河道经汛期过水后地下水位抬升,河道渗漏损失小。对历年各河段上下断面来水及河损三要素按年内1-4月、5-9月和10-12月三个时段进行统计(表4.24)。由统计结果可知河损量和单位河长河损量最大时段均为每年的5-9月,基本与塔里木河丰水期重合。各河段河损率在这三个年内时段中,均表现为递减趋势。

表 4.23　2005-2012 年阿拉尔-恰拉河段月平均河损三要素

（单位：$\times 10^8 \mathrm{m}^3$）

月份	阿拉尔	引水量	退水量	河损量	单位河损	恰拉
1 月	0.7177	0.2704	0.0000	0.4337	0.0005	0.0136
2 月	0.6210	0.2340	0.0000	0.3533	0.0004	0.0337
3 月	0.9387	0.3166	0.0000	0.5951	0.0007	0.0270
4 月	1.3294	0.1709	0.0284	1.0952	0.0013	0.0917
5 月	2.0444	0.6082	0.0730	1.0240	0.0012	0.4852
6 月	3.2312	0.4417	0.0000	2.4902	0.0029	0.2993
7 月	9.2197	1.6703	0.0000	7.1750	0.0085	0.3744
8 月	16.8245	4.6727	0.0000	10.8137	0.0128	1.3381
9 月	7.1185	2.4874	0.0473	2.9204	0.0035	1.7580
10 月	2.5673	0.4679	0.0694	0.6996	0.0008	1.4692
11 月	0.6452	0.1837	0.0078	0.0018	0.0000	0.4675
12 月	0.6552	0.1994	0.0000	0.3847	0.0005	0.0711
合计	45.9128	11.7232	0.2259	27.9867	0.0331	6.4288

表 4.24　塔里木河干流各河段多年平均时段河损三要素

河段	项目	1-4 月	5-9 月	10-12 月
阿拉尔-新渠满河段（189km）	阿拉尔/$\times 10^8 \mathrm{m}^3$	3.6068	38.4383	3.8677
	河损量/$\times 10^8 \mathrm{m}^3$	1.3573	5.9268	−0.0432
	河损率/%	37.60	15.40	−1.10
	单位河损/$\times 10^8 \mathrm{m}^3$	0.0072	0.0314	−0.0002
新渠满-英巴扎河段（258km）	新渠满/$\times 10^8 \mathrm{m}^3$	1.4539	30.5261	3.5525
	河损量/$\times 10^8 \mathrm{m}^3$	0.6526	7.9565	0.6187
	河损率/%	44.90	26.10	17.40
	单位河损/$\times 10^8 \mathrm{m}^3$	0.0025	0.0308	0.0024

续表

河段	项目	1-4 月	5-9 月	10-12 月
英巴扎-乌斯满河段(179km)	英巴扎×10^8m³	0.6336	20.7930	2.6888
	河损量×10^8m³	0.2638	6.6006	0.1793
	河损率/%	41.60	31.70	6.70
	单位河损/×10^8m³	0.0015	0.0369	0.0010
乌斯满-阿其克河段(74.10km)	乌斯满/×10^8m³	0.3555	9.6474	2.4233
	河损量/×10^8m³	0.0933	1.5134	0.3500
	河损率/%	26.30	15.70	14.40
	单位河损/×10^8m³	0.0013	0.0204	0.0047
阿其克-恰拉河段(144.90km)	阿其克/×10^8m³	0.2573	7.0410	2.0205
	河损量/×10^8m³	0.1104	2.4325	0.0220
	河损率/%	42.90	34.50	1.10
	单位河损/×10^8m³	0.0008	0.0168	0.0002
恰拉-大西海子河段(108km)	恰拉/×10^8m³	0.1659	4.2489	2.0079
	河损量/×10^8m³	−0.0166	1.7724	0.3694
	河损率/%	−11.40	55.40	21.10
	单位河损/×10^8m³	0.0002	0.0164	0.0034
阿拉尔-大西海子	阿拉尔/×10^8m³	3.6068	38.4383	3.8677
	河损量/×10^8m³	2.4608	26.2022	1.4962
	河损率/%	68.23	68.17	38.68
	单位河损/×10^8m³	0.0026	0.0275	0.0016

第五节　生态需水量估算与合理性分析

　　生态需水量虽然定义不一,但是对于干旱环境的生态脆弱区来说,应指维护生态环境稳定并有所改善,维持景观现状与维护生态系统相对平衡所需的水资源量。计算生态需水的目的是为了流域和区域水资源优化配置,以保障水资源开发利用、生态环境保护和经济建设同步协调发展。但是,计算生态需水量的方法与模型较多,基于实际情况,选择合理的计算方法与模型参数合理研究并计算干旱区各生态保护目标的生态需水十分重要。

本次研究采用计算生态需水量最常用的两种方法：面积定额法与潜水蒸发法。面积定额法较多的被应用于研究基础较好的地区与植被类型，计算方法简便易用。该方法应用中关键是合理确定不同类型植被的生态需水定额。

一、参数合理性分析

潜水蒸发法是利用长期实验研究确定的蒸发模型，通过计算一定潜水埋深下潜水蒸发量，并通过一定植被参数的校正计算所得。潜水蒸发量是浅层地下水在毛管作用下，向上运动所形成的蒸发量。它包括：一部分受气候（如气温、湿度、风力等）影响的蒸发散失；一部分湿润土壤中存在的土壤水；还有一部分被植物根系所吸收供其生长需要，即包括棵间蒸发和被植物根系吸收所造成的叶面蒸发量两部分。

自然植被的实际蒸散量是由潜水向上输送供给的。而影响植物生长的土壤水分状况取决于潜水蒸发量的大小，对较大的空间尺度而言，当土壤处于稳定蒸发时，不仅地表的蒸发强度保持稳定，土壤含水量也不随时间而变化，即潜水蒸发强度、土壤水分通量和土壤蒸散强度三者相等。因此，依靠潜水生长的干旱区天然植被的实际蒸散近似地等于潜水蒸发量，自然植被的需水可通过潜水蒸发来估算。因为植被生态需水除了植被正常生长过程中蒸散所需的水分外，还有部分水分被植被利用直接参与光合作用被以生物量的形式固定下来，因此在计算潜水蒸发的基础上需乘以一个植被系数。应用这一方法计算天然植被生态需水量时，除了要确定计算模型外，还需依据研究区实际蒸发能力与土壤特性等确定极限潜水蒸发水位、实地蒸发能力、生态保护区不同植被类型潜水埋深等重要参数。本研究应用潜水蒸发法计算生态保护范围内不同类型天然植被生态需水时计算潜水蒸发量采用了两个模型公式。一个是阿克苏水平衡站基于多年实验与实地观测模拟计算的阿克苏水平衡公式 $E = E_{20}(1 - H/H_{max})^{2.51}$，另一个是被普遍采用的经典阿维扬诺夫模型公式 $E = a(1 - H/H_{max})^b E_{\Phi20}$。

应用阿克苏水平衡站模型公式计算生态保护范围与重点生态保护范围内天然植被生态需水量时，E_{20}（20m^2蒸发池测得的蒸散能力）采用阿克苏水平衡站多年实测平均值 1205.10mm；地下水埋深 H 按实测数据平均值定为有林地 2.50m，疏林地下水位平均 4.50m 和灌木林地、草地地下水位平均 3m；植被系数依据不同地下水埋深下植被发育特征定为有林地 1.45，疏林地植被系数 1，灌木林地草地植被系数 1.34。潜水蒸发极限地下水位 H_{max} 依据在塔里木河下游多年的研究结论确定为 5m。以上参数均参照多年观测数据与宋郁东等（2000）的研究成果确定，该数据已被相关研究普遍采用，可信度很高。

应用阿维扬诺夫公式计算生态保护范围与重点生态保护范围内天然植被生态需水量时，$E_{\Phi 20}$（20cm 蒸发皿测得的蒸发能力）采用各计算单元的实测值；潜水蒸发极限地下水位 H_{max} 依据在塔里木河下游多年的研究结论确定为 5.0m；a、b 参数根据宋郁东等（2000）研究分别确定为 0.62 和 2.80；地下水埋深 H 按实测数据平均值定为有林地 2.50m，疏林地地下水位平均 4.50m 和灌木林地、草地地下水位平均 3.20m，植被系数依据不同地下水埋深下植被发育特征定为有林地 1.45，疏林地植被系数 1，灌木林地草地植被系数 1.34（表 4.25）。

表 4.25　塔里木河干流不同植被类型面积与潜水蒸发强度

植被类型	上游		中游		下游	
	面积 /×10^4hm²	潜水蒸发强度 /(mm/hm²)	面积 /×10^4hm²	潜水蒸发强度 /(mm/hm²)	面积 /×10^4hm²	潜水蒸发强度 /(mm/hm²)
幼林和中龄林	5.68	3741.50	7.14	3741.50	0.20	3741.50
近熟和过熟林	4.10	1432.40	4.70	1432.40	0.20	1432.40
过熟林	1.12	497.30	0.36	497.30	0.01	497.30
衰败和枯木林	10.10	392.00	7.80	392.00	4.20	392.00
灌丛	9.30	2 343.80	15.40	2 343.80	0.80	2 343.80

植被类型	上游		中游		下游	
	面积 /$\times 10^4$ hm^2	潜水蒸发强度 /(mm/hm^2)	面积 /$\times 10^4$ hm^2	潜水蒸发强度 /(mm/hm^2)	面积 /$\times 10^4$ hm^2	潜水蒸发强度 /(mm/hm^2)
稀疏灌丛	4.60	497.30	5.91	497.30	2.10	497.30
稀疏衰败灌丛	11.30	392.10	10.60	392.10	8.30	392.10
沼泽草地	0.81	10 738.00	3.56	10 738.00	1.15	10 738.00
草甸草地	6.49	2 343.80	14.86	2 343.80	6.25	2 343.80
灌丛草地	7.49	867.30	8.78	867.30	9.13	867.30
稀疏退化草地	5.71	392.10	12.60	392.10	4.87	392.10

资料来源：宋郁东等，2000

二、定额合理性分析

在生态需水计算过程中，设定林地需水定额为 3000m^3/hm^2；疏林地（小半灌木林地）需水定额 1500m^3/hm^2；草地（如果不区分盖度）统一设定为 2250m^3/hm^2。

为了验证本次研究所确定灌溉定额的合理性，我们采用文献数据（宋郁东等，2000）对比了不同方法的计算结果，以此检验本研究所确定定额是否合理。由计算对比结果可知（图 4.11a），在不区分植被类型的情况下，本次定额法计算结果相对于其他定额法计算结果更接近于文献计算结果。总体而言，定额法计算结果普遍偏大，这是由对稀疏植被的定额偏高造成的，稀疏植被面积越大计算结果越偏大。本次计算所选定额很好地改善了定额计算偏大的结果，然而，也使某些情况下定额法计算结果偏低，尤其是对沼泽草地，灌溉定额明显偏低。如果按植被类型汇总后（图 4.11b），本次计算所选取的定额计算的生态需水量与文献结果高度吻合，而其他定额法计算结果则显著偏大。很显然，本次所选取定额的计算结果最为理想，也最接近文献数据计算结果。因此，本次研究所选取的定额是合理的。

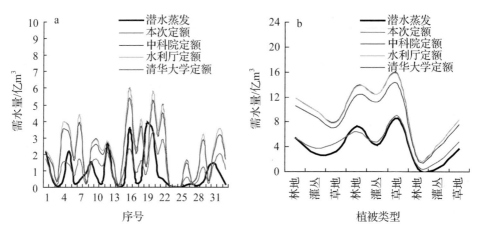

图 4.11　不同定额指标计算的干流生态需水量与文献数据对比分析（另见彩图）
a. 不区分指标类型按统计条目计算；b. 按植被类型计算

三、计算结果的一致性

　　本次研究主要采用定额法和潜水蒸发法计算流域天然植被生态需水量，其中，潜水蒸发法又采用了阿克苏水平衡公式和阿维里扬诺夫公式分别进行计算。理论上，三种计算公式都反映了同一个客观事实，因此，计算结果应该是一致的。当然，实际上，由于参数选取的误差、灌溉定额的误差等，不可能做到三种公式完全一致的计算结果。但是，即便如此，三种公式的计算结果应该是非常接近的，至少在统计学上多种方法计算结果不应存在显著差异。为此，我们将本次研究三种公式在整个流域的计算结果进行了对比，结果（图 4.12）表明：三种公式计算结果高度吻合，具有很好的一致性。方差分析结果（表 4.26）也表明：三种公式计算结果不存在显著差异，即三种计算结果在统计学上是一致的，没有显著差别。因此，本次生态需水计算结果，不论从参数选取、定额指标的确定还是计算结果的横向、纵向对比都是合理的，可以较好地反映天然植被的实际需水状况。

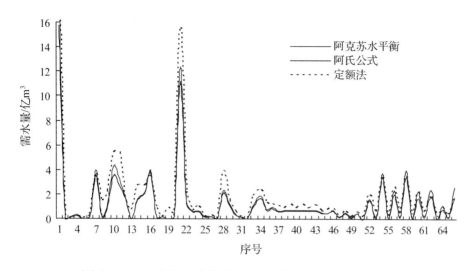

图 4.12　三种公式计算结果的一致性对比(另见彩图)

表 4.26　三种公式计算结果的方差分析

差异源	平方和	自由度	均方	检验统计量	显著性水平	临界值
组间	11.49	2.00	5.75	0.68	0.51	3.04
组内	1646.07	195.00	8.44	—	—	—
总计	1657.566	197.00	—	—	—	—

参 考 文 献

柏菊,向龙,王振龙,等. 2010. 淮北平原 1966-2007 年蒸发量变化趋势及其影响因素分析. 安徽农业科学,38(25):13 904-13 907,13 930.

卞戈亚,周明耀,朱春龙. 2003. 生态需水量计算方法研究现状及展望. 水资源保护,(6):46-49.

陈亚宁,郝兴明,李卫红,等. 2008. 干旱区内陆河流域的生态安全与生态需水量研究. 地球科学进展,23(7):723-738.

郝振纯,陈玺,王加虎,等. 2011. 淮北平原裸土潜水蒸发趋势及其影响因素分析. 农业工程学报,27(6):73-78.

姜德娟,王会肖. 2004. 生态环境需水量研究进展. 应用生态学报,15(7):1271-1275.

李琦,李春龙,苏芳莉,等. 2011. 辽西北沙地裸地潜水蒸发试验研究. 水电能源科学,29(3):64-67.

李秀梅,赵强,王乃昂. 2005. 生态环境需水量的概念框架. 环境科学动态,(2):46-48.

梁瑞驹, 王芳, 杨小柳, 等. 2000. 中国西北地区的生态需水. 中国水利学会 2000 学术年会论文集.

刘铁钢, 郭东明, 迟道才, 等. 2005. 辽河平原种植条件下潜水蒸发试验研究. 节水灌溉, (2): 23-25.

柳长顺, 陈献, 刘昌明, 等. 2005. 流域生态用水与需水研究. 水利水电技术, 36(6): 17-21.

沈振荣, 张瑜芳, 杨诗秀. 1992. 水资源科学实验研究——大气水、地表水、土壤水、地下水相互转化关系. 北京: 中国科学技术出版社.

宋进喜, 曹明明, 李怀恩, 等. 2005. 渭河(陕西段)河道自净需水量研究. 地理科学, 25(3): 310-316.

宋郁东, 樊自立, 雷志栋, 等. 2000. 中国塔里木河水资源与生态问题研究. 乌鲁木齐: 新疆人民出版社.

王根绪, 程国栋. 2002. 干旱内陆流域生态需水量及其估算. 中国沙漠, 22(2): 129-134.

王让会, 卢新民, 宋郁东, 等. 2003. 西部干旱区生态需水的规律及特点-以塔里木河下游绿色走廊为例. 应用生态学报, 14(4): 520-524.

王珊琳, 丛沛桐, 王瑞兰, 等. 2004. 生态环境需水量研究进展与理论探析. 生态学杂志, 23(6): 111-115.

王西琴, 刘昌明, 杨志峰. 2001a. 河道最小环境需水量确定方法及其应用研究(I)——理论. 环境科学学报, 21(5): 543-547.

王西琴, 刘昌明, 杨志峰. 2001b. 河道最小环境需水量确定方法及其应用研究(II)——应用. 环境科学学报, 21(5): 548-552.

王玉敏, 周孝德. 2002. 流域生态需水量的研究进展. 水土保持学报, 16(6): 142-144.

严登华, 何岩, 邓伟, 等. 2001. 东辽河流域河流系统生态需水研究. 水土保持学报, 15(1): 46-49.

杨志峰, 崔保山, 刘静玲. 2004. 生态环境需水量评估方法与例证. 中国科学(D辑), 地球科学, 34(11): 1072-1082.

杨志峰, 张远. 2003. 河道生态环境需水研究方法比较. 水动力学研究与进展(A辑), 18(3): 294-301.

尤文瑞. 1994. 临界潜水蒸发量初探. 土壤通报, 25(5): 201-208.

张朝新. 1995. 临界蒸发深度的探讨. 地下水, 17(1): 23-25.

张丽. 2008. 流域生态需水的理论及计算研究进展. 农业工程学报, 24(7): 307-312.

张远, 杨志峰, 王西琴. 2005. 河道生态环境分区需水量的计算方法与实例分析. 环境科学学报, 25(4): 429-435.

张振华, 史文娟, 褚桂红. 2008. 干旱区潜水蒸发的影响因素和计算方法分析. 水资源与水工程学报, 19(6): 78-80.

赵成义, 胡顺军, 刘国庆, 等. 2000. 潜水蒸发经验公式分段拟合研究. 水土保持学报, 14(5):

122-126.

赵文智，程国栋. 2001. 干旱区生态水文过程研究若干问题评述. 科学通报，46（22）：1851-1857.

郑冬燕，夏军，黄友波. 2002. 生态需水量估算问题的探讨. 水电能源科学，20(3)：3-6.

郑红星，刘昌明，丰华丽. 2004. 生态需水的理论内涵探讨. 水科学进展，15(5)：626-633.

左其亭. 2002. 干旱半干旱地区植被生态用水计算. 水土保持学报，16(3)：114-117.

左其亭. 2005. 论生态环境用水与生态环境需水的区别与计算问题. 生态环境，14（4）：611-615.

Armbruster JT. 1976. An infiltration index useful in estimating low-flow characteristics of drainage basins. J Res USGS, 4(5)：533-538.

Baird AJ, Wilby RL. 1999. Eco-hydrology：Plant and Water in Terrestrial and Aquatic Environments. London and New York：Routledge Press.

Caissie D, El-Jabi N, Bourgeois G. 1998. Instream flow evaluation by hydrologically-based and habitat preference (hydrobiological) techniques. Rev Sci Eau, 11(3)：347-363.

Chaudhary TN, Bhatnagar VK, Prihar SS. 1974. Growth response of crops to depth and salinity of ground water, and soil submergence. Ⅰ. Wheat (*Triticum aestivum* L.). Agronomy Journal, 66(1)：32-35.

Covich A. 1993. Water and ecosystems *In*：Cleich P H. Water in Crisis：A Guide to the World's Fresh Water Resources. New York：Oxford University Press：40-55.

Eamus D, Froend R, Loomes R, et al. 2006. A functional methodology for determining the groundwater regime needed to maintain the health of groundwater-dependent vegetation. Australian Journal of Botany, 54(2)：97-114.

Falkenmark M. 1995. Coping with water scarcity under rapid population growth. Conference of SADC Ministers, Pretoria：23-24.

Fan YT, Chen YN, Li WH, et al. 2011. Impacts of temperature and precipitation on runoff in the Tarim River during the past 50 years. Journal of Arid Land, 3(3)：220-230.

Gippel CJ, Stewardson MJ. 1998. Use of wetted perimeter in defining minimum environmental flows. Regulated Rivers：Research and Management, 14(1)：53-67.

Gleick PH. 1998a. Water in crisis：paths to sustainable water use. Ecological Application, 8(3)：571-579.

Gleick PH. 1998b. The World Water 2000-2001：The Biennial Report on Freshwater Resources. Washington DC：Island Press.

Gleick PH. 2000. The changing water paradigm：a look at twenty-first century water resources development. Water International, 25(Ⅰ)：127-138.

Gore JA, King JM, Hamman KCD. 1991. Application of the instream flow incremental methodology to southern African rivers: protecting endemic fish of the Olifants River. Water Sa Wasadv, 17(3): 225-236.

Hao XM, Chen YN, Xu CC, et al. 2008. Impacts of climate change and human activities on the surface runoff in the Tarim River Basin over the last fifty years. Water Resour Manage, 22: 1159-1171.

Karim K, Gubbels ME, Goulter IC. 1995. Review of determination of instream flow requirements with special application to Australia. Water Resources Bulletin, 31(6): 1063-1075.

King J, Louw D. 1998. Instream flow assessments for regulated rivers in South Africa using the Building Block Methodology. Aquatic Ecosystem Health and Management, 1(2): 109-124.

King JM, Tharme RE. 1994. Assessment of the instream flow incremental flow methodology and initial development of alternative instream flow methodologies for South Africa. Water Research Commission Report, 295(1): 590.

Li BF, Chen YN, Chen ZS, et al. 2012. Trends in runoff versus climate change in typical rivers in the arid region of northwest China. Quaternary International, 282: 87-95.

Li BF, Chen YN, Li WH, et al. 2013a. Spatial and temporal variations of the temperature and precipitation in the arid region of Northwest China from 1960-2010. Fresenius Environmental Bulletin, 22(2): 362-371.

Li Z, Chen YN, Li WH, et al. 2013b. Plausible impact of climate change on water resources in the arid region of northwest China. Fresenius Environmental Bulletin, 22(9a): 2789-2797.

Li Z, Chen YN, Shen YJ, et al. 2013c. Analysis of changing pan evaporation in the arid region of Northwest China. Water Resources Research, 49: 2205-2212.

Lubczynski MW. 2009. The hydrogeological role of trees in water limited environments. Hydrogeology Journal, 17(1): 247-259.

Mathews RC, Bao YX. 1991. The Texas method of preliminary instream flow assessment. Rivers, 2(4): 295-310.

Mosely MP. 1982. The effect of changing discharge on channel morphology and instream uses and in a Braided river, Ohau River, New Zealand. Water Resources researches, 18: 800-812.

Orth DJ, Maughan OE. 1982. Evaluation of the incremental methodology for recommending instream flows for fishes. Trans Am Fish Soc, 111(4): 413-445.

Philip GB, Biney CA. 2002. Management of freshwater bodies in Ghana. Water Int, 27(4): 476-484.

Rashin PD, Hansen E, Margolis RM. 1996. Water and sustainability: global patterns and long-range problems. Natural Researches Forum, 20(1): 1-15.

Rowntree K, Wadeson R. 1998. A geomorphological framework for the assessment of instream flow requirements. Aquatic Ecosystem Health and Management, 1(2): 125-141.

Stalnaker CB, Lamb BL, Hennriksen J, et al. 1994. The instream flow incremental methodology: a primer for IFIM. National Ecology Research Center, International Publication, Fort Collins, Colorado: 99.

Tennant DL. 1976. Instream flow regimens for fish, wildlife, recreation and related environmental resources. In: Orsborn JF, Allman CH. Proceedings of Symposium and Speciality Conference on Instream Flow Needs Ⅱ. Bthesda: American Fisheries Society: 359-373.

Whipple WJ, DuBois JD, Grigg NS, et al. 1999. A proposed approach to coordination of water resources development and environmental regulations. Journal of the American Water Resources Association, 35(4): 713-716.

第五章　塔里木河流域重点生态工程

塔里木河流域地处内陆干旱区,生态系统脆弱易受扰动,一旦生态平衡被打破,生态系统出现逆向演替,仅仅依靠其自身的恢复能力常常难以实现恢复。依据生态学和社会经济学的基本原理,基于生态系统自我设计并辅以人工调控,聚焦生态系统有机整体或复合生态系统多目标的生态工程是恢复退化生态系统的首选。通过生态工程的实施,结合生态系统自我恢复与人工调控,最终实现退化生态系统的恢复与生态效益、社会效益和经济效益的共赢。

根据塔里木河流域生态环境现状分析,遵循生态重要性、保护紧迫性、物种稀缺性、实施可行性等原则,提出在塔里木河流域急需开展的重点生态工程主要有三个部分:一是,湖泊、湿地生态保护工程;再是,荒漠河岸林保育修复工程;三是,地下水监测与管理工程。

第一节　湖泊、湿地生态保护工程

在本次提出的湖泊、湿地生态保护工程中,湖泊的保护重点以博斯腾湖为主,提出的湿地保护工程包含了塔里木河流域亟待保护的几块主要湿地分布区,涵盖湖泊湿地、河流湿地、沼泽湿地等多种类型。具体列入湖泊、湿地生态保护工程的主要有:博斯腾湖生态保护工程、渭干-库车河流域湿地保护工程,喀什噶尔河流域湿地保护工程和车尔臣河流域湿地保护工程(表5.1)。

表5.1　塔里木河流域典型区域湖泊、湿地生态保护工程

流域	保护工程	保护目标
开都-孔雀河流域	博斯腾湖生态保护工程	流域中游博斯腾湖及周边湖泊湿地
渭干-库车河流域	渭干-库车河流域湿地保护工程	流域下游河流湿地、沼泽湿地
喀什噶尔河流域	喀什噶尔河流域湿地保护工程	流域上游山区湿地
车尔臣河流域	车尔臣河流域湿地保护工程	车尔臣河下游湖泊群及周边湿地

　　干旱区湖泊以其独特的地理特征与特性,参与全球自然系统的水分循环过程。它无地表径流或地下径流与全球大洋相通,深处干旱的大陆腹地,与内陆河构成独立的水分循环系统,是全球生态系统中别具一格的自然地理景观,同时为区域提供重要的生活、生产物资与生态服务功能。博斯腾湖是中国最大的内陆淡水湖,是南疆人民的母亲湖,在塔里木河流域乃至新疆及全国地理景观和生态地位上都占据着重要位置。塔里木河流域湿地在我国西北干旱区内陆河湿地中占据着重要地位,湿地种类多样,对流域生态系统稳定性发挥着重要的作用。湿地被誉为"地球之肾",与森林、海洋并称为全球三大生态系统,是自然界最具生物多样性和生态功能最完备的生态系统,为人类的生产、生活提供多种资源,是人类重要的生存环境,也是国家生态安全体系的重要组成部分和经济社会可持续发展的重要基础。湿地作为重要的生态系统,在蓄洪防旱、调节气候、控制土壤侵蚀、缓解环境污染、维护生物多样性、保持区域生态平衡等方面发挥着巨大作用,同时湿地也是生态系统中生态服务价值最高的土地类型之一。塔里木河流域发育着包括河流湿地、湖泊湿地、沼泽湿地与库塘湿地等多类型湿地,其中被纳入中国湿地名录的有 6 块,占全新疆纳入名录的 18 块湿地的 1/3,对于维持流域生态稳定与物种多样性发挥着重要作用。然而在近几十年,伴随人口的增加,人工绿洲与耕地的显著扩张,水资源的大规模开发,博斯腾湖水系统及水环境的稳定性显著下降,生态环境问题突出,生态安全下降。塔里木河流域湿地面积显著下降,湿地为区域物种多样性及珍惜濒危鸟类提供的生境质量出现滑坡,并且退化的湿地已经成为导致流域生态系统服务价值与生态服务功能大幅下降的主要原因之一。鉴于流域湖泊、湿地的重要生态功能和目前流域湖泊、湿地退化现状与面临的生态环境问题,提出流域典型区域的湖泊、湿地生态保护工程。

一、博斯腾湖生态保护工程

　　博斯腾湖作为开都河的尾闾和孔雀河的源头,是中国最大的内陆淡水湖,对流域地理景观的完整性及生态系统的稳定具有重要且不可替代的作用。实施博斯腾湖生态保护工程,目的是保障博斯腾湖水系统稳定及水环境健康,使其能够在区域可持续发展中发挥应有的生态功能。本项生态工程包括水资源综合规划配置、湿地保护与综合管理、生态退耕工程、流域工业废水和生活污水育苇工程、农田回排水处理与综合利用工程、博斯腾湖周边排污变化的精细化监测及地表水监测工程等,旨在通过各项综合措施,维持博斯腾湖适宜的生态水位和水量,改善博斯腾湖水质,实现流域绿洲和湖泊生态系统的健康、稳定和良性发展。

(一) 博斯腾湖水环境保护目标规划

1. 适宜生态水位和水量

从博斯腾湖大湖作为天然湖泊的自身运作规律,以及保护生态环境、维持自然生态的角度出发,结合对博斯腾湖水位-水质-水量的关系分析,确立博斯腾湖大湖的适宜生态水位为海拔 1046.50m,以维持枯水期博斯腾湖的生态环境和满足孔雀河下游的灌溉需水与生态需水;小湖的生态水位拟定为海拔 1046.70-1047.20m,以保证小湖区的生态环境与芦苇产量。为保证博斯腾湖处在一个适宜的生态水位,仅开都河进入博斯腾湖的水量,3 年平均不得少于 $24.80×10^8 m^3$/年,5 年平均不得少于 $24.50×10^8 m^3$/年。在平水年份,博斯腾湖出湖水量应控制在 $13.00×10^8 m^3$/年以内。出、入湖水量在保证博斯腾湖合理生态水位的同时,还基本满足了孔雀河灌区的农业及生态用水(陈亚宁等,2013)。

2. 水质改善

博斯腾湖每年从焉耆灌区接纳大量的灌溉排水、工业废水和生活污水,据分析计算,焉耆盆地污水年总排量为 $2.50×10^8 m^3$,其中,工业废水年排放量为 $480×10^4 m^3$。依据总量控制原则,计算得出每年排入博斯腾湖的污染物总量为 $117.20×10^4 t$,相对博湖最大纳污能力,需要消减约 $58.50×10^4 t$/年。2010 年博斯腾湖主要污染物化学需氧量(CODcr)为Ⅳ类;高锰酸盐指数、总氮为Ⅲ类;氨氮、溶解氧和总磷为Ⅱ类,其他指标均为Ⅰ类。博斯腾湖总体水质状况为轻度污染,水质为Ⅳ类,CODcr 超标倍数为 0.27 倍(陈亚宁等,2013)。为了减轻博斯腾湖污染现状和水质恶化情况,需大量减少农田灌溉排水和工业污水排放量,加之博斯腾湖周围育苇工程的实施,预计到 2020 年,博斯腾湖各功能区水质明显改善,水质达标率提高到 90% 以上;面源污染主要污染物入河湖总量消减 20% 以上,水体富营养化现象有所改善,初步构建面源污染控制体系。博斯腾湖污染状况达到Ⅲ级,矿化度控制在 1.0g/L 以内,黄水沟和孔雀河的污染控制在Ⅲ级以内。到 2030 年,博斯腾湖各水功能区基本达标,水质达标率保持在 95% 以上;面源污染主要污染物入河湖总量控制在水功能区纳污能力的范围之内,水体富营养化现象基本改善。建立较为完善的面源污染控制体系,保障水资源系统的良性循环,以水资源的可持续利用支撑经济社会的可持续发展。

3. 芦苇湿地适宜面积

芦苇作为保护净化水质的一道天然屏障,对盐分和有机污染物具有很强的吸收和富集能力。污水经过大面积的芦苇湿地,经自然氧化后水质会明显改变,污染物浓度会大大降低,经湿地降污后进入湖区的水质会明显改善。另外,通过芦苇收割,还可以将水体盐分和污染物转移,起到净化水质的作用。博湖县已先后投资了 4500 余万元,完成了 20.00×10^4 亩旱能灌、涝能排人工苇田建设(据博湖县委办公室统计数据)。然而,因为湿地与湿地植被具有高蒸腾、高耗水特性,当前在博斯腾湖湖区沿岸和小湖区的约 60.00×10^4 亩芦苇蒸腾耗水极强,致使博斯腾湖的水面蒸发和植物蒸腾耗水损失将超过 $14.00 \times 10^8 m^3$。鉴于芦苇蒸腾耗水巨大,在流域缺水状况下,需控制湿地芦苇种植面积,提出到 2020 年博斯腾湖小湖湿地面积控制在 3500-4000hm²,流域(包括黄水沟流域)人工育苇面积需控制在 10.00×10^4 亩以内。

(二)博斯腾湖水环境保护工程

1. 工业、生活废水回收综合利用与人工育苇工程

严禁一切工矿企业将废水直接排入湖区。各县、团场的工业生产废水及生活污水必须按国家要求限期治理。芦苇湿地具有改善生态环境和湖泊水环境的双重功能,对处理各种工业废水、城镇生活污水等效果显著,人工育苇要以对工、农业排水、废水的降解处理为目的和前提,提出将育苇工程有效地运用于流域工业废水的降解处理中,将和静县、

焉耆县和博湖县的 37 个工业废水排污口排出的废水,集中引流到距离博斯腾湖入湖口处 10km 范围内,进入人工育苇区,进行梯级式逐层处理,充分利用芦苇湿地进行水环境自然降解和净化。同时,在黄水沟区、大湖西岸区和西南小湖区等区域有计划地育苇,年末收割,充分利用人工湿地的降污能力,改善工业废水的污染程度,减轻对流域水系统的污染。充分发挥人工湿地的生态防护功能,实现育苇工程与生态降污、净化水质的生态效益和经济效益的双赢。

2. 农业排水回收处理及综合利用工程

农田排水中不仅溶解了土壤中大量的盐分,还在淋溶作用下带走了土壤中一些富营养物质及很多植物的枯枝落叶,再加上大量的泥土和残膜,水质较差,应严禁直接排放入湖,建议实施农田排水与洪水分流系统,对农业排水进行预处理和综合利用。通过咸淡分流集水系统,将焉耆盆地各县域农田排水集中引流并实施预处理,包括过滤枯枝落叶、废塑料等杂质,采用混凝、沉降和过滤技术除去原水中的悬浮物、胶体物质。初步处理后的农业排水可用于人工湿地建设及绿洲周边过渡带天然植被及生态防护林的抚育灌溉。经人工湿地沉降、减污后,水质达标可直接排放入湖。同时,调整目前的冬灌方式。建议开都河灌区在秋末、初冬不实施传统式冬灌,减少秋、冬季节的压盐、洗盐水进入博斯腾湖。秋、冬两季节的河道来水直接进入博斯腾湖,这样一方面减少了农业排水进入博斯腾湖,同时可以有效提升博斯腾湖水位,加大博斯腾湖水循环,改善博斯腾湖水环境质量。现场调查和样品分析发现,开都河灌区秋、冬两季的农业排入量占总排水的份额十分之大,而且水质也较差。

3. 博斯腾湖周边排污变化的精细化监测工程

博斯腾湖周边的排污问题应由流域统一管理,行使流域水资源评价、取水许可审批、水资源调度和水质监测等流域水资源管理等职能。针对博湖水质恶化的现状,建议尽快启动并实施博斯腾湖流域水质监测规划,其中包括开都河、黄水沟、清水河等河系入湖水质的监测,以服务于塔里木河流域综合规划项目。具体来看,应对全流域的排污变化进行精细化监测,包括对每个排污口污水的取样、测试和信号处理等内容,排污口包括农业排污口、工业排污口和生活排污口等,在开都河上游、和静县和焉耆县及扬水站共 105 个排污口进行水质的监测,每季度监测 1 次,排污密集区域可加密监控频率,增加至每月或每 2 个月一次。污染物排放监测主要项目有:COD、总有机碳(TOC)、紫外线(UV)、游离态氮(NH^{4+}-N)、NO^3-N、氰化物、挥发酚、矿物油、pH 等。环境水质监测常规五参数包括温度、pH、溶解氧(DO)、电导率和浊度,其他项目包括高锰酸盐指数、总氮(TN)、总磷(TP)等。除了对污染物浓度与含量进行动态监控外,各排污通道应设置自动流量计以监控排污量,便于对入湖污染物进行总量控制。

4. 流域地表水水质的监测工程

博斯腾湖入湖污水总量为 $3.43 \times 10^8 m^3$,氨氮入湖量为 1841.40t,化学需氧量入湖量为 56 374t,矿化度入湖量为 $26.22 \times 10^4 t$。每年排入博斯腾湖的灌溉排水、工业废水和生活污水,多数以地表水的形式进入。因此,监测流域水系各主要节点的地表水水质可为精确测算博斯腾湖污染物的排入量提供本底资料。采样点布设方法参照《水环境监测规范》(SL219-98)。一般选择在排污沟(退水渠)平直、水流稳定、水质均匀的部位,并应注意避免纳污河道水流的影响。对于有涵闸或泵站控制的排污口,采样点设置在积蓄污水的池塘、洼地内。城市污水处理厂的进出水口应设采样点。流域内个别重要城市饮用水水源地也进行监测站点规划。在开都河第一分水枢纽、宝浪苏木分水枢纽、焉耆县开都河大桥、黄水沟和清水河入湖口处等设置地表水监测点,构建地表水监测网络。于每年的春季、夏季、秋季和冬季取样进行实验室分析水质。

（三）生态退耕工程

近些年来,随着流域灌区规模的日益扩大,流域的水资源量已无法承载灌区现有的农业发展规模。通过现状年水资源供需分析可知,在 P 为 25%、50% 和 75% 来水频率下,流域缺水量分别为 $4.12 \times 10^8 m^3$、$8.16 \times 10^8 m^3$ 和 $11.50 \times 10^8 m^3$。如果要满足开都河和孔雀河两大水系的缺水量,则需挖掘博斯腾湖库容 $4.14 \times 10^8 m^3$、$8.59 \times 10^8 m^3$ 和

$12.24 \times 10^8 m^3$,博斯腾湖的水位将由 2010 年的 1045.71m 下降到 2013 年的 1045.05m,接近《巴音郭楞蒙古自治州博斯腾湖流域水环境保护及污染防治条例》中规定的保持博斯腾湖水体正常循环的最低控制水位(1045m)。分析流域用水结构,农业仍然是用水大户,为解决流域缺水问题,必须减少流域的农业灌溉面积,实施退耕、减地、还水行动计划。流域毛灌溉定额按照 $600m^3$/亩计算,则在上述三个来水频率下,需分别退耕 69×10^4 亩、143×10^4 亩和 204×10^4 亩。在流域缺水量最小的情况下,最少需退耕 69×10^4 亩。当开都-孔雀河流域水资源总量为 $44.07 \times 10^8 m^3$,博斯腾湖的水面蒸发和植物蒸腾耗水损失将超过 $13 \times 10^8 m^3$,工业用水 $3 \times 10^8 m^3$,渠道渗漏等损失 $8 \times 10^8 m^3$,剩余 $20 \times 10^8 m^3$,$20 \times 10^8 m^3$ 地表水加上 $6 \times 10^8 m^3$ 地下水,总共 $26 \times 10^8 m^3$ 水可用于农田耕作。因此,在平均毛灌溉定额达 $600m^3$/亩的情况下,农业灌溉面积需控制在 400×10^4 亩左右为宜,这时需退耕 141×10^4 亩;规划到 2020 年和 2030 年农业灌溉面积均为 355×10^4 亩(不含复播),需退耕 186×10^4 亩。

生态退耕可逐步实施,并给予一定的补偿。灌溉面积的退减除了以退耕的形式实现外,可以尝试对灌区内低效生产农田进行轮耕与休耕,同时与灌区盐碱化治理措施等相结合,对休耕与轮耕土地进行改良与土壤修复,以此方式实现灌区内灌溉面积的退减,逐步恢复地下水至合理生态水位,使其在维护荒漠区天然植被的生态过程中实现可持续利用。

二、渭干-库车河流域湿地保护工程

渭干-库车河流域湿地是新疆被列入中国湿地名录 18 个湿地之一,流域湿地主要为河流湿地和部分沼泽湿地、库塘湿地,主要位于渭干-库车河流域下游近塔里木河流域干流区,主要分布于河流岔道、古河道、河漫滩、低洼的河流阶地。具体分别分布在流域下游的库车县草湖牧场附近的草湖湿地和沙雅县塔里木河干流上游湿地。这些湿地在流域生态防护功能与服务价值中发挥着极大的作用,然而近 20 年明显萎缩退化,成为导致流域生态服务价值下降的主要原因之一。将渭干-库车河流域的湿地保护纳入塔里木河流域整体生态保护规划中刻不容缓。

库车县境内的湿地主要位于渭干河与库车河交汇地段的自然积水洼地、河漫滩、冲蚀阶地区域，类型主要为河流湿地和沼泽湿地，行政区域为库车县草湖牧场、塔里木乡和种羊场、阿艾乡，地理坐标介于83°01′20″E-84°05′22″E、40°45′07″N-41°20′25″N，湿地面积14 248hm²；沙雅县境内的塔里木河沙雅段上游湿地总面积约72 000hm²，主要由塔里木河沙雅县境内164km的流域古河道、自然积水坑、河漫滩、冲蚀阶地和台地、近河岸沼泽、水塘以及荒漠中的积水洼地组成。

这两块湿地构成了渭干-库车河流域下游平原区湿地的主体，是流域内物种多样性丰富、生态服务功能完善的重要生态系统，同时为多种珍稀水禽提供了重要的生境与过冬场所，包括国家一级保护动物黑鹳（世界仅存2000只左右，塔里木盆地有500多只），国家二级保护动物苍鹭、灰鹤、天鹅等，以及多种候鸟。并且这些湿地在改善流域微气候、保持水土、蓄洪防旱、缓解环境污染、保持区域生态平衡等方面发挥着巨大作用，同时湿地景观还能够提供良好的观赏价值和旅游资源，对于美化环境及旅游业开发有着不可替代的作用。鉴于近20年湿地面积显著下降了16.72%的现状，提出对渭干-库车河流域的湿地进行生态保护与恢复，遏制流域内湿地的萎缩趋势，稳定湿地的生态服务功能。对于渭干-库车河流域的湿地，建议保护与恢复同步开展。

（一）湿地保护区建设工程

通过湿地保护区的建立，将流域湿地的保护纳入流域及区域整体规划中，禁止在湿地内进行各种开荒、薪柴和放牧活动。对于保护区内的湿地建议实施严格封育，封育区分别为库车县草湖牧场附近$1.50×10^4$hm²的湿地与沙雅近塔里木河干流区$7.20×10^4$hm²的湿地。在封育区内设立湿地管理站点与环境监测站点，对湿地进行常规化管理，并且通过监测站点对湿地的生态环境演替过程、物种组成与多样性开展研究，为湿地保护措施的制定提供指导；同时设立野生动物救护与保护机构，保护湿地内珍稀野生水禽，设专门人员对湿地进行巡查，禁止渔猎，确保野生动物生境的稳定与健康。

（二）退化湿地生态恢复工程

通过生态技术或生态工程对退化或消失的湿地进行修复或重建，恢复湿地景观、生态系统结构和功能，以及相关的物理、化学和生物学特性，使其发挥应有的作用。恢复中应遵循可行性、优先性、稀缺性、生态完整性以及湿地的自然结构与自然功能得到恢复等原则，兼顾流域管理与景观美学原则。恢复以自然恢复为主，在经费允许的情况下，对于严重退化的湿地区段可以通过建设人工湿地等人工促进恢复方法，达到退化湿地快速、有效恢复的目的。对淤积堵塞的湿地间水道进行疏浚恢复，改善退化的斑块化的湿地格局。湿地内已开荒耕地实施生态退耕，退耕区居民可以纳入湿地保护人员编制，就地安排，减少生态移民。

（三）河道疏浚与水系贯通工程

重新恢复渭干-库车河流域与塔里木河干流的水力联系，充分利用洪水期塔里木河干流与渭干-库车河流域的下泄洪水，实现流域湿地的有效恢复。

渭干-库车河流域的主要地表水量由渭干河提供，占流域地表水量的近86％。渭干河拦河枢纽分水闸在来水频率75％和50％时的来水量分别为 $23.75 \times 10^8 \text{m}^3$ 和 $21.33 \times 10^8 \text{m}^3$。这部分地表水资源被按照4∶6的比例分别引入库车灌区和沙雅、新和灌区。这就意味着经分水枢纽进入库车灌区的水量在50％和75％频率下可达 $9.5 \times 10^8 \text{m}^3$/年和 $8.5 \times 10^8 \text{m}^3$/年，这些水资源绝大部分被用于农业灌溉，且会产生近 $2.6 \times 10^8 \text{m}^3$/年的农业排水。提出通过河道疏浚，并利用库车农业排水进入原渭干-库车河灌区以下向东的老河道，由西向东逐步恢复库车灌区以下至塔里木河干流北部恰阳河的水力联系，并充分利用洪水期的洪水实现水系贯通，借此恢复库车灌区以下的荒漠河岸植被及湿地，在保育恢复这一区域湿地的同时，修复并重建湿地周边及荒漠河岸天然植被群落，提升区域生态防护功能与服务价值。

经分水枢纽进入沙雅、新和灌区的水量在50％和75％来水频率下

分别为 $14.25 \times 10^8 m^3/$年和 $12.85 \times 10^8 m^3/$年,这些水资源绝大部分用于沙雅与新和灌区的农业灌溉,并会产生农业排水约 $1.70 \times 10^8 m^3/$年,提出通过咸淡分流及排水与洪水分流的生态措施,充分利用农业排水,依托西高东低的地势,引水进入渭干-库车河下游在塔里木河干流北部的老河道,恢复这一区域退化的河岸天然植被和湿地,并通过河道疏浚、生态引水闸口与设施,实现洪水期渭干-库车河与塔里木河干流在沙雅段的贯通与水力联系,通过塔里木河干流洪水期的洪水对沙雅段湿地进行保育恢复,重建恢复这一区域的天然植被与湿地景观。一方面可以为这一区域的生物多样性保育和珍惜濒危水禽的过冬提供重要生境,另一方面可以通过这一区域的湿地实现洪水期及枯水期的蓄洪抗旱生态功能与降污减排功能。

通过本区域湿地保护工程的实施,遏制渭干-库车河流域湿地萎缩退化的趋势,保障这一重要的生态系统能够在流域水土资源开发利用中充分发挥其生态防护功能,为渭干-库车河流域及塔里木河干流中上游生物多样性保育、珍惜濒危水禽保护、流域整体可持续发展创造条件。

三、喀什噶尔河流域湿地保护工程

喀什噶尔河流域湿地保护主要是针对流域盖孜河上游地区的高原湿地与流域下游红海水库及附近小海子水库周边的库塘湿地。

喀什噶尔河的帕米尔高原湿地自然保护区行政上位于新疆克孜勒苏柯尔克孜自治州阿克陶县的木吉、布伦口乡,西北为两国的边境线;南为海拔 5000m 的萨雷阔勒岭,与塔什库尔干县相接;东为海拔 7719m 的公格尔山和 7505m 的公格尔九别峰;隔山与乌恰县相邻。湿地位于盖孜河支流木吉河流域及克孜勒苏河上游支流玛尔坎苏河上游集水区,总面积 $1530 km^2$,其中核心区 $459 km^2$ 。保护对象为高原湿地生态系统,以及栖息于这片湿地的珍稀水禽及野生动物。

保护对策:保护湿地必须充分尊重湿地生态系统的发生、发展、演替的规律,维护湿地自然生态特征,保障湿地生态系统的完整性,防止湿地生物多样性衰退,发挥正常的生态功能。水是湿地生态系统最基本要素,保证湿地生态用水是维护湿地基本功能的基本要求。因此,保护工程建议以自然为主、人工为辅,采用因地制宜、适地适植被、持续发展、统筹规划等多措施并举的保护模式,在保障湿地生态用水的基础上,对湿地核心区进行封育保护,以自然恢复、减除人工干扰实现湿地的保育。

喀什噶尔河下游红海水库与小海子水库及附近低洼库塘与沼泽等形成的库塘湿地主要位于巴楚县与图木舒克市行政辖区内,其中红海水库是喀什噶尔河的尾闾,同时也是叶尔羌河下游重要的调节水库。在水库周边发育的众多低洼库塘水域与湿地,形成了这一区域重要的湿地景观,同时还有着蓄洪抗旱、改善水质等重要生态功能。此外这一区域的库塘湿地是许多珍稀濒危水禽的重要栖息地与过冬、繁衍场所,其中国家一级保护濒危物种——黑鹳在塔里木河流域的主要繁育区之一就位于巴楚县境内的许多库塘湿地,每年有近百只黑鹳前来繁殖幼鸟。湿地为这些水禽及区域生物多样性提供了重要的生境,应及时加以保护。

主要保护措施:首先要建立湿地保护区与珍稀动物保护站,对湿地核心区进行重点保护,对受人类活动扰动较大的区域建议实施封育;其次要保证湿地内生态用水,为实现这一目标,建议对喀什噶尔河下游河道进行综合整治与疏浚,实现喀什噶尔河与叶尔羌河、塔里木河干流的水力联系,利用洪水期下泄水对湿地及下游荒漠植被进行生态修复与保育,为实现近期与远期综合规划目标后下泄生态水打下基础;第三是充分利用灌区农业排水对流域下游荒漠植被进行保育,尤其是湿地外围天然植被,提升其生态防护功能,防止喀什噶尔河下游生态系统的进一步退化。

四、车尔臣河流域湿地保护工程

车尔臣河流域现存湿地主要是指车尔臣河下游硝尔库勒以下河流以北与罗布庄以西的荒漠中分布的湖泊群及其周边湿地。在地理位置上位于塔里木盆地东南缘,北部紧邻塔克拉玛干沙漠,是由车尔臣河洪水下泄与尾闾湖泊及塔里木河尾闾湖泊共同组成的一片湖泊湿地,行政区域属若羌县。湖泊湿地面积年际波动极大,为 70-390km^2,2010 年这片湖泊湿地面积最大达到 393km^2(李丽等,2012)。车尔臣河下游湿地地处沙漠边缘与内陆河尾闾,处于水路交错带,无论是从地理景观还是生态服务功能来说,它都具有不可替代的重要地位,并且与区域内人类的生存发展息息相关,主要生态功能体现在以下几方面。

1) 增强了流域生态系统的多样性:车尔臣河是典型内陆河,发源于昆仑山北坡的木孜塔格峰,从源头至尾闾发育着高山生态系统、中低山丘陵生态系统、绿洲生态系统和荒漠生态系统。呈带状镶嵌于绿洲生态系统与荒漠生态系统之间的湖泊湿地增强了流域生态系统多样性与完整性,对于整个生态系统的稳定性具有重要作用。

2) 为流域物种多样性的保育提供了重要生境:湿地特有的生境有利于各种生活能力、生态型的动植物栖息生存,具有很高的物种多样性。特别是位于干旱荒漠区的湿地,如同一个生物岛屿,为流域高物种多样性提供了保证。

3) 有助于提升流域内物种遗传多样性:干旱荒漠区内的湿地受周围环境影响强烈且与周边生境差异较大,湿地内生境也常常因水文过程的改变而在荒漠、绿洲和湿地间发生显著演替变化,这使得湿地内生存的物种具有较高的遗传多样性组成,以适应多变的环境。

4) 改善区域小环境,防风固沙,蓄洪抗旱:除了以上生态功能外,处于车尔臣河下游的湖泊湿地在改善区域小气候、阻挡北部沙漠南侵以及汛期蓄洪和枯水期补给地下水等方面均发挥着重要作用。

正因为车尔臣河下游湿地的重要生态作用,保住这片难得的湖泊湿地对于流域生态系统的稳定与区域可持续发展均具有实际意义。但是因为地处内陆河尾闾和沙漠边缘,湿地得以维持的生态用水主要是车尔臣河下泄洪水与塔里木河向尾闾的生态输水,这片湖泊湿地受人类活动与气候变化的影响十分显著,是车尔臣河流域最为敏感的生态区域,湿地面积常常发生大起大落的波动(马明国等,2008;瓦哈甫·哈力克等,2008)。自 2000 年以来,车尔臣河下游河湖湿地面积呈现先增后减再增的波动趋势,湖泊湿地总体增加,沼泽湿地减少,湿地景观格局的多样性减少,破碎化程度增大(朱刚,2010;李丽等,2012)。全球气候变化背景下气温升高导致的冰川融水增加及径流增大与降水量增加是造成流域湖泊湿地面积增大的主要原因;而耕地扩张是造成沼泽湿地面积显著下降的诱因。此外,因为车尔臣河中下游河道亟待综合整治,径流及汛期洪水增大造成下泄洪水的时空不确定性,既增加了洪涝灾害风险,又降低了下游湿地生态需水的保障力度,是造成下游湿地空间与时间分布格局不稳定的主要原因。为此,提出车尔臣河流域湿地保护工程。

本项工程的实施目的是通过河流综合整治与下游湿地天然植被的综合生态修复,保障湿地生态需水,提升流域湿地生态系统稳定性与生态防护功能,为整个流域水资源可持续开发、物种多样性保育及区域可持续发展服务。具体开展的工程主要包括以下几种。

1）山区水资源调控工程:因为缺乏水资源控制性工程,流域水资源难以有效充分利用。汛期洪水肆虐,造成洪涝灾害,冲刷改变河道,无序漫溢;旱期与农业用水高峰期无水下泄,难以满足下游生态系统的生态需水,造成湿地生态系统萎缩、消失。建议在山区实施调控工程,调蓄洪水,满足生态恢复保育目标的生态需水、农业生产用水及水资源综合规划下的水文过程线需求。

2）河道综合整治与生态引水设施建设工程:建议对且末县城以北,重点对若羌县境内硝尔库勒以下河道进行综合疏浚与河岸综合治理,提高河道过水与行洪能力。在下游河道北侧建设生态引水通道与生态闸,为下游湿地保育生态用水补给创造条件。

3）下游湿地封育保护与修复工程:建议对车尔臣河下游湿地实施封育,禁止薪柴、捕鱼与偷猎,对于退化生态系统可依据具体情况,利用洪水期进行有目的的综合修复,实施包括种源补充、补植等在内的植被恢复工程。

第二节　荒漠河岸林保育修复工程

塔里木河流域广泛发育着以胡杨为优势建群种的荒漠河岸林生态系统,它是整个中亚干旱区非常独特且脆弱易受扰动的一类生态系统,在维系干旱区生态环境中的生态地位极其重要。本研究提出的荒漠河岸林保育修复工程主要针对塔里木河流域各主要水系的荒漠河岸林严重退化状况,主要包括叶尔羌河下游荒漠河岸林生态保育修复工程、和田河下游荒漠河岸林生态保育修复工程、孔雀河下游荒漠河岸林生态保育修复工程、提孜那甫河下游生态综合治理与修复工程,以及塔里木河中、下游荒漠河岸林生态保育修复工程(表5.2)。

表5.2　塔里木河流域荒漠河岸林保育修复工程

流域	保护工程	保护恢复目标
叶尔羌河流域	叶尔羌河下游荒漠河岸林生态保育修复工程	叶尔羌河下游河岸两侧荒漠河岸林生态系统
和田河流域	和田河流域荒漠河岸林生态保育修复工程	和田河下游河岸两侧荒漠河岸林生态系统
开都-孔雀河流域	孔雀河下游荒漠河岸林生态保育修复工程	孔雀河下游荒漠河岸林生态系统
提孜那甫河	提孜那甫河下游生态综合治理与修复工程	提孜那甫河下游河岸林天然植被与河道综合整治
塔里木河干流	塔里木河中、下游荒漠河岸林生态保育修复工程	塔里木河干流河岸两侧荒漠河岸林生态系统

塔里木河流域荒漠河岸林是我国西北干旱区温带荒漠气候条件下内陆河流域植被自然演替进程中近顶级的天然乔木群落,特别是身为内陆河流域河流廊道植被主体的天然胡杨林,是我国及世界天然胡杨林分布面积最大的一片区域,也是世界上目前保存最好的胡杨林天然基因库。胡杨是被我国及联合国粮农组织首批列入渐危种保护名录的一种古老树种,也是中亚干旱荒漠区唯一能大面积自然成林的大乔木。以胡杨为优势建群种的荒漠河岸林生态系统地处沙漠边缘,是抵御风沙、遏制沙化、维护流域生态平衡、保护区域生物多样性及保障绿洲农牧业生产的重要生态屏障。荒漠河岸林的发生、演替与区域地质构造、自然地貌及水文过程有着不可分割的密切联系,内陆河水文特征及河流的演化深刻影响着其林分的种类组成与分布格局,同时人类活动扰

动也显著影响着这一生态系统的演替;另外,塔里木河流域的荒漠河岸林,特别是分布于塔里木河干流及各主要源流中下游的荒漠河岸林也显著影响着区域自然地貌及其景观的特征,各河岸林的河流廊道植被带将荒漠进行分割分片,阻止了荒漠化的进程,保证了区域绿洲经济的稳定与可持续发展。

在过去的半个多世纪,伴随着流域人口的增加,塔里木河流域大片的胡杨林转化为人工绿洲,同时,人类开荒及大规模的水土开发等活动还严重影响了塔里木河流域荒漠河岸林的自然演替过程。特别是人类活动对流域水文特征的改变,深刻影响了地表水与地下水水文过程,造成河流断流、地下水位下降加剧,导致流域荒漠河岸林显著逆向演替,干流和各主要源流下游的天然胡杨林出现大面积萎缩退化甚至大片死亡。这一变化已经引发塔里木河流域生态系统整体退化,生物多样性明显下降,生态服务功能与服务价值显著减小,自然灾害频发,生态环境问题凸显。为此,提出塔里木河流域荒漠河岸林保育修复工程,对这一重要的生态系统进行保护与恢复,遏制其萎缩退化的趋势,并通过有效的生态措施进行修复与重建,为流域生物多样性保育、绿洲稳定性及生态安全、社会经济的可持续发展提供保障。

一、叶尔羌河下游荒漠河岸林生态保育修复工程

叶尔羌河流域的荒漠河岸林保护工程主要是对流域中下游以胡杨为主的河岸天然植被进行保育恢复,工程主要围绕荒漠河岸林生态用水保障、河道综合整治与河岸植被保育开展。水是叶尔羌河流域生态、生产保障和发展的主要影响因子,保证叶尔羌河生态水的顺利下泄与流域中下游天然植被生态需水是保住该流域现有河岸林的前提。在保障叶尔羌河中下游天然植被生态需水的同时,也要为塔里木河干流提供一定生态下泄水量。叶尔羌河下游天然河岸林草植被水源主要依靠河道两侧地下水及汛期河道渗漏与漫溢水滋润,地下水主要的水分来源为河道渗漏补给、上游地下水潜流补给以及在灌区地下水位较高时的灌区地下水补给,同时洪水期洪水淹灌河漫滩对河岸林的优势物种灰杨、胡杨更新具有重要意义。其中,叶尔羌河干流喀群至黑尼亚孜断

面河道长约 647km,区间控制断面为艾里克塔木渠首、黑尼亚孜水文站。当黑尼亚孜断面水量达到 $3.30\times10^8\,\mathrm{m}^3$ 时,艾里克塔木断面节点处灌区需保证 $8.26\times10^8\,\mathrm{m}^3$ 水量下放。若满足叶尔羌河向塔里木河干流下泄水 $3.30\times10^8\,\mathrm{m}^3$,喀群断面必须保证向塔里木河干流下泄 $9.71\times10^8\,\mathrm{m}^3$ 生态用水。

为保障叶尔羌河流域荒漠河岸林的生态需水及塔里木河干流水量的需要,必须实施相关的生态工程。

(一)流域河道生态需水量保障综合调控工程

根据流域社会经济发展,流域工业需水总量预计 2020 年为 $5591.58\times10^4\,\mathrm{m}^3$;2010 年城镇生活需水量为 $3879.04\times10^4\,\mathrm{m}^3$,农村生活需水量为 $5102.9\times10^4\,\mathrm{m}^3$,随着城镇化率的提高,预计 2020 年城镇生活需水量为 $4077.96\times10^4\,\mathrm{m}^3$,农村生活用水为 $6985.3\times10^4\,\mathrm{m}^3$;2030 年城镇生活需水量会高于 2020 年的水平,农村生活用水则低于 2020 年的水平。

因此,在水资源量有限的前提下,在流域工业及生活用水增加预期下,需合理配置流域水资源利用比例,对叶尔羌河灌区按照规划逐步实行定额供水,只有控制灌区用水,才有可能保证和适当增加生态用水并有水下泄供给塔里木河。未来流域水资源配置情况见表 5.3、表 5.4。最终,通过调控工程的实施,为确保塔里木河下游大西海子水库以下 $3.50\times10^8\,\mathrm{m}^3$ 输水目标的常态化、维护和改善生态环境、稳固绿色走廊生态平衡提供保障。

表 5.3　叶尔羌河流域水资源配置表($P{=}50\%$)

(单位:$\times10^8\,\mathrm{m}^3$)

水平年	直接配置水量						下泄生态水	
	合计	按水源分		按行业分			水量	断面
		地表水	地下水(折算为地表水)	工业	农业(含直接配置生态水)	生活		
2020 年	63.47	55.66	7.81	0.73	60.99	1.75	3.30	黑尼亚孜
2030 年	63.27	54.23	9.04	2.40	58.57	2.30	3.30	黑尼亚孜

表 5.4　叶尔羌河流域水资源配置表($P=75\%$)

（单位：$\times 10^8 \text{m}^3$）

水平年	直接配置水量						下泄生态水	
	合计	按水源分		按行业分			水量	断面
		地表水	地下水（折算为地表水）	工业	农业（含直接配置生态水）	生活		
2020 年	65.92	55.02	10.90	0.73	63.45	1.75	0	黑尼亚孜
2030 年	64.32	54.97	9.35	2.40	59.65	2.28	0	黑尼亚孜

（二）中、下游河道疏浚工程

在 2005-2009 年，4 年间叶尔羌河流域喀群断面有 3 年为平水偏丰年份，3 年中艾里克塔木断面有两年给塔里木河下放的生态水量超过了 $8.26 \times 10^8 \text{m}^3$（2006 年达到了 $21.44 \times 10^8 \text{m}^3$），但是黑尼亚孜断面这两年下泄的生态水量均未达到 $3.30 \times 10^8 \text{m}^3$，主要原因之一就是中下游河道缺乏整治，河道宽泛不畅，过水能力不足。特别是四十八团渡口至艾里克塔木渠首间 69km 范围，河道淤积严重，没有明显的河流阶地与河槽，且河道宽泛，造成来水少则大量耗散与渗漏、来水大则大量无序漫溢的局面。洪水期在四十八团渡口水文站以上 3km 喀拉墩防洪堤处常出现大量漫溢；小海子水库无进水闸，无法控制引水流量，艾里克塔木渠首橡皮坝全部打开的情况下，河道下泄流量不足 $100\text{m}^3/\text{s}$，无法保证足额下泄生态水量。

拆除沿河违规土坝。从 1985 年起，巴楚县夏河林场在该场原河段上修筑 3 道土坝、阿瓦提林场筑 2 道土坝，分段拦截洪水，使洪水不能下泄，在林区漫流，河道失去泄水功能。目前，在巴楚县和阿瓦提县境内都存在堵坝现象，巴楚县夏河营林场堵坝最严重，堵坝目的就是灌溉胡杨林及农作物。巴楚县夏河营林场、夏马力林场和阿瓦提县林场及个人，擅自在叶尔羌河河道内共堵筑拦河坝 11 条，其中夏河营林场 7 条、夏马力林场 1 条、阿瓦提林场 2 条、小海子水库水管理处 1 条（6 条被冲毁，现有 5 条是去年汛期过后封堵的拦河坝）。拦河坝涌高的河道水位超过河堤一级、二级台阶地海拔时，会造成河水漫溢，洪水不能正常下泄,河水改道,严重地影响了叶尔羌河河道的防洪安全,同时漫溢洪水不能回到河道内,使大量河水无效蒸发和渗漏,水资源浪费严重。如果叶尔羌河本河段现状不加改变,按 1994 年下泄水量和到达上游水库的比例,2005 年如在黑尼亚孜水文站下放生态水 $3.30 \times 10^8 \mathrm{m}^3$,艾里克塔木渠首至少下放 $20 \times 10^8 \mathrm{m}^3$ 以上水量,这会使灌区灌溉无法保证。因此,提出拆除河流下游违规土坝,综合疏浚并整治河道,保证河道在洪水期的过水能力,实现生态用水的下泄。

综合以上分析可知,在中游,要对现有渠首进行辅助工程措施的续建及改建工作,并在中游修建护岸和堤坝工程,清除现有拦河坝,稳定河岸,清理河床,提高河道过洪能力,保护沿岸城镇、农田、村庄、交通、水利工程等的防洪安全,以维持中游渠首枢纽的安全运行,提升河道输水能力。在下游修筑堤防工程,防止洪水泛滥,并疏浚河道,以提升河道泄水能力,并保证平原水库蓄水和有一定水量进入塔里木河,维护叶尔羌河下游和塔里木河的生态环境。同时依据地势特征,沿中下游河岸两侧修建生态引水通道与永久性生态闸,借此实现下泄生态水对中下游两岸荒漠河岸林的保育。

(三)退化胡杨林封育保护工程

在源流水源地及上游现有天然林分布区,进行全面封育,严格禁止采伐、开垦、放牧等人为干扰和一切生产性森林经营活动。

下游阿拉根乡至黑尼亚孜河道,为荒漠河岸林主要分布区与生态脆弱区,总面积为 269.50×10^4 亩,其中艾里克塔木以下总面积为 232×10^4 亩,主要树种是灰杨,其次为胡杨。这一区域也是灰杨重要的分布区与基因库,建议对现有胡杨、灰杨林植被进行封育,禁樵禁伐,严守现状植被面积不再减少,保证每一棵胡杨不被砍伐。洪水淹灌对于区域近河岸林草保护具有重要的意义,针对艾里克塔木以下河段,现状洪水淹灌概率较低,河岸林草主要依靠地下水生长和繁衍,尤其夏河营至阿瓦提林场 128km 河段,河道远离灌区,地下水位较低,土地沙质荒漠化,两岸胡杨受损明显,建议在此区段开挖生态引水渠道,分段建立分水闸,在洪水期对河道两岸胡杨林分水淹灌,逐步逐段实施恢复以抚育退化胡杨林,最终保护恢复退化的河岸林天然植被。对于退化严重、已无法通过单一水分改善措施来恢复的河岸林,建议采取综合生态恢复技术手段如种源补充、断根萌蘖、补植等进行人为干预,以加速和促进退化荒漠河岸林的恢复。

二、和田河下游荒漠河岸林生态保育修复工程

和田河流域灌区下游绿色走廊由南向北纵贯塔克拉玛干沙漠西部,将沙漠进行了有效分隔。在东西两边沙漠的夹击下,和田河下游植被带宽度由 20 世纪 50 年代的 20-30km 减至目前的 7-8km,局部地段仅有 1-2km。由于高山区的冰川和积雪是和田河最主要的径流补给来源,决定了和田河干流中下游每年 10 月到来年 5 月处于干涸状态,只有 6-9 月才有流量。和田河径流在经过上、中游的灌区生产、生活用水后,所剩生态用水十分有限。现状年和田河自两河渠首下泄水量为 $11.63 \times 10^8 m^3$,除了要满足下泄塔里木河干流 $9.29 \times 10^8 m^3$(50%频率)外,必须保证平原区 461.60×10^4 亩天然林草面积所需水量 $6.05 \times 10^8 m^3$,严守生态红线。流域下游荒漠河岸林生态脆弱区植被 261×10^4 亩,生态需水 $4.10 \times 10^8 m^3$。因此可以看出,现状年两河渠首下泄水量不能满足保障平原区天然林草及流域下游河岸林天然植被生态需水要求。这势必导致和田河灌区下游荒漠河岸林的萎缩与退化,因此,建议实施生态用水保障、河道整治及封育等多项工程相结合的荒漠河岸林保护工程。

实施荒漠河岸林保护工程的目标是增加对和田河中下游下泄水量,保证平原区天然林草的生态-环境需水量,确保和田河下游绿色走廊的完整性和稳定性,维持和田河下游绿色走廊宽度不再萎缩。为实现上述目标,建议实施如下工程。

(一)水资源统一调配与生态输水工程

对流域水资源进行统一规划管理与调配,保证下泄塔里木河干流 $9.29 \times 10^8 m^3$ 的同时,确保平原区 461.60×10^4 亩天然林草面积所需生态水 $6.05 \times 10^8 m^3$,充分利用下泄的生态水资源,对和田河下游荒漠河岸林实施保育恢复,确保这一重要的绿色植被带不再萎缩,实现河岸林

天然植被群落结构与种群的健康演替。

（二）河道综合整治工程

鉴于出山口河道内的采玉对现有河道、岸线和河床的破坏，严重影响了河道的行洪能力与输水能力，建议对和田河出山口至灌区段近70km的河道进行综合整治，修建永久性固定护岸，严禁在河道内乱采滥挖，疏浚河道，整治河床，保障行洪与输水能力。同时针对和田河中下游河道淤积严重、宽泛抬升的现状，建议进行综合河道疏浚、河槽治理与岸线维护等工程，保证下游河道的过水能力，减少下泄生态水的自然损耗。并在两岸依地势修建用于荒漠河岸林保育的生态引水渠道与永久性生态闸等生态设施，保障对和田河下游荒漠河岸林的生态抚育用水。

（三）生态封育与综合修复工程

对和田河下游荒漠河岸林生态脆弱区建议进行封育管理，禁止一切薪柴砍伐与开荒，控制放牧，确保每一棵胡杨不因人为破坏而死亡。充分利用洪水期下泄的生态水，对两岸胡杨林及天然植被定期进行淹灌，改造退化的群落结构，促进植物群落的种群更新与正向演替。对于退化严重区段，应结合封育与综合生态修复重建技术手段进行恢复，在河岸林优势物种落种期与草本萌发季，有控制地实施淹灌和小面积漫溢，激活土壤种子库的同时，促进落种萌发，改善群落结构。个别区域可以实施人工补植，通过物种优化配置、优势建群种或先锋框架物种的补植，改造群落结构，促进退化植被群落的恢复。

三、孔雀河下游荒漠河岸林生态保育修复工程

1976年以后，由于人工绿洲大规模扩张，孔雀河上游河水被大量引入水库用于农业灌溉，尉犁县阿克苏甫水库以下的孔雀河下游基本断流，致使下游水分条件恶化，164×10^4亩荒漠河岸林植被呈现极端衰败现象，荒漠化面积逐渐扩大，已直接威胁到绿色走廊的畅通以及下游农牧区的生产、生活和可持续发展，孔雀河中下游生态环境治理已成为当

务之急。实施孔雀河下游荒漠河岸林保护工程,确保其生态需水量,恢复孔雀河下游植被盖度与群落健康结构,改善生态环境,对于遏制库鲁克沙漠西移,保障 218 国道与新建的新青铁路生态安全,实现区域国民经济可持续发展有着重要的现实意义和长远的战略意义。为此,建议开展如下保护工程。

(一)生态输水工程

结合整个开都-孔雀河流域的生态退耕工程与流域水资源统一规划配置,在保证博斯腾湖合理生态水位的基础上,合理调配孔雀河水资源,向孔雀河下游实施生态输水。保证孔雀河下游 164×10^4 亩荒漠河岸林生态脆弱区天然植被 $2.06\times10^8\,\mathrm{m}^3$ 的生态需水,恢复河岸两侧 5km 范围内植被盖度至 10%-30%。输水时间可在早春、夏季 7-8 月或者秋季 11 月左右。输水方式除了沿疏浚河道下行外,建议通过生态引水通道与生态闸等设施,分段对两岸天然植被进行有控制的淹灌,以扩大生态恢复范围与绩效。

(二)孔雀河下游荒漠河岸林封育工程

虽然孔雀河下游荒漠河岸林生态脆弱区内定居人口较少,但是一直以来也受到诸如放牧、薪柴的人类活动扰动,特别是近十几年,一些开荒活动已经明显对这一重要河岸林生态系统产生影响。为防止生态恢复与生态输水后诱使更大强度的人类活动扰动,建议对孔雀河下游荒漠河岸林生态脆弱区实施封育保护,封育区内禁止一切开荒与薪柴,依据实际情况禁止放牧或有控制地轮牧。通过封育的实施,保障河岸林植被最低程度地被扰动,以促进其恢复。

(三)河道综合整治工程

因一道坝至罗布泊有军事要求,且一道坝后的植被已荒芜,主要是红柳、骆驼刺等灌木,基本没有胡杨。所以孔雀河下游生态治理的节点定在一道坝。孔雀河下游普惠水库至 66km 分水闸段的河床现状较好,综合治理主要考虑从 66km 分水闸至一道坝约 262km 河道,以疏浚、加堤和修建管理砂石路等措施进行治理,提高生态输水效果,逐步修复下游日益衰败的生态环境。规划对孔雀河 66km 分水闸至一道坝约 262km 河道进行治理,疏浚河道 262km,一侧修建管理砂石路 262km。为满足河岸植被抚育用水需求,依据地势,沿河修建生态引水通道与生态闸,原有的溢水通道可以充分利用,但须整治疏浚。

四、提孜那甫河下游生态综合治理与修复工程

提孜那甫河是叶尔羌河流域的一条主要水系,多年平均地表水资源量 $8.58 \times 10^8 \mathrm{m}^3$,占叶尔羌河流域地表水资源量的 11%。它位于我国新疆西南部,东邻和田地区皮山县,南靠昆仑山,西与泽普、莎车两县相望,北接麦盖提县,发源于昆仑山北麓加尔勒克塔山赛力亚克达坂和阳盖达坂,流经喀什地区的叶城、泽普、莎车,止于麦盖提县境内的汗克尔渠首,全长 335km,流域总面积 6492km²。

提孜那甫河出山口水文站玉孜门勒克站以上为山区干流段,全长190km,该段河谷狭窄,平均比降约 22.40‰;平原区干流段为玉孜门勒克水文站至汗克尔渠首,长约 145km,其中玉孜门勒克水文站至江卡渠首为山区向平原的过渡带,长约 16km,江卡渠首以下至汗克尔渠首长129km,比降为 0.30‰-4‰。曾经是叶尔羌河主要支流之一的提孜那甫河因人为引、蓄水工程设施的建立,自 20 世纪 80 年代起下游平原区全部渠系化,不再汇入叶尔羌河。人工水利设施对地表水文工程的极大改变,直接影响并改变了提孜那甫河下游的生态环境,造成自然绿洲及植被带萎缩、河道淤积抬升、洪灾频发等诸多生态环境问题,具体归纳总结如下。

1) 人工绿洲扩张显著,自然植被生态防护功能下降:自新中国成立开始,提孜那甫河平原区人工绿洲显著扩张,耕地面积不断增大,农业灌溉面积由新中国成立初的约 40×10^4 亩到现在的超过 220×10^4 亩,增长 450%(秦宗江,2008)。原有河流阶地与河岸附近的自然植被多被耕地与人工植被代替,自然乔灌木对河岸的养护、固持功能下降,造成河岸冲刷与水土流失的加剧(陈俊鹏,2009)。

2) 河流输沙能力下降,平原区河道淤积抬升,过水能力弱:提孜那

甫河下游平原区自然河道的渠系化,降低了河流的流速与输沙能力。汗克尔水库的建成蓄水,抬高了汗克尔渠首以上河道水位,降低了河流输沙能力,直接造成汗克尔渠首以上约 15km 的河道严重淤积,并发展成地上河,河道高出两岸近 2.50m,存在极大洪灾隐患(高峰,2011)。

3) 河道缺乏综合治理与有效泄洪通道,亟待整治:提孜那甫河下游平原区河道坡降渐缓,汛期引洪,泥沙淤积抬升河道。常年缺乏综合治理的河道行洪能力不足,加之近几年河道两岸耕地发展迅速,压梢土堤逐渐顺直,加高加宽,挤占河道正常过洪断面,河道行洪宽度进一步缩窄。据高峰(2011)数据,提孜那甫河下游河道底宽在 30-70m,过水行洪能力远不能满足泄洪要求。为满足下游日益增长的农业灌溉需求,渠系化的河道失去了与叶尔羌河的水力联系,原有通往叶尔羌河的泄洪通道被渠堤封死,无法实现汛期向叶尔羌河泄洪。另外汗克尔渠首左侧退水闸由于汗克尔水库逐年向西南扩盘扩容,将汗克尔退水闸闸后退水渠包纳进库盘之内,实际上已作为汗克尔水库的另一条进水渠在使用,使得提孜那甫河洪水无退洪出路。

4) 洪灾频繁,危害严重,防洪设施急需加强完善:虽然提孜那甫河多年平均流量多在 $50m^3/s$,但是每年 6-8 月份的山区强降雨形成的暴雨型洪水与夏季冰雪消融洪水叠加,会形成高于 $500m^3/s$ 的高峰洪水,1999 年 8 月 2 日发生的洪峰流量甚至高达 $1210m^3/s$。而提孜那甫河下游防洪措施不足,防洪工程级别较低,多为压梢土堤。两岸防洪土堤挤占河道,洪水期河道过洪断面不足,加之河道淤积,行洪能力不足,形成壅水运行,行洪时间增加,泄洪不及时,堤防长时间受水流顶冲,造成溃堤,引发洪灾。水情危机时多余水量只能通过临时扒口泄入涝洼荡,既浪费了大量的水资源又给灌区造成了洪水灾害。自 1980 年以后,洪灾频发,每 2-3 年即会发生洪灾,特别是 1987 年以后下游河道完全渠系化,洪灾频率与强度更有增加趋势(满苏尔·沙比提和吴美华,2012)。

基于以上对提孜那甫河下游生态环境问题的分析,特提出对提孜那甫河下游实施生态综合治理与修复工程。本工程的实施目的是针对提孜那甫河下游现存的生态环境问题,通过下游荒漠河岸林生态修复、河道综合整治、水系贯通与泄洪通道建设等工程,实现下游平原区生态环境的好转,提升自然植被生态防护功能,降低洪灾发生的概率与危害,为区域可持续发展与水资源的可持续利用打下基础。建议具体开展实施的工程如下。

(一)生态退耕与下游荒漠河岸林生态修复工程

提孜那甫河流域灌溉面积多达 220×10^4 亩以上,本流域水资源无法支撑如此众多的农业灌溉用水,目前已经需要从叶尔羌河调水方能满足灌溉需求。以提孜那甫河多年平均 $8.58 \times 10^8\,m^3$ 的地表水资源量和 2010 年该区域 707m^3 的亩均毛灌溉用水计算,加之从叶尔羌河调入的约 $3 \times 10^8\,m^3$ 水,即使不计工业与生活用水,也最多支撑 170×10^4 亩的农业灌溉面积,提出实施至少 50×10^4 亩的生态退耕。退耕首选河岸边河流阶地、行洪通道与挤占下游平原河道的区域。实施退耕还林还草,营建河岸防护林带,对下游荒漠河岸林自然植被实施综合生态修复,增加下游平原区天然植被面积,加强河岸林天然植被对河岸的生态防护功能。

为实现下游河岸林天然植被的生态恢复与保育,需进一步建设并完善生态引水渠道、枢纽及生态闸口,以便实现对生态保育区生态用水的补给。对于受人类活动扰动较强的区域,建议实施封育,以加强对下游河岸林天然植被的保护与保育恢复。

(二)河道综合治理与水系贯通工程

针对提孜那甫河下游平原区河道淤积抬升显著、河岸冲蚀严重、过水行洪能力不足的问题,建议对玉孜门勒克水文站以下至汗克尔渠首长约 145km 的河道实施综合治理。特别是黑孜阿瓦提渠首至汗克尔渠首段长约 26km 的严重淤积河段,建议实施重点疏浚工程,降低河道海拔,明确过水河道,加强岸坡治理。

建议贯通提孜那甫河与叶尔羌河河道,重建两河的水力联系。从汗克尔渠首左侧施工建设行洪通道,直通叶尔羌河主河道,既改善了提孜那甫河汛期的行洪、排洪能力,又有效充分地利用了汛期洪水,通过叶尔羌河主河道的行洪下泄能力将洪水下泄塔里木河干流,保证塔里木河干流生态用水。

（三）防洪堤坝、枢纽、渠道及护岸工程

基于提孜那甫河下游防洪设施不足与洪灾频发的现状，建议对玉孜门勒克水文站以下至汗克尔渠首长约 145km 的河段因地制宜地加强防洪护岸设施的建设。

提孜那甫河从柯克亚乡塔勒克村至江卡渠首，长约 16km 的河段两岸是山间最末一级的河阶地，阶地宽 200-1000m。该河段的末端为提孜那甫河冲积扇的顶端，也是提孜那甫河灌区的起点，故提孜那甫河第一级引水枢纽江卡渠首及叶城县肖塔总干渠均起源于此。该段河道的稳定性极为重要，同时此段河道又是提孜那甫灌区洪水最大的一段河道，水流湍急，对河岸冲刷也很严重。建议在疏浚河道，拓宽行洪过水河道宽度的同时，对河岸两侧实施永久性护岸工程建设，以保证过水能力与河道稳定。

叶城县的江卡渠首向东北延伸到红卫渠首以上河段，河段全长约 60km，河床为卵石、砂卵砾石，河岸几乎全为耕地。该河道左、右岸因遭洪水冲刷引起河岸后缩显著。建议依据具体情况，分段实施刚性防洪堤与护岸相结合的防洪治理工程，缓解洪水对堤岸的冲蚀，增强防洪能力。

红卫渠首以下至汗克尔渠首长约 69km 的河段，河床以粉细沙为主，河岸绝大多数为耕地，少量林地与草地。本河段是提孜那甫河下游河段主要河道淤积段，特别是汗克尔渠首以上 15-20km 区段，淤积尤为明显，且河床高于两岸，一旦溃堤，洪灾危害严重。建议本段实施两岸堤防工程，同时因地制宜地建设防洪堤，以减缓汛期洪水对岸坡的冲刷。考虑到本段河道多以粉细沙为主，堤岸与防洪设施基础在洪水浸泡下易于发生液化，并被洪水冲毁，所以建议在实施防洪设施建设时应考虑柔性护底、护坡与刚性防洪设施相结合，以强化防洪能力。

除了防洪堤与护岸工程设施外，建议加强完善汗克尔渠首分洪闸、泄洪闸、分洪渠与泄洪渠设施，以备汛期实现有效分洪、泄洪。

五、塔里木河中、下游荒漠河岸林生态保育修复工程

塔里木河干流从阿拉尔至塔里木河尾闾台特玛湖 1321km 的河段，

自身不产流,河道水量完全靠上游源流来水。塔里木河干流是一条生态河流,无论从景观意义、生态防护功能方面,还是从区域物种多样性保育方面,塔里木河干流都在新疆乃至全国占有重要地位。沿塔里木河干流两岸发育的荒漠河岸林占整个流域荒漠河岸林的绝大部分,同时也是中国乃至世界天然胡杨林分布最为集中和面积最大的区域,是世界上保存最好和最难得的天然胡杨基因库。该区域的荒漠河岸林为塔里木河流域物种多样性及濒危野生动物提供了重要生境,同时也为塔里木盆地北缘的绿洲经济带提供了重要的生态保护屏障。下游的荒漠河岸林"绿色走廊"阻隔了塔克拉玛干沙漠与库鲁克沙漠的合拢,对保障218国道与正在修建的新青铁路意义重大且不可替代。然而近几十年塔里木河流域上游源流区大规模水土开发活动严重干扰了流域自然水文过程,造成干流来水不足,生态用水被挤占,干流两岸地下水埋深急剧下降。下游河道彻底断流,河岸林天然植被严重衰败退化,"绿色走廊"濒临消失。塔里木河中、下游荒漠河岸林的退化直接影响了整个流域生态系统的稳定性,造成生态防护功能下降,自然灾害频发,严重干扰了流域社会经济的可持续发展。经过近期的综合治理,塔里木河流域生态环境现状得到很大改善,特别是流域水资源综合规划配置下的统一调配使用,在一定程度上保障了干流荒漠河岸林天然植被的生态需水。向干流下游的生态输水,显著地遏制了下游生态系统的退化势头,使下游荒漠河岸林在一定程度上得到复壮与修复。但是,整个塔里木河流域荒漠河岸林生态系统稳定性不高,特别是下游荒漠河岸林生态系统退化趋势尚未根本扭转,威胁到这一区域荒漠河岸林生态系统健康的诱因依然存在,干流河道来水的稳定性不高,维持这一重要生态系统生态平衡的不确定性因素还较多。因此,开展塔里木河中、下游荒漠河岸林生态保育与修复工程十分必要,且势在必行。应严守干流生态红线,确保近河道胡杨基因库核心分布区内每一棵胡杨不因人为扰动而破坏。

(一)塔里木河干流荒漠河岸林分布特征分析

塔里木河干流是一条典型的游荡性河流,被称作"无缰之马",在南北两岸摆幅达 80-120km,北部受山前褶皱构造抬升而使冲积扇平原向南延伸,迫使塔里木河干流南移;而同时南部地质构造抬升与气候因素又迫使河流北移,如此反复,造成塔里木河干流河道改道频繁。随着河道的摆动,干流荒漠河岸林发育宽度近百千米,但是随着干流河道整体不断北移以及河道来水的减少,目前干流荒漠河岸林天然植被主要分布在现今主河道两岸约 50km 宽的范围内。

基于 2010 年 Landsat/TM 影像数据,塔里木河干流荒漠河岸林面积现状年为 $58.5 \times 10^4 \text{hm}^2$,占干流区总面积的约 14.1%,其中疏林地面积 $32.2 \times 10^4 \text{hm}^2$,有林地面积 $26.3 \times 10^4 \text{hm}^2$。在纵向上,自上而下三个河段的荒漠河岸林面积分别为阿拉尔-英巴扎段 $27.81 \times 10^4 \text{hm}^2$、英巴扎-恰拉段 $24.66 \times 10^4 \text{hm}^2$、恰拉-台特玛湖段 $5.88 \times 10^4 \text{hm}^2$,分别占总面积的 6.69%、5.94%和 1.44%。从阿拉尔至台特玛湖三个河段的不同林相面积分布比例分别为:疏林地为 39.72%、45.33%和 14.95%;有林地为 57.21%、38.36%和 4.43%(白元等,2013)。在横向上,北岸河岸林面积较南岸多 $8.73 \times 10^4 \text{hm}^2$,其中疏林地、有林地分别占 9.80%和90.20%。总体由干流上游至下游林地面积逐渐减少,且林地盖度与郁闭度逐渐下降,河岸林退化程度呈增加趋势。干流上游段阿拉尔-英巴扎林地面积占整个中、下游林地的 47.60%,林相以有林地为主;干流中游段英巴扎-恰拉林地面积占整个中、下游林地 42.20%,有林地面积小于疏林地;干流下游恰拉-台特玛湖林地面积仅占 10.20%,植被以疏林地和低盖度草地为主。由塔里木河干流上游至下游有林地比重南北岸都呈减少趋势,南岸植被退化相对更为严重。

(二) 干流上、中、下游荒漠河岸林的保育、修复与重建工程

依据塔里木河干流荒漠河岸林的分布特征与退化现状,将干流荒漠河岸林分为上、中、下游三个生态区,分别为上游阿拉尔-英巴扎生态环境稳定保护区;中游英巴扎-恰拉生态环境受损恢复区;下游恰拉-台特玛湖生态系统恶化修复重建区。遵循实事求是、简便、经济、可行与自然恢复为主、人工调控为辅的原则,对各生态保护区实施综合生态工程,实现塔里木河干流上、中、下游荒漠河岸林的保育、恢复与重建。

1. 干流上游阿拉尔-英巴扎生态环境稳定保护区保育生态工程

干流上游荒漠河岸林生态系统受损相对较轻,林相以有林地为主,生态环境稳定性相对较好,建议生态工程以维持、保护生态环境,封育、保育荒漠河岸林为主。具体开展的工程如下。

(1) 河道疏浚整治工程

塔里木河干流上游河道摆动性较强,河岸侵蚀剧烈,水土流失显著。塔里木河各源流来水进入干流平原区后,水动力逐渐减弱,致使上游河道局部淤积严重,造成行洪及向下输水能力不足。为提高河道过水能力,减少河道区间无效耗水,对干流上游侵蚀冲刷严重的河段,实施护岸工程,减缓水流对河岸的冲蚀。同时实施河道疏浚,以提高河道输沙能力和水流速度,从而确保洪峰与生态用水的顺利下泄。

(2) 生态闸与生态引水工程

塔里木河干流上游河岸林天然植被发育较好,生态需水相对较高,通过有目的地实施生态闸与生态引水控制性工程,满足本生态区荒漠河岸林天然植被生态用水调配的需要。用人工调控天然洪水淹灌替代无序跑水漫溢,实现距河道较远的植被生态用水需求。在干流上游河道两岸分布着大量的分水口,这些分水口灌溉着河道两岸周边天然植被,其植被需水要求与边界地形条件是基本相适应的,因此可优先将生态闸布置在这些分水口的位置上,这样既有利于生态植被的灌溉又有利于节约建闸的投资。生态闸设计要根据荒漠河岸林分布与生态需水情况而布置,在生态闸的调度下,有效提高河道输水的生态影响范围,达到上游荒漠河岸林恢复范围。

(3) 生态封育工程

对干流上游南北岸荒漠河岸林主要胡杨林分布区实施封育保护,封育面积 $27.79 \times 10^4 hm^2$,封育区内严禁一切薪柴、开荒与放牧,通过河岸林生态系统自我维持与自我恢复能力,实现保护目的。

2. 干流中游英巴扎-恰拉生态环境受损恢复区生态工程

干流中游段英巴扎-恰拉荒漠河岸林发育宽度虽然较大,最宽达 45km 左右,但是河岸林整体明显受损,林相上疏林地多于有林地,随着距离河道渐远,河岸林植被群落因多年生态需水保证力度不够出现退化受损,生物多样性下降,植被盖度降低。近 10 年,干流中游段开荒显著,对干流荒漠河岸林产生了极大扰动,甚至直接加速天然植被的受损。因此对这一生态区进行保育恢复仅仅依靠自然生态系统的自我设计与恢复能力是不够的。河流北岸近 35km 的河岸林天然植被仅仅依靠主河道来水影响与现有生态闸、生态引水渠道难以保证生态用水的有效补给。建议在这一区域实施生态退耕,并新疏浚增加两条生态引水通道,结合人工调控措施对河岸林天然植被加以辅助恢复,以实现这一区域荒漠河岸林的有效保育。需要具体开展的生态工程如下。

(1)封育保护工程

建议对干流中游胡杨林主要分布区实施全面封育保护,封育面积 $24.65 \times 10^4 hm^2$,尤其是邻近河道 5km 范围内胡杨林核心区。在封育区内严禁一切开荒、薪柴和放牧,设置定点管理监护站与观察瞭望塔,对保护区设专人定期巡护,以切实保证这一恢复区内天然植被的有效恢复,保证每一棵胡杨不因人为破坏而死亡。

(2)生态退耕与生态移民工程

塔里木河流域的治理既是国家发展战略的需要,也是新疆塔里木盆地社会发展的迫切需要。干流现存植被是维系干流绿色走廊的最后依托,是一条纯生态河流,河道两岸现存天然植被要最大化的保障其生态水权,从这个角度上分析,塔里木河干流两岸应禁止开荒垦植,现存耕地,特别是新开垦土地应全部退出,建议在塔里木河干流实行退耕还林还草还牧。部分地区已定居居民可实施生态移民,保证干流中游受损的生态植被得以恢复,减少人为因素对塔里木河干流的扰动等不利影响。

(3)生态引水渠道疏浚建设工程

针对塔里木河干流中段北岸河岸林分布宽度大、现有生态引水渠道难以实现对这一区域天然植被生态需水进行输送补给的现状,建议在这一区段干流北岸新疏浚并建设两条生态引水通道,分别是:

1)从沙子河(沿沙子河到克达西亚)引水至普惠,疏浚引水通道长约 100km,设计流量为 $15m^3/s$,引水通道南侧按一定间距修建生态闸,结合生态闸与生态引水通道,依据地势由北向南对沙子河至阿其克一线河流北岸距河道 15-30km 范围内河岸林天然植被与湿地进行恢复保育。

2) 从乌斯满河口向北沿乌斯满河道向东至塔里木水库疏浚建设一条生态引水通道,并配置生态闸,结合生态闸与本条引水通道,对乌斯满至阿其克河岸以北 3-10km 范围内的河岸林天然植被进行抚育恢复。

（4）河岸林植被综合生态修复工程

为加快受损荒漠河岸林天然植被的恢复,特别是远离河道 1km 以外难以直接受河道来水影响的受损植被,除了封育保护之外,基于生态系统自我设计与人为设计相结合的理念,建议对干流中游受损生态系统进行以激活种子库与人工漂种为主的综合生态修复工程。充分利用中游现有生态闸,借助洪水期河道来水,通过人工调控,进行有控制的人工淹灌,扩大恢复区受水面积,对恢复区内土壤种子库进行激活,促进群落结构演替;对受损相对严重区域,借助漂种补充种源,实现受损植被群落的修复。

3. 干流下游恰拉-台特玛湖生态环境恶化修复重建区生态工程

在多年河道断流、地下水位显著下降的影响下,塔里木河下游荒漠河岸林生态系统严重退化,天然植被大面积衰败、死亡,生物多样性锐减,生态系统功能大幅下滑,"绿色走廊"濒临消失。经过塔里木河近期综合治理,向下游的生态输水已经常态化且输水量得以保证,邻近河道地下水位明显抬升,荒漠河岸林天然植被退化趋势得到有效遏制,胡杨林得以复壮。但是,近期治理采取的生态输水多只是沿线型河道进行,影响范围有限,下游生态系统恶化的现状与趋势尚未根本扭转。近河道天然胡杨林虽然复壮明显,但是整体种群逆向演替的趋势没有转变,种群更新乏力,年龄结构严重老化,活力不足。下游保护区已经实施了封育,但是因为生态系统退化严重,依靠生态系统自我设计与自我恢复难以达到恢复目的。建议对塔里木河下游全面开展以修复重建为主的综合生态工程,在巩固近期治理成果的同时,利用有限生态水量,进一步有效恢复下游荒漠河岸林,力争扭转下游生态系统退化的现状。为此需要开展的生态工程如下。

（1）河道综合整治与生态闸工程

近期已经对塔里木河下游主要输水河道进行了疏浚与河道坡岸治

理,并且在一些自然河道与岔道修建了生态闸。但是一些生态引水通道与生态闸因区段河道未充分治理难以全面发挥作用,加之下游风沙侵蚀堆积强烈,一些引水河道已经出现淤塞,难以在生态输水过程中进行生态引水;在生态输水过程中,由于河道的侵蚀,一些区段主河道明显低于生态分水河道,致使生态来水难以分流漫溢,直接影响了生态恢复面积;一些自然岔道尚缺乏控制性闸门,难以对生态输水进行有效调控。

建议对塔里木河下游各引水河道进行综合疏浚与整治,同时建议在英苏、喀尔达依、阿拉干和考干主要输水河道建拦河闸,以各拦河闸为节点,对下游各段分段实施恢复,通过拦河闸抬升恢复区河道水位,结合生态闸实施有控制的人造淹灌,充分提高恢复区受水面积,改变线型输水生态恢复范围有限的弊端。对远离自然河道但邻近公路与铁路的严重退化并亟待恢复的区域,建议人工引水,有目的、有控制地对这些区域实施生态重建与修复。

（2）胡杨萌蘖更新工程

胡杨林是下游生态系统唯一的乔木层片,对于流域景观、生态防护、生境提供等都有着不可替代的作用。近期治理初步遏制了下游胡杨林退化的趋势,对邻近河道胡杨复壮明显,但是河道生态输水的时空局限性限制了胡杨种群的有效恢复,下游胡杨林依然存在种群更新乏力、老化严重的现象。现有呈不连续带状、斑块状分布的胡杨,在差异风蚀作用下,多处于地势较高区域,生态输水在无准确调控下难以对其种群进行有效恢复。为此,建议在下游实施胡杨萌蘖更新工程,利用胡杨兼具有性繁殖与无性繁殖的生理特性,通过人工引水、提水,对胡杨主要分布区进行修复,促进胡杨天然萌蘖更新;同时对于退化严重、表层根系活力不足的胡杨种群,实施断根萌蘖,并辅以初期的生态需水补给,促进胡杨群落的更新,改善胡杨林年龄结构。

（3）综合生态修复、重建工程

因为退化时间较长、退化程度较高,塔里木河下游河岸林生态系统群落结构已经严重受损恶化,依靠简单保育或引水漫溢常常无法实现天然植被的有效恢复,难以构建合理的群落结构,这可能导致已经恢复的植被群落稳定性不足,后期出现逆向演替,减弱恢复绩效。建议在下游生态系统退化严重区域实施综合的生态修复与重建工程。通过物种筛选、物种配置,人工辅助构建优化植被群落结构,促进退化群落的恢复。通过种源补充、补植等措施,改善自然植被群落的自我修复能力,改造群落结构与组成,加速人工植被与天然植被的融合,加速退化生态系统的恢复。同时,结合目前沿河道的自然生态输水,实施人工干预,有计划地从塔里木河下游英苏至阿拉干逐片恢复,借助一系列措施,实现对生态恢复区的"面上给水",并辅助漂种等措施,扩大生态输水过程中的"受水范围",为植物的落种更新、自然萌发提供条件,进一步扩大生态恢复效果。

第三节　地下水监测与管理工程

塔里木河各源流区处于沙漠边缘,气候异常干旱,生态环境十分脆弱。地下水系统是维护荒漠绿洲生态系统的决定因素和基本条件。地表环境生态系统与浅层地下水之间关系密切,在物质循环、能量流动和信息传递方面都有着千丝万缕的联系。经过塔里木河流域近期综合治理的实施,塔里木河流域管理局已经对流域"四源一干"地表水实施统一规划管理与合理配置,并且在新的综合规划里已经将流域"九源一干"的地表水与地下水进行了统一规划与配置。但是,至今为止还难以实现整个流域各源流及干流地表水与地下水的统一管理。个别流域地下水超采明显,地下水位下降显著,已经严重影响了流域水资源的统一规划与流域水系统乃至整个生态系统的生态安全。基于此,提出对塔里木河流域"九源一干"实施地下水监测工程,为流域地下水资源的规划管理提供数据支撑与指导服务。

一、监测点网密度的确定

依据国家环境保护总局 2004 年 12 月 9 日发布的《中华人民共和国环境保护行业标准(HJ/T164-2004)》中的"地下水环境监测技术规范"规定,国控地下水监测点网密度在平原区一般为每 100km² 0.2 眼监测井。考虑到国控网监控范围的大尺度性与本研究监测范围的区域性，建议将地下水监测网点密度加大一倍，即每 $100 km^2$ 0.4 眼监测井。整个塔里木河流域"九源一干"面积 $55.79 \times 10^4 km^2$，"九源一干"平原区面积 $31.78 \times 10^4 km^2$，依据确定的监测网点密度，本研究提出的"九源一干"地下水监测工程共需布设地下水监测井 1272 眼，各河流监测井数量见表 5.5。监测目标为"九源一干"平原区地下水埋深与地下水水质的动态变化。

表 5.5　塔里木河流域"九源一干"地下水监测井分布及数量

流域	流域面积/km^2	流域平原区面积/km^2	地下水监测井数量/眼
阿克苏河	42 800	28 650	115
叶尔羌河	76 950	28 383	114
和田河	62 390	23 015	92
开都-孔雀河	49 584	24 225	97
迪那河	12 530	7 739	31
渭干-库车河	41 540	24 525	98
喀什噶尔河	72 240	45 553	182
克里雅河	44 710	21 143	85
车尔臣河	137 600	97 003	388
塔里木河干流	17 580	17 580	70
小计	557 924	317 816	1 272

二、监测点网布设原则

监测井的布设在大范围内应等间距布设，以求全面覆盖整个监控范围。但是对于流域主要河流、荒漠-绿洲过渡带以及主要灌区可以适当加密，在平原区低盖度天然荒漠植被分布区可以适当减小密度。具体监测井的分布在各源流主要布设在平原灌区、荒漠-绿洲过渡带及各流域荒漠河岸林天然植被分布区；在干流主要布设在河道两岸荒漠河岸林天然植被主要分布区。具体布设要基于以下原则：

1) 在总体和宏观上应能控制不同的水文地质单元，须能反映所在区域地下水系的环境质量状况和地下水质量空间变化；

2）能反映地下水补给源和地下水与地表水的水力联系；

3）监控地下水位下降的漏斗区、地面沉降以及本区域的特殊水文地质问题；

4）考虑工业建设项目、矿山开发、水利工程、石油开发及农业活动等对地下水的影响；

5）监测井布设绿洲区密，荒漠区稀，按需布设。尽可能以最少的监测点获取足够的、有代表性的环境信息；

6）监测点网不要轻易变动，尽量保持单井地下水监测工作的连续性。

三、监测点网布设前应做的工作

在布设监测点网前，应收集当地有关水文、地质资料，包括：

1）地质图、剖面图、现有水井的有关参数（井位、钻井日期、井深、成井方法、含水层位置、抽水试验数据、钻探单位、使用价值、水质资料等）；

2）作为当地地下水补给水源的江、河、湖、海的地理分布及其水文特征，水位、水深、流速、流量等；

3）水利工程设施，地表水的利用情况及其水质状况；

4）含水层分布，地下水补给、径流和排泄方向，地下水水质类型和地下水资源开发利用情况；

5）区域规划与发展、城镇与工业区分布、资源开发和土地利用情况、化肥农药施用情况、水污染源及污水排放特征。

四、监测井的建设与管理

所有地下水监测井建议专门钻凿，不应与民用井或工业用井混用。监测井应符合以下要求：

1）监测井井管应由坚固、耐腐蚀、对地下水水质无污染的材料制成；

2）监测井的深度应根据监测目的、所处含水层类型及其埋深和厚

度来确定,尽可能超过已知最大地下水埋深以下 2m;

3) 监测井顶角斜度每百米井深不得超过 2°,监测井井管内径不宜小于 0.1m;

4) 滤水段透水性能良好,向井内注入灌水段 1m 井管容积的水量,水位复原时间不超过 10min,滤水材料应对地下水水质无污染;

5) 监测井目的层与其他含水层之间止水良好,承压水监测井应分层止水,潜水监测井不得穿透潜水含水层下隔水层的底板;

6) 新凿监测井的终孔直径不宜小于 0.25m,设计动水位以下的含水层段应安装滤水管,反滤层厚度不小于 0.05m,成井后应进行抽水洗井;

7) 监测井应设明显标志牌,井孔口应高出地面 0.50-1m,井孔口安装井箱,孔口地面应采取防渗措施,井周围应有防护栏;

8) 水位监测井不要过于靠近地表水体,且必须修筑井台,井台应高出地面 0.5m 以上,用砖石浆砌,并用水泥砂浆护面。人工监测水位的监测井应加设井盖,井口必须设置固定点标志;

9) 在水位监测井附近选择适当建筑物建立水准标志。用以校核井口固定点海拔。监测井应有较完整的地层岩性和井管结构资料,能满足进行常年连续各项监测工作的要求;

10) 应指派专人对监测井的设施进行经常性维护,设施一旦损坏,必须及时修复。每两年测量监测井井深,当监测井内淤积物淤没滤水管或井内水深小于 1m 时,应及时清淤或换井。每 5 年对监测井进行一次透水灵敏度试验,当向井内注入灌水段 1m 井管容积的水量,水位复原时间超过 15min 时,应进行洗井。井口固定点标志和孔口保护帽等发生移位或损坏时,必须及时修复;

11) 考虑到部分监测点网分布于无人区以及监测任务重等特点,建议对地下水监测数据的收集实施自动化操作,通过无线网络进行传输,以保证能够及时准确地掌握地下水变化动态。

地下水系统作为水资源系统的重要组成部分,是维系地球浅表水分、热量、盐分均衡和保持生物多样性的不可或缺的调节器。在干旱区经济可持续发展中不仅发挥了重要的供水作用,而且还是干旱区生态环境的最重要的影响因素之一。地下水流系统变化的最直观表现就是地下水位、水质的动态变化。在人类活动中,地下水开采对生态系统影响以及粗放式农业灌溉对地下水位的抬升均会造成危及绿洲稳定的生态环境问题。地下水开采不仅影响开采区的生态系统,同时也改变地下水生态系统原有的水循环和水平衡关系,从而对区域生态系统产生影响。塔里木河流域多数天然植被都是依靠地下水作为生存的主要水源,地下水位的变化,会显著影响地表天然植被的分布与演替,进而影响整个生态系统的稳定与生态安全。就多年平均而言,当地下水开采量小于补给量,区域地下水位保持相对稳定,对生态系统影响相对较小;当地下水开采量大于补给量时,开采引起区域地下水条件变化,改变水流运动的方式,形成降落漏斗,把沙漠排泄区变成补给区,造成地下水水质下降,湖泊干涸,泉水消失,植物死亡,因此地下水过量开采能导致明显的,甚至是巨大的生态及环境变化。而过浅的地下水埋深,特别是在农业灌区,是土壤盐渍化及次生盐渍化发生的主要诱因,将直接降低土地生产力,影响绿洲经济的可持续发展。因此,开展流域地下水监测工程对于流域水资源综合管理、流域水系统生态安全以及流域土壤盐渍化综合防治来说均有重要作用。通过定点、定时观测地下水位、水质变化可以为地下水合理开采提供重要参考与指导,同时为灌区土壤盐渍化的综合治理提供数据支撑。

参 考 文 献

陈俊鹏. 2009. 提孜那甫河平原区河段冲淤变化及特征. 水利规划与设计, 3: 11-12, 24.

陈亚宁, 杜强, 陈跃滨, 等. 2013. 博斯腾湖流域水资源可持续利用研究. 北京: 科学出版社: 10.

高峰. 2011. 河道整治与排洪减灾——浅议提孜那甫河下游河道的防洪问题. 中国水运, 11(2): 156-157.

李丽, 曾庆伟, 周会珍, 等. 2012. 新疆车尔臣河绿色走廊河湖湿地变化及原因分析. 干旱区研究, 29(2): 233-237.

马明国, 宋怡, 王雪梅. 2008. 1973-2006年新疆若羌湖泊群遥感动态监测研究. 冰川冻土, 30(2): 189-195.

满苏尔・沙比提, 吴美华. 2012. 南疆近60年来洪灾时空变化特征分析. 地理科学, 32(3): 386-392.

秦宗江.2008.提孜那甫河平原区河道演变带来的问题.科技创新导报,22:142.

白元,徐海量,刘新华,等.2013.塔里木河干流荒漠河岸林的空间分布与生态保护.自然资源
　　学报,28(5):776-785.

瓦哈甫·哈力克,吴亚妮,穆艾塔尔,等.2008.车尔臣河中下游生态环境敏感性评价研究.新
　　疆大学学报(自然科学版),25(3):270-274.

朱刚,高会军,曾光,等.2010.西北内陆干旱区河流绿色走廊湿地景观格局变化及其生态效应
　　研究——以车尔臣河下游为例.国土资源遥感(增刊),86:219-223.

第六章　塔里木河流域生态保护对策与措施

塔里木河流域是一个集山地生态系统、绿洲生态系统和荒漠生态系统于一体的综合系统,水贯穿三大生态系统,并起着关键性作用。水分条件的改变将会对绿洲和荒漠两大生态系统产生直接的影响。人类活动强度的不断加大和耕地面积的持续扩张,打破了生态系统的相对平衡,致使生态防护功能与服务功能下降,对流域经济社会发展也造成了极大影响。严防死守生态红线不被突破,确保生态红线保护范围内的天然植被面积不再萎缩,保证生态脆弱区与胡杨林重要基因库保护区内每一棵胡杨不再被人为破坏成为塔里木河流域生态保护的核心任务。通过一定的生态保护措施,有目的地对天然生态系统进行生态保护,是满足天然生态系统与人工系统稳定发展的需要,对实现流域整体社会效益、经济效益和生态效益共赢意义重大。

第一节　流域水资源管理

科学管理水资源是确保干旱区内陆河流域生态安全、提升流域水资源管理效率和水平、实现流域经济社会可持续发展的关键。塔里木河流域生态环境问题除了自身生态系统脆弱、易受扰动的自然因素外,人类经济社会活动的不断增强以及流域水资源管理欠完善也是造成流域生态环境问题的一个重要原因。为此,针对塔里木河流域的经济社会可持续发展与生态保护问题,要进一步强化制度体系建设,强化流域管理体制建设,加强法规建设,加强生态建设与生态保护措施,加强流域水土资源的开发管理,尤其是加强水资源综合管理的非工程措施建设。

一、强化制度体系建设

进一步加强与完善水资源综合规划调配和管理的制度体系建设。鉴于塔里木河流域横跨 5 个地(州)和兵团 4 个师,利益主体多元化,以水为中心的生态与经济矛盾突出,资源利用过程中市场调节机制尚不健全,加之塔里木河重大生态功能作用的外部性,政府调节将成为该流域水格局长期存在的主导机制,为此,需着重加强水资源综合管理制度体系的建设与完善。

(一)统一规划,总量控制,建立健全分水方案和调水机制

针对目前塔里木河流域经济社会用水总量超标的现实问题,在进一步加强水资源论证与综合规划的前提下,在行业、流域、区域实施用水总量控制。根据塔里木河各源流多年平均流量和社会、生态、经济发展的需要编制相对稳定的流域水量分配方案,由上级和地方政府监督执行或用法律的形式固定下来,确保用水的公平性。实施严格的取水许可和取水监管制度。

(二)构建和完善地表水、地下水统一管理机制

严格地下水综合管理,实行地表水、地下水统一规划,健全并强化地表水、地下水资源统一调度和用水管理制度体系,对地表水、地下水的开发利用实施统一管理和科学化管理;加快地下水位、水质监测体系的建立,彻底杜绝无序打井开发地下水的现象,加快治理地下水超采现象,实现地表水和地下水的联合调度和高效利用,确保流域水资源用水总量控制目标的实现。

(三)构建全社会节约用水的制度体系

贯彻节水优先的原则,提高用水效率,建设节水型社会。经济社会发展布局和规划必须以水资源承载力为依据,以优惠的政策促进产业结构调整。鼓励发展特色经济,倡导推广各种节水技术,压缩高耗水作物面积,在城市和工业发展中,严格控制耗水量大的项目,贯彻节水优先的原则,加强节约用水管理,建立节约用水的制度体系。对于用水、耗水大户强化节水监督管理,鼓励并倡导污水、废水回收处理和中水、微咸水综合开发利用。将节水管理纳入水价形成机制,结合监督管理、市场和价格杠杆多种手段推进节水型社会的建设。

（四）健全用水总量控制管理体系

从流域尺度上进行用水总量的控制,确立流域包括地表水、地下水等用水总量控制指标或红线;以水定地、以水定发展、以水定种植结构,确定适宜绿洲发展规模;在保证基本农户用水的前提下,对非农公司和开荒种植大户实施休耕轮作,实行差异化水价。严禁和杜绝随意开荒和打井取水,尽快实施减地还水行动计划,有计划地休耕或退出部分土壤瘠薄、地力差的耕地。协调生产、生态用水矛盾,确保流域生态安全和绿洲经济持续发展。

（五）加强水环境污染监控,完善各流域及生态功能区限制纳污制度

依据国家水资源管理"三条红线"控制目标和流域经济社会发展规划,加强用水总量、水质与水环境污染监控,加强水源地与湿地的保护,对污染企业进行严格的水质监控和排污总量控制,减少对流域绿洲和湖泊生态系统的污染。加快推进与水生态系统相关的各级生态系统环境保护与修复。限制并控制高污染项目,控制农药、化肥的施用种类和用量,积极发展生态农业,使用高效、低毒、低残留农药,控制面源污染。对重要的水功能区加强监测与管控,依据各生态功能区的特征与纳污能力,对污染物实行总量与各分指标分级严格控制,确保水质达标。尽快建立完善的水生态补偿机制,实现流域水系统与水环境的可持续发展。

（六）完善水资源综合管理的责任体系与制度

将水资源综合管理及"三条红线"控制目标纳入各区域、各流域职能管理部分的绩效考评体系,严格落实已制定的流域水资源综合规划管理目标,明晰各级管理责任,强化公共监督与问责制,切实贯彻流域水资源管理目标。

二、强化流域管理体制建设

（一）进一步强化塔里木河流域管理局的管理地位,打破水资源发生和利用过程中的多元主体边界

以流域生态过程完整性的保持和上、中、下游各族人民可持续发展

的平等权利为基本准则,将生存与发展的道德规范从局域延伸到整个流域,从干旱区人类延伸到生物生态系统,确保塔里木河流域各族人民"公共利益"的持续存在和发展。在流域水资源综合规划管理上,行政区域管理应服从流域管理,在此基础上将流域管理与行政区域管理有机结合,建立高效、协调的流域水资源管理体制。为此需加强与完善流域各级部门的管理职能,增强水资源统一调配管理的手段与机制,各部门协调配合,共同建立职能明晰、责权明确的流域水资源综合管理体制。

(二)尽快建立健全流域水权市场与初始水权的分配方案

依据流域各区域、各支流经济社会发展与生态环境现状,制定利于节水与水资源综合规划管理的水资源价格机制与占用补偿机制,尽快建立并完善水权市场。完善各级初始水权的分配方案,建立水市场调节机制,通过水资源的有偿使用,提高其空间配置的经济高效性,使稀缺资源在保障生存的基本前提下,向高效产业、高效区域流动,逐步实现产业结构的优化调整。结合政府资金政策支持与水权市场价格杠杆的调节作用,实现全流域水资源综合规划管理目标。

(三)加强流域水资源综合管理能力的建设

完善流域地表水、地下水资源以及生态环境监测管理体系,加强塔里木河干流及各主要源流水资源保护监测系统和监测网站的建设、信息化进程与数据统一管理,设立统一的领导和协调机构,统一规划监测项目,加强并完善干流及源流各监测站点的监测内容与监测连续性、系统性,依据生态保护目标,构建各源流及干流完整的水文过程线,为水资源的统一规划与调配提供服务。同时加强各级管理人才队伍的建设,提高水资源管理与决策的透明度,完善各区域、各级部门共同参与管理与监督的机制,切实提高流域水资源的管理能力。

三、加强法规建设

进一步完善《塔里木河流域水资源管理条例》,制定并完善有关配套规章条例与细则。制定综合规划近期及远期治理工程建设和管理的有关规章制度。强化水行政执法工作和水政监察队伍建设。积极开展水法律法规的宣传教育工作。建立健全流域建设项目水资源论证和审查制度。使得流域综合规划管理各项目执行有据可查,有法可依。

四、构建"智慧流域"

流域的科学化管理需要大量的流域信息支持,也需要针对多学科流域问题的智能化综合决策技术。因此,流域信息化、流域过程分析模型化、综合决策智能化是流域综合管理部门进行科学决策的保障。结合野外监测和大量的遥感数据,提高对遥感数据的自动处理和信息提取技术,充分发掘和利用高分辨率、高光谱遥感数据中隐藏的丰富知识,建立反映流域水、土、气、生、人等众多要素的时空变化大尺度信息库,构建不同情境分析预测模型,实现流域数据、图像、信息的系统管理,为流域管理和科学决策提供实时分析模拟与会商平台。在模拟流域地理信息时空变化过程方面,需提高对流域要素相互作用和演变的时间过程的模拟技术和多学科综合模拟技术,针对某一决策目标建立统一标准的信息采集及统一的参数获取方法和分析评估体系,实现流域模型的通用化,解决生态经济综合分析问题。

第二节　流域生态保护对策与措施

面对塔里木河日益突出的用水矛盾与生态环境问题,应在坚持生态与经济、上游与下游协同发展原则的基础上,以"整体、协调、循环、再生"为生态和经济建设的出发点,努力实现流域水资源的上、下游,左、右岸,地表水、地下水以及生产、生态用水的统一管理、统一规划和统一调配,应用市场的和行政的手段,控制源流过度引水,减少干流低效耗水,保障下游生态用水;全面遏制塔里木河流域各源流下游和干流区的生态恶化,扭转生态退化局面,实现塔里木河水资源可持续利用与生态保护目标,确保流域生态安全和经济社会的可持续发展。

下面针对塔里木河流域"九源一干"不同流域存在的问题,分别提出对策与措施。

一、阿克苏河流域生态保护措施

针对阿克苏河流域生态环境现状与存在的主要生态环境问题,除了纳入塔里木河流域重点生态工程内的地下水监测工程,还需开展平原区天然植被保育与生态恢复重建措施、流域水资源动态实时监测与联控联调、灌区农业排水综合利用与咸淡分流措施和流域水土保持生态修复措施。

(一)平原区天然植被保育与生态恢复重建措施

阿克苏河流域在本次研究中被纳入生态保护范围的平原区天然植被是流域人工绿洲建立与发展的重要基础和生态防护屏障,同时这些天然植被为流域内平原区物种多样性提供了重要生境。然而在近几十年,伴随着人口增长与流域水土资源的持续开发,人工绿洲规模不断扩大,流域内林草及湿地沼泽面积呈现明显的减小趋势,导致整体生态系统服务价值下降。这其中变化最为明显的就是位于平原区人工绿洲外围天然植被的萎缩与退化。为此,阿克苏河流域生态保护的重点之一就是平原区天然植被保育与恢复,以提升流域平原区生态系统的生态服务与生态防护功能,增强流域绿洲的稳定性,为流域可持续发展与水土资源的可持续利用奠定基础。

生态保育与恢复措施实施的目标是:严守生态红线,遏制流域平原区生态保护范围内天然植被的退化萎缩趋势,确保生态保护范围与生态脆弱区保护范围内天然植被的面积不再萎缩并稳中有升,保证生态红线内天然植被 $19.07 \times 10^8 \mathrm{m}^3$ 的生态需水量与生态敏感区保护范围内河谷林草的 $0.72 \times 10^8 \mathrm{m}^3$ 的生态需水量,提升天然植被的生态服务功能,实现荒漠-绿洲过渡带的有效恢复,过渡带植被盖度不低于30%。具体开展的措施与工作如下。

1. 生态封育

对重点生态保护范围与平原区生态保护范围内荒漠-绿洲过渡带及流域下游荒漠河岸林主要天然植被分布区进行封育,严格控制放牧与开荒,在条件许可的情况下,通过引水或人工提水每3年对封育区实施一次淹灌,以激活封育区内土壤种子库,加速封育保护区内植被的快速恢复;对生态脆弱区每年实施一次有控制的淹灌,以确保这一区域植被的保育恢复。

阿克苏河流域封育实施区首选是流域脆弱生态保护区与人工绿洲外围的荒漠-绿洲过渡带及荒漠河岸林。流域脆弱生态保护目标是位于托什干河与库玛拉克河出山口的河谷林草,这是塔里木河流域几大源流保存较好且相对原生态的一片河谷林草,对流域水土保持及河道生态防护意义重大,应重点保护。虽然受人为活动扰动相对较少,但是也存在放牧与薪柴的现象,基于预防为主、先行防护的原则,建议进行封育加以保护。人工绿洲外围荒漠-绿洲过渡带的天然植被是受人类活动扰动最激烈且最频繁的,在耕地与人工绿洲扩大的同时,荒漠也在扩大,而夹在中间对绿洲起着重要生态防护功能的过渡带却日渐萎缩。基于荒漠-绿洲过渡带的重要生态地位与亟待保护修复的现状,提出对流域绿洲外围过渡带进行严格封育,禁止放牧与开荒,并保证过渡带天然植被的生态需水。流域下游荒漠河岸林是荒漠生态系统的重要组成部分,其主要建群种胡杨是需要重点保护的渐危种,应严格禁止砍伐毁林与薪柴,特提出要封育加以保护。

2. 人工加速退化生态系统的恢复重建

对于流域生态保护范围内天然植被退化严重的区域,仅仅依靠生态系统自身设计与人为保护难以有效对其进行恢复。为了有效地利用有限的生态水资源,较快并更为有效地恢复保护范围内严重退化的天然植被,需基于人工设计与自然设计相结合的理念,通过施加一定的人工恢复重建措施,以加速其恢复重建。

对于植被退化严重,而植被生境土壤种子库相对完好的区域,建议在适当时候实施人工漫溢淹灌,对土壤种子库进行激活,实现植被群落的恢复与重建;对于天然植被长期严重退化,且土壤种子库中种源缺失的区域,建议依据实地物种组成与结构配置,或者依据相似生境物种生态位进行物种配置,通过人工引水漫溢加漂种,实现恢复重建;此外,对严重退化且缺少建群种与优势物种的区域,建议选定适宜物种,通过人工补植先锋框架物种,并辅以多种恢复技术措施集合,促进人工植被与天然植被的融合,构建完善的群落结构,加速退化植被群落的正向演替,最终实现退化天然植被的恢复重建。

3. 生态引水工程措施

因为天然植被的固沙作用以及差异风化作用等,现有天然植被分布区往往处于地势相对较高的区域,因此在通常情况下难以实现河道水自然漫溢补充天然植被,多是通过地下水或者通过人工绿洲灌溉补给天然植被生态用水,这将难以满足保护范围内天然植被的生态需水,也是保护范围内天然植被退化的一个主要原因。因此,建议选择适当的地段,建设生态引水渠道及生态闸口,用于生态保护范围内天然植被的保育恢复。依据地势,将生态引水设施与绿洲农业排水及流域排洪设施相结合,充分利用农业排水与洪水实施生态修复。

(二) 流域水资源动态实时监测与联控联调

针对阿克苏河流域水资源监测、调控与冰川湖洪灾防治中存在的问题,提出对流域各主要支流与干流水文水资源监测站点水情与水资源实施自动化动态实时监测,重点对托什干河与库玛拉克河出山口站、两河汇合西大桥站、拦河闸站等重要节点上水文、生态、水资源等实施自动化实时监测。依据监测数据,尽快准确建立阿克苏河自上而下的水文过程线,并在库玛拉克河上游山区兴建以生态调控为主的山区大型水库,结合生态调控水库与已建成的及正在兴建的水电调蓄山区水库,遵循电调服从水调的原则,对阿克苏河流域地表水资源实行统一规划,联控联调。同时,结合地下水监测工程对流域地下水变化进行实时自动化监控,提出地下水合理开采的规模与模式,实现流域地下水与地表水的统一调控管理与调配,为流域水资源的可持续开发打下基础。

针对阿克苏河冰川湖洪水灾害日益频繁加剧的趋势,依据沈永平等(2006,2009)的研究结果,建议面对气候变化诱发的冰川洪水灾害,要尽快落实 2013 年国家发展改革委等联合发布的《国家适应气候变化战略》中的"新疆融雪型洪水灾害综合防治适应试点示范工程"。积极开展应对冰川融化突发灾害的预警应急系统建设和体系建设,提高针

对冰川融化突发灾害的预警应急能力,保障区域经济社会的稳定、可持续发展。重点开展以下几个方面工作:

1) 加强水文、气象自动观测站点建设及其通讯网络建设,特别是重点区域中小尺度精细化气象水文协同预报能力建设;

2) 加强冰雪变化与冰雪灾害监测、预报以及灾害预警工作,推进灾害预警技术进步;

3) 加强冰川融化突发灾害的遥感调查,及时、准确、动态地掌握灾害信息;

4) 加强冰川融化突发灾害应急指挥系统建设和应急队伍建设及其应急演练,提高防灾减灾实战能力,同时开展综合防御体系建设,在融雪型洪水灾害的监测预防、预报预警、灾后应急等方面制定相应的政策法规;编制灾害风险区划图,制定综合防治规划;

5) 开展针对性水利工程建设,在重要河流上建设山区控制性调控水利工程;加强病险水库除险加固工程、河道护岸及堤防工程、排洪渠工程和沟道疏浚工程等的建设。

为配合以上重点开展的工作,还需开展相应的科技支撑技术与策略研究,积极开展应对气候变化与阿克苏区水资源安全战略研究,分析冰川融化等气候变化对研究区水资源的影响,科学评价研究区中长期水资源承载能力;加强山区水库建设规划和山区人工影响天气规划的设计和实施,降低极端气候事件的影响;加强监测研究,重点研究气候变化导致的降水、蒸散、径流、融雪的变化规律,为及时修正规划服务;加强阿克苏河流域重要区域冰川水资源定量评估以及变化趋势研究,以及重要水利工程建设区冰雪灾害的监测与研究。

(三) 灌区农业灌溉排水综合利用、咸淡分流生态措施

针对阿克苏河流域下游地表水水质污染主要源于流域下游绿洲灌区农业灌溉排水造成的面源污染这一特征,对阿克苏河流域下游主要灌区的农业灌溉排水渠分布与排水量等进行了分析,结果显示阿克苏河流域主要灌区排水工程均分布在阿克苏河干流中下游,每年累计农业灌溉回排水量约 $7 \times 10^8 \, \mathrm{m}^3$,排盐量近 $340 \times 10^4 \, \mathrm{t}$。所有这些农业排

水,除了少量排入荒漠外,绝大部分直接排入阿克苏河,进入塔里木河干流,是造成阿克苏河下游与塔里木河干流水质污染的主要原因,给阿克苏河流域甚至塔里木河干流水环境生态安全造成极大的威胁。因此,提出在下游灌区实施咸淡分流,对高盐分农业灌溉排水进行综合回收与利用,以改善本流域与塔里木河干流水质,同时利用农业回排水进行荒漠植被抚育,以替代部分生态用水,实现水资源的综合利用。

阿克苏河流域下游的灌区主要包括老大河灌区、沙井子灌区、多浪灌区和塔里木灌区(包括塔北灌区与塔南灌区)(图 6.1)。老大河灌区主要有三条排水干渠,托普鲁克-库巴什排干渠、小龙口排干渠和阿瓦提总排干渠,年排水约 $2.5 \times 10^8 \mathrm{m}^3$,排水矿化度 3.65-10.89g/L,其中尤其以阿瓦提总排干农业排水大,达 $1.92 \times 10^8 \mathrm{m}^3$,且矿化度可高达 10g/L 以上。塔里木灌区包括塔南灌区与塔北灌区,其中塔北灌区主要有塔北截洪排水渠、多浪排水渠和塔北二截排水渠,年排水量约 $1.70 \times 10^8 \mathrm{m}^3$,矿化度在 3.33-7.85g/L;塔南灌区的农业灌溉排水主要通过塔南灌区总排干完成,年排水约 $0.96 \times 10^8 \mathrm{m}^3$,矿化度 1.02-5.27g/L。沙井子灌区农业排水一部分直接排入叶尔羌河南岸的荒漠中,另一部分通过沙井子总排干汇入阿瓦提总排干中,年排水约 $2.20 \times 10^8 \mathrm{m}^3$,矿化度 3-10g/L。

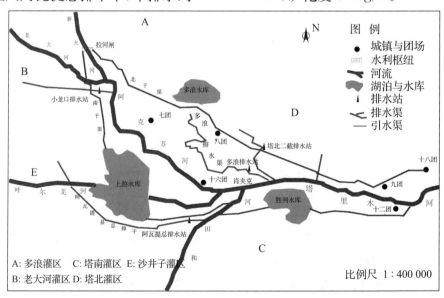

图 6.1　阿克苏河流域平原区主要灌区与农业灌溉回排干渠位置示意图(另见彩图)

这些农业灌溉排水是威胁阿克苏河流域下游以及塔里木河干流水质的主要源头,要实现塔里木河流域,尤其是塔里木河干流水质达标,对上游各源流主要灌区农业回排水进行综合管理是十分必要的,特别是阿克苏河流域下游的各大灌区,与塔里木河干流毗邻,农业排水多直接排入塔里木河,特别是春秋枯水期,农业排水是造成塔里木河干流上游水质极端恶化的根源。因此提议对阿克苏河流域主要平原灌区实行咸淡分流,对所有高盐农业灌溉排水通过排干渠进行综合回收,禁止直排入河。

通过咸淡分流及排水与洪水分流,回收的农业排水对于荒漠植被来说是宝贵的生态水资源。塔里木河流域的多数天然植被,在成千上万年的自然选择与进化中,已经适应了干旱区少水高盐的生境特征,多具有耐盐、泌盐功能。依据多年在塔里木河流域进行的植被调查与控制实验结论,5g/L以下的微咸水可以满足胡杨与多数绿洲及荒漠天然植被的需求,而对于柽柳、盐角草等耐盐、泌盐植物,10g/L的咸水也可以满足其生理需求。因此,可以将咸淡分流回收的灌区农业回排水直接用于荒漠植被与荒漠-绿洲过渡带天然植被的恢复工程,通过回排水的回收利用,置换部分生态需水量,缓解流域水资源供需矛盾。

具体可以依据各灌区的地理位置与地势,合理设置分流渠,利用地势落差,通过地势较高灌区的回排水灌溉地势相对较低地区的荒漠植被。建议将老大河灌区的回排水用于阿克苏河下游灌区外围天然植被的恢复;将沙井子灌区的回排水用于叶尔羌河与和田河下游两岸荒漠植被的恢复;将多浪灌区与塔北灌区的农业回排水用于阿克苏河下游东岸与塔里木河干流上游北岸荒漠植被的恢复;将塔南灌区与阿瓦提总排干的回排水引入和田河下游与塔里木河干流上游南岸及老塔里木河古河道,以恢复沿岸的荒漠河岸植被。

(四)水土保持生态修复措施

阿克苏河流域水土流失除了与流域自然地理条件及区域气候等因素有关外,一个主要的因素是流域天然植被的退化导致的水土保持与生态防护功能的下降。据此提出在流域上游与下游开展针对水土保持的植被生态保育与修复措施,具体如下。

1. 流域上游天然植被保育修复与水土保持工程

针对阿克苏河流域上游水蚀强烈的特点,提出对流域上游降水较大、坡地众多的中低山带实施封育与植被修复。通过封育改善该区域的植被,提高植被盖度与水土涵养能力,对于植被退化严重的个别坡地通过人工水土保持措施,如鱼鳞坑结合植被补植等,减少降水侵蚀、融雪侵蚀等造成的水土流失。

同时在上游开展小流域沟壑综合治理工程,以修建拦沙工程措施为主。在侵蚀泥沙集中的泥石流沟谷,修建各类拦沙淤地坝,加固沟床,拦蓄洪水泥沙。在一些小的冲沟中,设置透性拦沙坝,层层设障,通过调整沟床侵蚀基准面,减弱侵蚀输沙强度。在沟谷或坡面地形合适的地方,可修建沟头防护和各种小型工程,如沟边埂、水平阶地等配合蓄水保土,构成完整的小流域综合防治体系。在河(沟)道两岸易受洪水冲刷的地方,修建各种防洪堤坝,如铁丝石笼、浆砌石、干砌石、柳桩与梢捆护岸、混凝土桩和梢捆丁坝等,防治河岸的进一步侵蚀,保护农田、村庄和各类设施。对于上游水土流失严重的冲沟,开展针对水土保持的人工减沙等沟壑治理工程措施。同时加强流域上游河谷天然植被的保育,营造河岸防护林,增强河道防侵蚀能力。

2. 流域下游平原区天然植被保育修复水土保持措施

针对流域风蚀主要发育于下游平原灌区外围近荒漠带的特点,通过封育、漂种、激活种子库、人工补植等综合生态植被恢复技术手段,对流域下游平原区天然植被,特别是人工绿洲外围荒漠-绿洲过渡带与过渡带外围毗邻的荒漠天然植被进行保育恢复,保证保护范围内的天然植被面积不再萎缩,提高过渡带与其外围天然植被盖度。筛选适宜物种,在绿洲外围利用本土乔灌木建设多重防风固沙绿色植被带,以加强流域下游风蚀防护能力。

对流经灌区内部的河道及沟道,在河道两岸冲刷严重且易坍塌的险段构筑防护堤,防治洪水塌岸毁床,减少泥沙淤积;利用灌区内部的夹荒地、河岸滩地营造沙棘、沙枣等速生薪炭林,同时在堤岸、堰埂种植速生灌木,既能防风护堤,又能提供饲料;合理利用水土资源,调整种植结构,增加林、草比重,在农田防护林建设的同时,要加强大型防风林建设,减少风灾。对宜林地和疏林地要进行种植和补植林木,使防护林带真正起到防风固沙的作用。

二、叶尔羌河流域生态保护措施

叶尔羌河平原区天然林草植被总面积 804.50×10⁴ 亩,为该流域平原区生态红线,包括有林地 182×10⁴ 亩、疏林地 146×10⁴ 亩、灌木林地 117.20×10⁴ 亩、天然草地 359.30×10⁴ 亩。阿拉根乡以下河段以胡杨、灰杨为建群种的天然植被沿河道两岸连续集中分布,为叶尔羌河下游河岸林植被生态敏感区。为保障流域水土资源的可持续开发与社会经济的稳定发展,提出对流域平原区天然植被实施保育与生态恢复重建,严守生态红线,遏制流域平原区生态保护范围内天然植被的退化萎缩趋势,实现退化河岸林生态功能的不断提升。为实现目标,在保障生态需水的基础上,需要采取一定的辅助恢复措施,以加快并保证恢复目标的实现。具体开展的措施如下。

(一)实施退化荒漠河岸林封育修复工程,提升荒漠河岸林生态功能

由于灌区人口的不断增长,土地资源不断开发,水源分配不当,供需不平衡,植被遭到破坏,导致局部生态失稳,生态系统的完整性遭到损害,荒漠河岸林生态系统功能严重下降。叶尔羌河荒漠林退化问题主要集中在下游的艾里克塔木至三河汇合口 320km 长的河道两侧,在这里的河道两侧河漫滩、高漫滩(或低阶地)上现存的荒漠河岸林大多为衰老林或枯死林,由于长期受到干旱胁迫,已处在垂死状态。在叶尔羌河源流水源地及上游现有天然林分布区,建议进行全面封育,严格禁止采伐、开垦、放牧等人为干扰和一切生产性森林经营活动。

通过退牧还泽、封育围栏、草场人工复壮等措施逐步恢复、扩大湿地植被,延缓湿地退化现象,并修建管理站、瞭望塔、巡护道、配套科研监测设施设备等,加强对湿地的管护力度。

（二）加快流域防洪工程治理，疏浚河道，禁止污染物排放入河

叶尔羌河流域现有的防洪设施简陋、工程标准低、周期短、抗冲能力差，虽然每年防洪投入了大量的人力物力，但仍给流域两岸的人民群众带来沉重的防洪负担，因此，加快叶尔羌河流域的防洪工程治理十分必要。叶尔羌河中下游处于生态脆弱的沙漠边缘地带，河岸林植被退化，防风固沙功能降低，上游土壤流失等导致河道淤积，河道输水输沙功能退化、防洪能力下降。因此，针对流域的春旱夏洪灾害，建议在上游山区修建山区控制性水库来调蓄洪水，削减洪峰；在平原区结合山区水库的建设采用库堤结合、以库为主的防洪方案，修筑护岸防洪堤坝，在灌区下游主要是修筑堤坊，防止淹没沿河农田村庄，结合引洪灌溉控制洪水，既保证水库蓄水又安排好洪水出路。近年来，叶尔羌河流域矿产资源开发利用速度加快，叶尔羌河平原区水体重金属含量有一定的超标。针对这些问题，采取疏浚、关停向河道排污的企业，从根本上实现对淤积严重和污染持续的河段的恢复。建议监测喀群、四十八团渡口、小海子水库、黑尼亚孜断面水质，在提孜那甫河叶城县源头水区到玉孜门勒克142km河段，监测玉孜门勒克水质，实现水质二级改善到一级的目标。加强水污染的防治和综合治理，提高城市污水处理率，加大城市污水处理深度和利用率，提高污水处理率。

（三）加强水资源管理，改善水资源利用结构，提高水资源利用效率

水是叶尔羌河流域生态、生产保障和发展的主要影响因子，保证叶尔羌河生态水的顺利下泄与流域中下游天然植被生态需水量是保住该流域现有河岸林的前提。在保障叶尔羌河中下游天然植被生态需水的同时，也要为塔里木河干流提供一定量的生态下泄水。在水资源量有限的前提下，在流域工业及生活用水增加的预期下，需合理配置流域水资源利用比例，对叶尔羌河灌区按照规划逐步实行定额供水，只有控制灌区用水，才有可能保证和适当增加生态用水并有水下泄供给塔里木河，这需要实行严格的供水管理，并协调好地表水、地下水的用水比例。

据新疆 2010 年水资源公报统计,叶尔羌河流域 2010 年农业用水占 98.41%。节水灌溉面积仅为灌溉总面积 753.39×10^4 亩的 15.9%,其余多以传统的粗放式灌溉管理为主,综合灌溉水利用系数为 0.42。流域灌区农业用水挤占生态用水,利用率低下,流域内生态用水严重不足,也不能保障向塔里木河干流的生态供水。为此,要进一步加大农业高效节水、盐碱地治理和小型农田水利建设等力度,积极调整种植结构和用水结构,提高水资源利用效率。

（四）大力推进节水灌溉技术应用,防治灌区土壤盐渍化,积极推进退耕、减地、还水行动计划

以目前流域农业灌溉面积和灌溉水利用水平为依据,为保证本流域及塔里木河干流的生态用水,则需要进行退耕、减地、还水工程。目前,在叶尔羌河流域的开荒活动不断,灌溉面积还在扩大。河道附近新开荒地,大多用扬水泵抽取河水和在河道附近打井抽取地下水进行灌溉。建议对一些破坏生态的新开荒地予以坚决退耕,并对一些地力差、盐渍化严重的耕地尽快实施退耕、减地、还水行动,确保生态用水。同时,叶尔羌河流域灌区土地盐渍化虽较 20 世纪六七十年代有所改善,但土地次生盐渍化问题仍很突出,据 2010 年统计资料,叶尔羌河流域灌区土地盐渍化面积仍有 18.074×10^4 hm^2,占耕地总面积的 49.37%,其中,中重度盐渍化耕地面积 5.58×10^4 hm^2,占总盐渍化面积的 30.87%。治理流域灌区土壤盐渍化,首先要改善灌溉方式,提高节水灌溉技术,并改善配套的排水系统,杜绝粗放灌溉而导致土壤次生盐渍化的再发生。针对已有的盐渍化土地,采用去除表土的工程措施、种植盐生植物的生物改良及轮耕等措施进行改良;在地下水位较高、盐渍化问题突出的地方,也可以通过适当开采地下水,降低地下水位以减缓土壤次生盐渍化发生。

三、和田河流域生态保护措施

针对和田河流域的生态环境现状与存在的主要生态环境问题,除了纳入重点生态工程的流域荒漠河岸林生态保育修复工程外,建议重

点开展流域水土保持生态修复治理措施以及下游荒漠河岸林保育恢复等措施。

（一）流域水土保持生态修复措施

造成和田河流域水土流失的原因主要是风蚀和水蚀两种。据此提出流域开展针对水土保持的植被生态保育与修复措施，具体包括流域风沙灾害治理、河道整治与水蚀综合防治。

1. 防沙治沙治理措施

针对和田河流域下游平原区沙漠化严重的特点，对下游风沙灾害严重的区域进行"边固边禁"两手防沙治沙措施，一方面通过生物、工程固沙保护下游纵贯沙漠公路的荒漠河岸林，另一方面要通过禁垦、禁牧、禁樵措施防止破坏仅存的荒漠河岸林植被。为了加强对这些区域荒漠河岸林植被的保护，同时有效评估防沙治沙效果，通过建立荒漠河岸林生态监测塔网络（一个15m高的生态监测塔可以监测200亩范围），健全荒漠化监测与预警体系，科学评价荒漠河岸林群落演替与生态系统安全。

2. 水蚀严重区域水土流失防治措施

针对和田河流域平原区土地冲蚀严重的问题，尤其是平原区至沙漠前缘为连片的冲、洪积平原区，土壤质地疏松，地势平坦，河道本身容易发生泥沙淤积，河道日常淤积非常普遍，一旦洪水冲蚀，极易造成漫溢，形成严重的冲蚀土地的现象。建议在这些水蚀严重区域，要有防有治，同步进行。一方面，通过尝试沿地形等高线修建水平沟，引水灌溉，进行植树造林。植树造林一方面用于生态防风林一方面用于水土保持，可以对风蚀和水蚀进行有效防治，减少河道流沙来源。另一方面，进行河道定期清淤，重点在玉龙喀什河输水堤下段、喀拉喀什河输水堤下段以及汇合口以下输水河道进行河道疏浚整治，减少洪峰期洪水漫溢的冲蚀。河道疏浚工程治理措施主要为：①对顺直河段修建束洪防护堤；②对河道弯曲度大的河段截弯取直；③对侵蚀冲刷严重河段实施护岸工程，减缓河岸冲刷；④对河汊发育河段修建输水堤防，防止洪水无序漫溢，减少水资源无效损耗；⑤对淤积严重、行洪能力不足的河段实施河道疏浚,提高河道输水能力;⑥修建永久性引水控制闸,封堵跑水口,变无序引水为计划用水。

(二) 流域下游荒漠河岸林保育恢复措施

由于和田河下游河道断流时间越来越长,地表水的严重短缺不仅导致荒漠河岸林群落内成熟林的衰败,而且导致幼林死亡,更为严重的是由于缺乏地表满溢过程,极大地影响了主要建群种胡杨种子的萌发,使得群落更新无法连续,进而导致荒漠河岸林植被逐渐萎缩,绿色走廊全面衰败。针对和田河流域纵贯沙漠的荒漠河岸林的严重退化,该生态系统发育区外围近沙漠带的特点,一方面通过退耕封育保障天然林面积,主要是保护生态敏感区 $17.40 \times 10^4 \, \text{hm}^2$,分布在和田河干流绿色走廊地带,同时在封育范围内通过漫溢、封育、漂种、农业灌溉回排水定向补给等综合生态保育技术手段,对流域下游纵贯沙漠的天然荒漠河岸林进行保育恢复,提高天然植被盖度;另一方面要保证下游生态输水,加快受损生态系统的恢复,在完善中下游河道疏浚工程的同时,确保和田河下游生态输水,使沿河两岸地下水埋深上升到 4m,基本满足乔灌木需要,加速受损生态系统的修复。

四、开都-孔雀河流域生态保护措施

(一) 严禁乱打井,控制耕地面积和地下水开采量

1. 适度开发,以水定地

开都-孔雀河流域目前耕地规模已经远远超过水资源的承载能力,要改变以往完全依赖扩大种植面积实现经济增长的发展模式,严格执行国家有关法律法规,对乱开荒、乱打井的行为进行严厉打击。以水定地限定开发规模,坚决实施定额配水管理,提高水土资源的匹配效率,对水资源实施有效的监管,包括对水量的分配、灌溉面积、灌溉定额、水土开发实施严格的监管和对水质的监管。根据各地现有的耕地和人口数量配置水量,建立生产用水的市场调节机制,通过水资源的有偿使用,提高其空间配置的经济高效性。尽快制定和形成流域水权划分的法律法规性文件,依法进行水资源的量化调度和管理,在保障生产发展

的同时保障生态用水。建立塔里木河流域水权交易市场和合理的差别水价制度,确立明确的水权主体,分配给农民的水资源结余之后,就可以通过水权交易市场进行交易,充分发挥水权主体的积极性,利用市场机制来达到水资源的优化配置,实现生产力的提高。通过实施差别水价,利用市场杠杆去调节开荒的成本,将差别收取的水费用于生态保护,逐步杜绝开荒现象。此外,还可通过征收生态水量占用补偿费的方式让农户自动退耕。生态水量占用补偿费的缴纳主体是流域州、地、兵团师,以及有关县(市)、团场和其他用水单位。每年的实际取水量与用水目标责任书确定的用水限额的差值,就是生态用水的占用数。凡超出自身用水限额,抢占、挤占流域生态水量的,应当缴纳生态水量占用补偿费。这种强制性补偿的政策措施,应由塔里木河流域管理局代表政府按年度征收、管理和使用。

2. 控制流域地下水开采量,严禁在博湖周边打井

通过预测分析,到 2015 年,流域农业和生活用水量将降低,第二、第三产业用水将增加,而农业用水在各部门用水中所占比例最大,农业用水减少表明流域绿洲总需水量将减少。预计 2015 年高效节水灌溉面积比重达到 72%,但仍存在缺水问题,需挖掘博斯腾湖库容 $4.28 \times 10^8 \text{m}^3$ 用于绿洲灌溉。此外,需大力开发利用地下水资源,通过分析预测,确定焉耆盆地不引起地表生态环境退化的地下水可持续开采量为 $3.80 \times 10^8 \text{m}^3$/年,不超过 $6.25 \times 10^8 \text{m}^3$,严禁在博湖周边打井用于灌溉。根据灌区地下水含水层富水性条件、地下水开发利用现状以及地下水可开采量,规划每年在开都河北岸开采地下水 $1.42 \times 10^8 \text{m}^3$,置换地表水 $2.02 \times 10^8 \text{m}^3$,增加博斯腾湖入湖水量约 $0.87 \times 10^8 \text{m}^3$,满足开都河灌区灌溉用水,同时,向塔里木河和孔雀河下游输水,改善孔雀河及塔里木河下游生态环境(陈亚宁等,2013)。有计划地对一些地下水井进行封堵。

(二) 实施水资源科学调度和调配,缓解博斯腾湖水位持续下降

1. 科学调度和优化配置水资源,提升对未来气候变化的适应

塔里木河流域水资源管理的体制通过改革已基本理顺,大流域概

念也初步形成,水资源统一管理也初见成效。但还需要进一步深化改革,尤其在全球变化和人类活动影响不断加剧背景下,流域内生产与生态矛盾日趋突出,随着城市化、工业化进程的加快,城市、工业用水的需求也日益增长。为此,需要尽快在流域内、区域间实施水量科学调度、水资源优化配置和区域间的相互调节,尤其要加强开都-孔雀河与塔里木河的水量调配,协调好流域生产与生态用水关系,以提升未来气候变化下的应对和适应能力,确保流域生态安全和经济社会可持续发展。

2. 推广节水技术,提高水资源利用率

以水定地、以水定发展、以水定种植结构,建设规模化高效节水灌溉示范区,推广节水技术,发展节水型设施农业,严禁随意开荒,休耕或退出部分土壤瘠薄、地力差的耕地,提高水资源利用效率,提升土地生产力;在实施生态退耕的过程中,可采取给予农户退耕还林补助费、征收生态水量占用补偿费和限制非基本农户用水等措施来实现。工业企业要推行清洁生产,采取循环用水、综合利用及废水处理等措施,降低用水单耗,提高水的重复利用率。

3. 控制芦苇面积,减少湖区植物蒸腾耗水量,确保入湖水量

芦苇湿地具有消减工农业废水和生活污水中的 COD、BOD,降低废水富营养化的作用,但是不能忽视芦苇强大的蒸腾耗水量。建议减少人工育苇面积,宜控制在 10×10^4 亩左右,处理好生产用水、生态用水与人工育苇用水的矛盾,减少湖区植物蒸腾耗水量;疏通黄水沟等诸小河流育苇区入湖输水通道;对宝浪苏木东、西支入湖水量以及诸小河流流入开都河水量制定标准,确保入湖水量,控制出湖水量,以满足博斯腾湖入湖、出湖水量平衡。

4. 科学调度博斯腾湖水域面积,减少水面蒸发损耗量

博斯腾湖水面蒸发损耗最大的时段为 5-8 月,此期间的蒸发损耗量占年损耗总量的 65% 以上。根据开都-孔雀河流域的来水和供需水分析,建议科学调度湖泊水域面积,夏季可充分利用开都河上游的察汗乌苏、柳树沟、大山口和小山口等电站蓄水于山区,将 5-8 月的博斯腾湖保持在较低水位,这样由于水域面积的减少,可以有效减少湖区的蒸发损耗;9 月份博斯腾湖开始蓄水,使之在冬季保持较高水位。冬季气温较

低,湖区蒸发弱,可有效减少湖水的蒸发损耗。

5. 实施水资源统一管理,加大水费改革力度

建议对地表水、地下水的开发利用,要实行统一规划和统一管理,包括对流域上游支流和小河的水资源统一管理,杜绝无序打井开发地下水局面。打井开发地下水进行抗旱,应在查明水文地质条件的情况下,在适合开发地下水的地方进行,合理布局井位,坚持补采平衡,实行两水统管,保证水土平衡和水盐平衡。在水资源特别匮乏的荒漠区必须保持原有荒地,禁止打井开荒,采取宜封则封的原则。将围栏育林与退耕还林有机结合,以防加重对原本脆弱生态环境的破坏。制定合理的供水水价和水价梯度,以充分满足基本用水需求、抑制超额消费、遏制奢侈浪费为原则,根据不同的用水对象制定科学、合理的差异化水价。因地制宜地推进水利工程供水两部制水价、生产用水超定额超计划累进加价、高用水行业差别水价以及丰枯水价等措施。

(三)控制工、农业和生活污水的排放,确保博斯腾湖水质安全

在流域经济总量大幅增长的情况下,保持污染物排放总量不增加,确保博斯腾湖水质安全。

1. 控制工业废水的大量排放

在流域内严格控制新、改、扩建有水污染的工业项目,对已有的老工业废水污染源限期治理,限期内未完成治理任务的坚决予以取缔。坚决关停落后工艺、治理无望的污染企业。加大重点工业污染源企业的日常巡查工作,确保污水处理设施的正常运转,废水稳定达标排放。加大环博斯腾湖旅游景区的管理,加强环保宣传教育,使用环保设施,严禁生活污水和污染物排入博斯腾湖水体。

2. 控制农业和生活污水的排放

农业引水量增加和灌溉方式不当是造成博斯腾湖各种污染问题的主要原因之一。当地政府和环境主管部门应该通过灌溉的日程安排、高效的灌溉方式、高效的灌溉输水方式、灌溉侵蚀控制措施、排水管理措施等方式增加作物对水分的吸收,促进农田灌溉节水,减少灌溉水的

径流和渗透损失。焉耆、和静、和硕、博湖四县县城生活污水直接经农田排碱渠排放入博斯腾湖,因此四县县城生活污水是控制生活污染源的重点,应该从县城排水管网和污水处理设施两方面进行控制。博斯腾湖周边四县污水处理设施近期规划可选用氧化塘工艺,该工艺经济成本不高,对有机污染物和悬浮物有较好的处理效果;远期规划可考虑以生物处理法为核心的处理工艺,如活性污泥法、氧化沟、周期循环活性污泥法(CASS)、生物脱氮除磷工艺(A2/O)等。对于农田回排水的回收和利用,可将农田排水沟渠建成防渗沟渠,将农田回排水通过防渗沟渠引流至下游荒漠区内的非防渗沟渠中,这样不仅可防止农田回排水对绿洲农田和博斯腾湖造成污染,还将农田回排水变废为宝,供给荒漠区植被生长所需。

3. 充分利用育苇工程和人工湿地进行降污减排

人工育苇应以对入湖工农业废水、污水进行降污减排为前提,在满足人工湿地降污生态功能下,实现生态效益与经济效益的双赢。因此人工育苇工程宜建在主要工农业废水、回排水和污水口附近,依地势逐级建设。污水严禁直接入湖,必须通过集中引流进入苇区,利用人工湿地的生态降污功能,对污水进行逐级净化后方可入湖,以保证博斯腾湖水质。

(四) 工程与非工程措施相结合,治理孔雀河下游生态环境

近年来,随着孔雀河流域社会经济的快速发展和人口的增长,用水量剧增,加上水资源开发利用比较粗放,孔雀河上游来水量逐年减少,河道长期断流和干涸,造成下游生态环境恶化。塔里木河下游的绿色走廊与孔雀河下游的绿色走廊,如一对孪生兄弟,应将塔里木河下游、孔雀河下游生态环境恢复与综合治理工作作为一个整体予以考虑,通过采取工程和非工程措施,抢救孔雀河下游的生态环境,恢复其绿色走廊,并将孔雀河流域水土保持生态环境综合治理纳入西部大开发和水土保持生态环境建设计划,抓好博斯腾湖灌区的续建配套工程与节水改造,节约孔雀河上中游区域的农业用水,加大生态水的下泄量等。孔雀河的老河道虽然目前基本上完整,但是因多年河水断流,流沙大量淤积并堵塞河道,提出对孔雀河下游河道进行综合疏浚、整治(王江红,

2006），同时利用原有分水支流与岔道建设生态引水通道，并配以生态闸口，为下游生态修复打下基础。通过流域上中游退耕节水，充分利用洪水期下泄的洪水与中游主要灌区农业排水及生态输水对下游植被进行逐段恢复。

（五）实行流域综合治理，制定优惠政策，吸引广大农民参与流域治理

实行流域综合治理，强调全流域统筹，上下游、左右岸兼顾，全面规划，综合治理和管理，合理开发利用，工程措施和植物措施相结合，实现经济、生态、社会三大效益同步发展，提高综合效益。工程措施主要有在荒漠-绿洲过渡带建设拦沙坝、在开都河两岸修筑稳定沟床以防止沟道下切、向孔雀河下游实施生态输水并恢复严重受损荒漠植被、荒漠区植被有效利用农田回排水工程、农田排水工程净化技术。植物措施主要有开都河山区退耕还草恢复草场措施、绿洲区严禁乱垦和过度开荒，在荒漠-绿洲过渡带种植农田防护林等；在工业和生活污染源附近种植芦苇，利用芦苇净化污染的功能净化地表水和地下水水体的水质。

流域综合治理过程包括调查、规划、治理、验收到管理，每个环节都需依靠高新科技和技术创新，更需要将科技成果在流域治理和管理方面进行大力转化和推广。为顺利转化和推广科技成果，需不断提高农民的环保意识和技术素质，科技干部可组织多种形式的宣传教育和技术培训活动，也可进行现场示范和技术指导等。同时，为保证工程措施和植被措施的顺利实施以及耕地面积的不再增大，可以将不同区域所建工程和采取的种植措施承包给单户或联户，按照"谁承包，谁治理，谁管护，谁受益"的原则，管护保护各自所承包的区域，如在山区退耕还草区域，对愿意承包的农户可适当允许放牧；鼓励农户在污染源附近自行种植一定面积的芦苇，用于净化水质，芦苇的产量及其经济效益归农户；对于在荒漠-绿洲过渡带种植、管护和保护农田防护林的农户给予适当的经济奖励。农户拥有使用和管护权，不拥有土地所有权。

五、迪那河流域生态保护措施

迪那河出山后大部分水量随即被引入灌区，洪水期迪那河于轮南

镇附近断流,枯水期和灌溉季节河道水量基本消耗于灌区内,基本无河水下泄。因此,迪那河流域的突出生态问题就是灌区土壤盐渍化和灌区以下荒漠植被退化。

灌区土壤盐渍化的同时,荒漠-绿洲过渡带以及荒漠植被区成了绿洲盐分的排泄累积区,进一步加剧了天然植被衰退的局面。根据相关研究结果,迪那河-阳霞河绿洲土壤 pH 的平均值为 7.46,属于中性土壤;0-50cm 土层盐分含量平均值为 1.81%,土壤表层 30cm 内土壤含盐量约占 50cm 土壤总含盐量的 78.29%,属于强盐渍土,由此可见迪那河灌区盐渍化问题非常突出。绿洲内土壤中各离子含量的空间变异显著,不同土地类型的盐渍化相互比较时,果园地的盐渍化最轻,总含盐量为 1.04%(接近强盐渍土下限标准);盐生草地的最高,总含盐量为 5.28%(盐土)。总含盐量由小向大依次为果园地、耕地、农牧交错带、未利用地、胡杨林地和盐生草地。可见由于灌区大量灌水,灌区以下荒漠区无地表水供应,灌区周边或绿洲外围过渡带以及荒漠植被区已成为了绿洲灌溉的盐分排泄累积区。加之灌区对地表水的截留,荒漠区植被同时面临水分供应不足和土壤盐分含量高的双重威胁。因此,迪那河流域的突出生态问题就是灌区土壤盐渍化和灌区以下荒漠植被退化。针对这一生态环境现状与生态问题,除了开展生态退耕工程缓解水资源供需矛盾,以及开展地下水监测工程外,建议还需开展针对流域盐渍化问题的盐渍化生态修复措施与流域下游荒漠天然植被的保育恢复措施。

(一) 流域盐渍化生态修复措施

流域盐渍化除了有自然地理的客观因素外,由人为粗放灌溉导致的次生盐渍化也是一个主要因素,因此解决该流域土壤盐渍化的问题,应从多方面入手。

1) 推行高效节水灌溉,减少漫灌引发的地下水埋深上升及次生盐渍化。

2) 针对实际情况,通过竖井排灌措施,降低地下水位,缓解次生盐渍化。

3) 营造灌区防护林体系,改善灌区微气候,同时利用防护林高蒸腾特性进行生物排水,维持绿洲内部适宜地下水位。

4) 利用洪水期洪水放淤对生态退耕工程中轮耕休耕盐碱化土地进行土壤改良,提高土壤肥力,增大土壤厚度。

(二)流域下游荒漠天然植被保育恢复措施

针对流域天然植被退化主要是由生态用水匮乏而导致的现状,提出以保障下游植被生态需水为主要措施的生态保育恢复。为此需要开展:

1) 农业排水综合利用措施:通过咸淡分流与排水、洪水分流措施,收集粗放灌溉下的农业排水用于流域下游的荒漠天然植被保育与恢复。

2) 迪那河河道疏浚与生态引水措施:在流域总体水资源规划与配置下,结合农业排水综合利用措施,生态用水矛盾将会缓解。通过疏浚河道与修建生态引水与调控措施,为向流域下游生态供水提供条件,并充分利用洪水期的洪水,通过生态引水通道与调控闸口有目的、有目标地对保育恢复区进行抚育修复。

3) 生态封育措施:对目前流域天然植被保存尚好的区域建议实行封育,禁止薪柴与放牧,并结合一定的人工保育手段与恢复措施,遏制天然植被退化的趋势,提升天然植被的盖度与生态服务功能。

六、渭干-库车河流域生态保护措施

针对渭干-库车河流域的生态环境现状与存在的主要生态环境问题,除了纳入重点生态工程的流域湿地保护和地下水监测工程外,建议还需开展流域平原区天然植被保育与生态恢复重建措施、流域灌区农业排水综合利用及咸淡分流生态措施、流域水土保持生态修复措施和盐渍化生态修复措施。

(一)流域平原区天然植被保育与生态恢复重建措施

渭干-库车河流域在本次研究中被纳入生态红线保护范围的保护目

标主要是流域中下游的平原区天然植被,面积 $19.96 \times 10^4 hm^2$。该范围内的天然植被是流域人工绿洲建立与发展的重要基础与生态防护屏障,同时也是维持流域物种多样性的保障,必须严守,不能被触及。然而在近几十年,伴随着人口的增长与流域水土资源的持续开发,人工绿洲规模不断扩大,受人类活动频繁扰动的流域平原区内林草及湿地沼泽面积显著减小,导致流域整体生态系统服务价值与绿洲稳定性下降。为实现流域水土资源的可持续开发与社会经济的稳定发展,提出对流域平原区天然植被实施保育与生态恢复重建。

实施本生态措施的目的是通过对渭干-库车河流域平原区天然植被的保育恢复,提升流域平原区生态系统的生态服务价值与绿洲稳定性,增强该范围内天然植被的生态防护功能,为流域物种多样性保育、可持续发展与水土资源的可持续利用奠定基础。

在渭干-库车河流域平原区实施生态保育与恢复措施的目标是:严守生态红线,遏制流域平原区生态保护范围内天然植被的退化萎缩趋势,保证生态红线保护范围与生态脆弱区保护范围内天然植被的面积不再萎缩并稳中有升,确保生态红线范围内天然植被 $4.09 \times 10^8 m^3$ 的生态需水量与脆弱生态保护范围内天然林草的 $0.09 \times 10^8 m^3$ 的生态需水量,实现荒漠-绿洲过渡带有效地恢复为一条稳定、具备一定宽度与植被盖度的生态防护绿色植被带。

为实现以上目标,除了要保证保护范围内天然植被的生态需水外,还要实施一定的生态恢复措施,以促使已经退化的平原区天然植被能够尽快得到有效的恢复,具体开展的措施与工作如下。

1. 生态封育

对生态脆弱区保护范围与平原区生态保护范围内荒漠-绿洲过渡带及流域下游荒漠河岸林主要天然植被分布区进行封育,严格禁止一切放牧与开荒、薪柴,每 3-5 年对封育区实施一次漫溢灌溉,以激活封育区内土壤种子库,加速封育保护区内植被的快速恢复;每年对生态脆弱保护区实施有控制地淹灌一次,以实现这一区域内天然植被的保育恢复。

本封育实施区首选流域生态脆弱区保护区与人工绿洲外围的荒漠-绿洲过渡带及荒漠河岸林。流域生态脆弱区保护目标是位于渭干-库车河下游的荒漠河岸柽柳林与部分胡杨林,这是流域内平原区天然植被的主要优势建群种,保护它对流域保护范围内植被群落甚至生态系统的恢复有重要意义。人工绿洲外围荒漠-绿洲过渡带是人工绿洲与绿洲外围天然绿洲及荒漠生态系统质能交换最频繁的区域,并且是人工绿洲规模扩张与新增耕地的主要发生区,在人工绿洲与荒漠扩大的同时,夹持其中的过渡带却日渐萎缩,这道绿色生态防护屏障的减小直接导致其生态防护功能的下降,加剧人工绿洲受生态灾害侵袭的频次与强度。基于荒漠-绿洲过渡带的重要生态地位与亟待保护修复的现状,提出对流域绿洲外围过渡带进行严格封育,禁止放牧与开荒,并保证过渡带天然植被的生态需水。流域下游荒漠河岸林是荒漠生态系统的重要组成部分,也好似绿洲最外围的重要生态屏障,其主要建群种胡杨是需要重点保护的渐危种,应严格禁止砍伐毁林与薪柴,特提出要封育加以保护。

2. 人工加速退化生态系统的恢复重建

流域生态保护范围内天然植被退化是多年逆向演替的结果,对其进行恢复远比其退化进程更为复杂与缓慢,因此仅仅依靠生态系统自身设计与简单保护难以有效恢复。需基于人工设计与自然设计相结合的理念,通过施加一定的人工恢复重建措施,以辅助并加速其恢复重建。人工恢复措施的实施要依据保护区块的实际退化特征与退化机制、植被组成结构、生境资源现状等情况,采取多种恢复手段与技术方法的综合恢复措施实现恢复重建。

对于植被退化严重,而植被生境土壤种子库相对完好的区域,建议在适当时机实施人工漫溢模拟洪水,对土壤种子库进行激活,实现植被群落的恢复与重建;对于天然植被长期严重退化,且土壤种子库中种源缺失的区域,建议依据实地物种组成与结构配置,或者依据相似生境物种生态位进行物种配置,通过人工引水漫溢加漂种,实现恢复重建;此外,对严重退化且缺少建群种与优势物种的区域,建议选定适宜物种,通过人工补植先锋框架物种,并辅以多种恢复技术措施集合,促进人工植被与天然植被的融合,构建完善的群落结构,加速退化植被群落的正向演替,最终实现退化天然植被的恢复重建。

（二）生态退耕措施

针对渭干-库车河流域耕地快速增加、水资源供需矛盾加剧，以及农业用水低效浪费的现状，结合流域多年水量监测结果与水资源量评估，综合考虑河道来水量与流域河道水量自然损耗、生态需水量、工业及生活需水等因素，计算流域现状水资源难以承载目前的 474.07×10^4 亩农业灌溉面积，以目前的灌溉水平，只能承载 293.38×10^4 亩，因此提出实施流域生态退耕措施。

综合考虑渭干-库车河流域水资源的利用模式与用水结构，流域农业灌溉的水资源量为流域总的水资源量减去流域非农用水量（工业、生活用水）、河道水量自然损失量、生态需水量。依据惯例，采用现状年 75% 来水频率下的水资源量作为流域适宜灌溉面积的计算基础，渭干-库车河流域现状年 75% 来水频率下地表水资源量为 $31.34 \times 10^8 \mathrm{m}^3$，不重复地下水资源量 $3.19 \times 10^8 \mathrm{m}^3$，水资源总量为 $34.53 \times 10^8 \mathrm{m}^3$。所有这些水资源量中工业、生活等非农业灌溉需水量约 $1.27 \times 10^8 \mathrm{m}^3$，河道水量自然损耗共计 $4.35 \times 10^8 \mathrm{m}^3$，生态保护范围内天然植被生态需水量共计 $4.09 \times 10^8 \mathrm{m}^3$，无下泄塔里木河干流生态水要求。因此用于渭干-库车河流域农业灌溉的水资源量为 $24.82 \times 10^8 \mathrm{m}^3$，按照当前流域平均农业灌溉毛灌溉定额现状 $846 \mathrm{m}^3$/亩，这部分水资源量最多可以承载 293.38×10^4 亩农业灌溉面积。目前渭干-库车河流域现有农业灌溉面积 474.07×10^4 亩，以现有的灌溉水平，需退耕 180.69×10^4 亩。如果在其他条件不变的情况下，以全疆及全国 2010 年农业平均毛灌溉定额 $620 \mathrm{m}^3$/亩与 $415 \mathrm{m}^3$/亩计，则目前可用于农业灌溉的水资源量分别可以支持 400.32×10^4 亩和 598.07×10^4 亩。因此若要满足流域水资源的合理配置，保证流域生态需水量，实施逐步生态退耕与提高农业用水效率是两个重要的措施。依据以上分析，在努力提高流域农业用水效率，农业平均毛灌溉定额达到 $620 \mathrm{m}^3$/亩的基础上，建议逐步退耕 75×10^4 亩。

水资源可承载灌溉面积是一个动态的过程，它会随着退耕过程中流域其他领域用水量、流域生态保护范围内天然植被的生态需水量、流域农业灌溉管理水平与技术的提高等参数的变化而变化。流域的水资源供需矛盾除了资源性缺水外,水资源利用效率低下也是一个重要因素。因此,调整农业产业结构与用水结构、提高农业用水效率与农业产值、加大高效节水灌溉面积、减少渠道与田间水量损失、提升农业综合水利用系数是缓解流域水资源供需矛盾的首选。但是因为落后的农业生产技术是多方因素造成的,短期内难以快速提高,生态退耕应该是一个循序渐进且动态调整的过程,除了退耕还林、还草之外,建议采用耕地休耕与轮耕的方式实现灌溉面积的调整,这是一个需要多方协调合作的过程与措施。退耕区域应当首选绿洲外围相对耕作条件恶劣且不太适宜耕种的新开垦土地,通过退耕还林还草、休耕与轮耕减少灌溉面积,增大过渡带面积,并结合耕地整治与盐碱地改良措施,实现休耕与轮耕地土地生产力的提升。

(三)提高用水效率,加强灌区农业排水综合利用,咸淡分流生态措施

大力推广农业高效节水灌溉技术,优化用水结构,改善渠系输水效率与田间管理,逐步优化农业用水效率,实现水资源的高效利用。

针对渭干-库车河流域下游地表水水质污染主要源于流域下游绿洲灌区农业灌溉排水造成的面源污染这一特征,对流域下游平原区主要灌区的农业灌溉排水渠分布与排水量等进行了分析,结果显示渭干-库车河流域平原区主要灌区排水工程均分布在干流中下游的库车、沙雅与新和,每年累计农业灌溉回排水量约 $4.30×10^8 m^3$,若以平均 $10g/L$ 矿化度计算,每年排入塔里木河干流的盐量近 $430×10^4 t$。这是造成塔里木河干流中上游水质污染的主要污染源,给塔里木河干流水环境生态安全造成极大的威胁。因此提出在渭干-库车河流域下游实施咸淡分流工程,对高盐分农业灌溉排水进行综合回收与利用,以改善本流域与塔里木河干流地表水水质,同时利用农业回排水进行荒漠植被抚育,以置换部分生态用水,实现水资源的高效综合利用。

各灌区中,库车灌区多年排灌比高达 0.27 左右,每年农业灌溉排水量约 $2.60×10^8 m^3$;沙雅和新和县灌区的农业排水主要通过新沙总排

干完成,每年农业排水约 $1.66 \times 10^8 \text{m}^3$。这些农业排水矿化度多在 10g/L 以上,应当通过咸淡分流及洪水和排水分离措施,杜绝直接排入塔里木河造成河水面源污染。考虑到流域下游总体地形呈西高东低,且流域绿洲外围天然荒漠植被对盐分的良好抗性,提出将农业排水综合利用于流域平原区天然植被的恢复保育。其中库车灌区的农业排水在通过咸淡分流收集后用于流域下游东南部天然柽柳林的保育;新沙总排干的农业排水经分流工程收集后,由西向东利用地势将该排渠向东延伸,通过塔里木河向北分出的古河道引入轮台西南沙地。

(四)流域水土保持生态修复措施

与邻近的阿克苏河流域水土流失特征较为相似,造成渭干-库车河流域的水土流失的原因同样有流域自然地理条件及区域气候等自然因素,同时一个主要的因素是流域天然植被的退化导致的水土保持与生态防护功能下降。据此提出在流域上游与下游开展针对水土保持的植被生态保育与修复措施,具体如下。

1. 流域上游天然植被保育修复与水土保持工程

针对渭干-库车河流域上游支流众多、水蚀强烈的特点,提出对流域上游主要支流植被盖度相对较低的中低山带实施封育与植被修复,改善该区域的植被盖度与水土涵养能力。同时在上游开展小流域沟壑综合治理工程,以修建拦沙工程措施为主。在侵蚀泥沙集中的沟谷,修建各类拦沙淤地坝,加固沟床,拦蓄洪水泥沙。在一些小的冲沟中,设置透性拦沙坝,层层设障,通过调整沟床侵蚀基准面,减弱侵蚀输沙强度,构建完整的小流域综合防治体系。在干流河道两岸易受洪水冲刷的地方,修建各种防洪堤坝,如铁丝石笼、浆砌石、干砌石、柳桩与梢捆护岸、混凝土桩和梢捆丁坝等,同时营造河岸防护林,防治河岸的进一步侵蚀,增强河道防侵蚀能力。

2. 山前冲洪积区水土流失综合治理

侵蚀较强的低山丘陵地带的坡地和浅山荒地是水蚀、风蚀交错区,表层多为基岩风化剥落的碎石、岩屑,部分地带亦覆盖风积沙,是侵蚀泥沙的主要来源。建议进行综合水土保持治理,具体措施可以包括:

①在河谷、沟谷和靠近水源的山丘坡脚地带配置水土保持林草,如沟(河)防护林、护岸林,并配合工程治理等措施;②在山前,地面物质主要是砾石、砂质,戈壁荒漠带布设导流堤、排洪渠,采取引洪漫地措施,将洪水引至绿洲外围荒漠或荒漠-绿洲过渡带中的低洼地,使泥沙沉积淤地,形成新的自然生态,并改良荒漠土壤;③在低山丘荒坡地,地面多风积沙土覆盖,且有开发利用价值,可以尝试沿地形等高线修建水平沟,引水灌溉,植树造林用于水土保持。

3. 流域下游平原区天然植被保育修复水土保持措施

针对流域风蚀主要发育于下游平原灌区外围近荒漠带的特点,通过封育、漂种、激活种子库、人工补植等综合生态植被恢复技术手段,对流域下游平原区天然植被,特别是人工绿洲外围荒漠-绿洲过渡带与过渡带外围毗邻的荒漠天然植被进行保育恢复,提高天然植被盖度。筛选适宜物种,在绿洲外围利用本土乔、灌木建设多重防风固沙绿色植被带,以加强流域下游风蚀防护能力。

(五) 盐渍化生态修复措施

针对渭干-库车河流域灌区土壤盐渍化的形成机制与特征,建议通过实行排灌结合,人工、生物工程兼顾的综合措施,以达到排盐、减盐,改良盐渍土的目的。

治理流域灌区土壤盐渍化,首先要严防灌区新的土壤次生盐渍化发生,这需要加强灌溉管理,适量灌溉,改善排水,降低地下水位,杜绝由粗放灌溉、地下水位上升造成的次生盐渍化。为此需要重点开展的工作如下。

1. 加强地下水监测,合理确定适宜的地下水位

基于地下水位动态监测数据,综合考虑研究区土壤质地、地下水矿化度、气候条件等自然因素,并结合农业灌溉管理水平等因素,确定适宜的地下水位。

2. 修建完善的排水系统是改良盐碱地、降低地下水位、防止土壤次生盐渍化的根本措施

除了充分利用现有排干、做好维修养护及管理、防止坍塌淤积、保

持排水畅通外,可以根据流域水文地质条件与地下水开发利用规划,在实施灌区地下水动态监测的基础上,通过竖井排水达到降低地下水位的目的。对于排干回排水与竖井抽排水,通过咸淡分流设施导入荒漠进行荒漠天然植被的修复与恢复重建。

3. 加强灌溉管理,推行节水灌溉

通过农业灌溉技术的提升与节水灌溉的推广,提高农业用水效率,避免因大水漫灌、大定额用水造成的灌区深层渗漏与地下水位抬升,去除次生盐渍化发生的条件。

4. 生物排水与微环境改良措施

在灌区周边植树造林,改善灌区小气候,减弱风速,减少蒸发,缓解高蒸发下盐渍化的进程。利用防护林高蒸腾、高耗水的特性发挥生物排水作用,吸排地下水分降低地下水位,改善因地下水埋深过浅造成的土壤次生盐渍化。

5. 放淤改良

充分利用洪水期河水的高含沙性,通过引洪水放淤对生态退耕措施下休耕、轮耕盐渍化土地进行土壤盐渍化改良,洪水携带的淤泥可以改善土壤物理性状,增加土壤养分,改良盐渍化土壤,增加土层厚度。在放淤造成大量淡水下渗洗盐、压盐的同时,实施抽排与回排,淡化地下水。对抽排水与回排水通过咸淡分流设施统一回收用于荒漠天然植被修复与生态保护范围内漫溢恢复重建。

七、喀什噶尔河流域生态保护措施

(一)水土流失防治措施

山区为水源保护区和水能开发区,水土流失基本处于自然状态,应重点考虑山洪及泥石流的防治,并做好山区水利、矿山及其他建设工程的水土保持监督管理工作,保护工程和交通线路的安全。

具体措施:水土流失多发地段禁止修建工程料场,对已建在泥石流多发地段的工程料场要监督责任单位及时将废弃料回填整平,合理堆放废渣,防止被洪水冲刷造成泥石流等灾害;在冲沟修建交叉建筑物对山洪进行疏导;削坡处理或修建挡土墙对易滑坡地段进行防护。同时,加强林草资源管理,划定禁牧保护区和草场轮牧区,防止过度放牧造成草场退化。

中游冲洪积平原区以农业生产为主的水土开发活动频繁,是人为新增水土流失需防治的重点区域,应坚持预防为主、综合治理为辅,逐步有效地开展水土流失防治工作。

具体措施:首先,加强对水土资源开发利用的监管,严格落实开发建设项目水土保持制度,对开发中造成的地表植被破坏及时给予恢复,杜绝人为新增水土流失产生。其次,一方面加快推进工程措施建设进程,更新改造一批重点水库蓄水工程、引水枢纽工程、防洪工程、河道整治工程等水利设施,加强水资源的调配管理,减轻洪灾危害,保障生态用水;另一方面新建、改造、更新、完善农田防护林、护岸护滩林、护渠护路林、防风固沙林、经济林等,建立完善的防风固沙体系,有效抵御风沙侵蚀。

下游荒漠植被为绿洲边缘与沙漠区域的隔离带,应坚持预防与恢复并举的措施来保住现有荒漠植被不再退化,并逐步恢复已退化荒漠植被。

具体措施:一是大力营造薪炭林,以减少农民因燃料需求而对荒漠植被的破坏;二是合理开发利用水资源,建立下游生态需水保障机制,逐步恢复天然荒漠植被系统。根据调查,克孜河河流末端荒漠河岸林草分布区位于洪水淹灌影响范围内的林地生长较好,且林分组成中,中龄林和幼龄林占有一定的比例。但克孜河河流末端约有 47.72% 面积的河岸林草地的地下水埋深 $<4m(4.55 \times 10^4 hm^2)$,它们不能进行正常的萌蘖更新。因此,建议通过生态闸放水等人工控制方式进行淹灌,恢复、更新流域下游这些退化荒漠河岸林。另外,对于土壤种子库受损的退化河岸林,仅依靠人工淹灌方式来实现生态恢复的难度较大,且恢复难于成功。针对这些地方,建议采用人工干扰来实现或加速恢复,如采用断根萌蘖、补充种源、人工补植等措施。针对退化的草地,建议首先采用封育或禁牧方式,其次采用人为干扰方式如草地人工建植、补植等,重点开展克孜河河流末端地下水埋深 $<4m$ 的河岸林草区恢复工程。另外在绿洲外围天然荒漠植被较少区域,人工构建大型防风阻沙

林带,建立人工绿色天然屏障。

（二）河流水污染防治措施

受流域经济条件和水资源条件的限制,全面治理工作很难付诸实施,存在许多困难,所以河流水污染治理应以解决和控制河道的主要人为污染作为突破口,对流域水污染逐步展开治理。

1. 控制污染源,加强地方排污硬件设施建设

喀什噶尔河入河口主要分布在吐曼河与克孜河,两条河共有入河排污口 24 处,年污水排放量为 $1.74 \times 10^8 \mathrm{m}^3$。流域内的工厂主要分布在吐曼河中游、克孜河北支下游,工厂废水基本上不经任何处理直接排入河内。要对工业污染源、城镇生活污染源、规模化畜禽养殖污染源以及非点源污染进行全面治理和控制,首先必须加强建立和完善城镇污水处理及生活垃圾处理设施和相应的运行机制,如建立永久的污水处理设施,扩建和完善排污管网,改善生活污水、工业废水并实行远程荒漠排放,变废为宝,促进荒漠生态自我修复。完善规模化畜禽养殖的污水处理设施和相应的管理机制。其次要进一步加强对工业污染源的治理力度,排除一切阻力,彻底关闭"无资金、无场地、无机构"小企业和流域工业污染大户,降低工业用水量,提高水的重复利用率。

2. 完善相关法规政策,加大人工修复工程及宣传监管力度

建立科学的流域生态补偿机制,促进流域生态环境资源的合理利用与保护,通过科学、合理地利用生态环境资源,有效地保障流域可持续发展。对沿河河岸实行封育禁牧,还林还草,加强河流生态修复与人工修复相结合力度。

加大水资源保护宣传、监管力度。在全流域范围内进行多层次多方位的水事宣传活动,如利用报刊、互联网等媒体,通过开辟专版、专栏等。让人们了解水事法律和有关法律制度,了解流域的基本情况、存在的主要生态环境问题和发展规划,使人们懂得流域的生态安全关系到每个人的生存和社会的可持续发展,必须一起行动起来保护喀什噶尔河。

3. 咸淡分流,排水与洪水分流

从水质来看,对流域水质影响最大的除了工业污染外,农药、化肥

等造成的面源污染也比较严重。建议借助地形条件,通过工程措施,实施咸、淡水分流,排水与洪水分流办法,把农田排水引入古河道,进入古河道的农田排水对恢复该区域的胡杨和红柳植被的生长有很大帮助。推广农药、化肥的科学使用方法,减少其流失量。

（三）积极推进退耕减地,坚持防治土壤盐渍化

在保证本流域生态需水的情况下,在可供灌溉水量最大的情况下,以 2010 年流域实际灌溉面积为 700.84×10^4 亩为依据,今后流域灌溉面积应减少 20.36×10^4-85.26×10^4 亩。流域灌区由于水利设施不配套,渠系老化,渗漏严重,灌溉水利用率仅为 0.42,大力推进节水灌溉技术的实施。采用高效节水灌溉技术等方式,减少人为因素对水环境的不利影响,避免使地下水位抬高,造成土壤次生盐渍化。完善流域水利设施,加强下游河段区排水设施建设,及时实施排水沟渠的开挖和清淤疏浚,形成畅通的排水网络,防止农田排水滞留;提高灌溉水利用率,实行盐碱水、灌溉回归水、雨水径流由排碱渠排向沙漠。

八、克里雅河流域生态保护措施

针对克里雅河流域生态环境现状与存在的主要问题,需进一步实施一系列生态措施,以改善流域生态环境现状。

（一）严禁随意开荒

严禁继续开荒,封育造林,维持荒漠-绿洲过渡带的稳定,实现其生态防护功能。在保持绿洲内部一定的耕地面积前提下,保护绿洲生态环境与稳定性是当前克里雅绿洲经济可持续发展的需要。因此,在该区需要严格实行耕地保护制度,优化土地利用结构,完善土地规划,控制人口增长,缓解人地矛盾,在保护基本农田的基础上实行退耕还林、还草等措施,改善绿洲生态环境,保证绿洲生态安全与土地资源可持续开发利用。

严禁在绿洲边缘随意开垦荒地,抑制绿洲的不断扩展。采用由封沙育林育草带、植物活体沙障阻沙带、固沙林带和前沿防风阻沙带组成

的"四带一体"综合治理模式,在风沙前沿、戈壁荒漠和三滩(碱滩、河滩、沙滩)荒地上引洪封育,封禁保护、恢复发展以胡杨、柽柳、梭梭为主的天然荒漠植被,在绿洲边缘与沙漠衔接部营造乔灌草、带片网、多林种、多树种相结合的防风固沙体系,巩固和扩大绿洲,形成保护绿洲农田的第一道防护屏障,以遏制流沙侵移。在原有的防护林基础上进行更新时,栽植1-2行的经济树种,如核桃、杏、红枣等,可增加林带的经济效益,或利用已实现农田林网化绿洲的田间机耕道营建葡萄长廊。在荒漠-绿洲过渡带的生态恢复治理,通过事先调查研究,人类适时加速自然演替过程,或按照人类预期的方向,设计植物的演替过程,可以在特定的时期和环境中改善生态环境。此外,由于当地居民生活封闭,靠柽柳和胡杨取暖和做饭,这对天然植被的破坏力度比较大。建议政府可适度实行生态移民政策,将居民搬到其他自然条件比较好的地方,减轻人口对克里雅河流域的用水压力,同时,也能大幅改善居民生活现状,使之共享社会经济发展的成果,实现生态和社会效益双赢。

(二) 大力推广节水技术

实施高效节水措施,提高水资源利用效率。一是按照"总量控制,定额管理"的原则,加强农业用水指标管理。将年度用水指标直接分配到县,由当地政府纳入国民经济计划,并逐级分解下达。当地农户需充分考虑水资源承载能力,积极调整种植结构,全面实现"以水定播",根据分配指标合理安排农业生产,满足农业用水需求。二是加强基层用水管理,提高田间用水效率。按照国家和新疆分配指标,科学调度和优化配置水资源,统筹安排农业用水,严格控制用水定额,合理调控灌溉用水,提高农业节水意识,大力推行"以供定需,以水定播,超用加价,节约奖励"的节水措施,强化田间用水管水,推进农田水利基础建设,充分发挥广大农民群众节约用水的作用。三是调整种植结构。引导农民压缩高耗水作物面积,扩大低耗水作物面积,发展优质高效节水型农业。四是结合绿洲实际,大力推广滴灌、喷灌、畦灌、覆膜灌溉等田间节水新技术,同时大力推广覆膜栽培、测土配方施肥、立体栽培等高效节水型农艺措施,提高单位用水生产率。通过实施以上措施,降低水资源无效损耗,保障下游生态用水,缓解下游生态恶化局面(程仲雷和海米提·依米提,2011)。

(三)保护天然植被

保护自然植被、防治土地沙漠化是本区保护生态环境的重要任务。要防治沙漠化:①必须解决生态用水,保证自然植被的基本需水。坚持流域水资源统一管理,协调流域生态、经济和社会用水矛盾。建立稳定的工业、农业体系,在各部门分工管理的基础上,组建一个有权威性的统一水资源管理机构,对流域实行水资源统一调度、管理,改革现有落后的管理方式,协调各部门用水比例。在全流域建立和完善地表水、地下水资源监测系统,科学管理水资源,建立计算机模型管理系统,及时了解各区域和各部门供、用水情况,掌握水量和水质,以便发现问题,改进管理工作。另外,流域各行各业都要厉行节约用水,建立高效节水型社会,在节水中求生存发展,节约出的水补给下游生态用水。②在生态用水得到基本保障的情况下,要保护、恢复和扩大自然植被面积。首先,保护好所有乔灌木林地,有计划地更新过熟林,对残败林、枯木林也不能破坏,应发挥其防风固沙功能。实行围栏封育等保护措施,建立必要的保护机构,如护林站等,严禁人畜破坏,给植物以繁衍生息的时间,逐步恢复天然植被。封育同时加以人工补植、补种和管理,加速生态逆转。③维护现有草地,减少草地放牧量,以种植人工饲草料和利用农作物秸秆养畜,代替利用天然草地游牧,使草地功能从放牧利用转向维护生态。④采用工程措施,控制风沙蔓延。用枝条、柴草、秸秆、砾石、黏土、板条、塑料板及类似材料在沙面设置各种形式的障碍物,以控制风沙流方向、速度、结构,达到固沙、阻沙、拦沙、防风、改造地形等目的。

(四)调整种植结构,吸引农民参与流域综合治理

因地制宜地选择种植经济林果,既保持水土、增加植被,又使农民尽快地增加收入。在盐渍化农田土壤严重的区域,适当种植豆类作物;在干旱严重地段,多种植玉米等低耗水作物,减少小麦、棉花等高耗水作物的种植面积;面对土壤质量较差、欠肥沃地区,可通过发展薪炭林,

推广节柴灶、利用沼气和发展小水电等,实行多能互补,解决农业生产的能源问题。并通过建设小水库、打旱井、建集流工程等措施,解决灌溉、饮水问题。每一项目都坚持高起点规划、高质量施行、高标准验收,实现高产出、高效益的目标。当流域治理成果验收后,签订合同移交当地乡、村组织管理或由农民承包管理。重视流域治理成果的管护、推广和巩固提高,使其发挥更好的效益。在治理措施中还要安排长、中、短期效益并存的项目,以短养长,以长促短,使农民近期有利可得,远期有利可盼。以此吸引农民的积极投入,保证参与式流域治理和管理活动的持久性。争取将一系列比较完善的流域治理措施、办法及一套调动农民积极性的优惠政策以法律的形式固定下来。

九、车尔臣河流域生态保护措施

依据对车尔臣河流域生态环境现状与生态问题的分析,针对车尔臣河下游荒漠河岸天然植被退化的问题,除了纳入流域重点生态工程规划的湿地保育与地下水监测工程外,建议针对性地开展流域下游荒漠河岸植被保护、防沙治沙、农业用水效率提高与河道疏浚等措施。

(一)保证荒漠河岸林植被更新繁育,加强防沙治沙措施

车尔臣河汇入台特玛湖,该流域不仅是塔里木河流域生态圈的一个重要的组成部分,而且是维持台特玛湖湿地的重要保障。车尔臣河下游荒漠河岸林组成的绿色走廊是目前连接南疆与北疆的交通干线和新青铁路必经的沙漠咽喉通道,是生态环境和国防建设重点保护的绿色走廊。但近年来,上中游大量引水利用,导致下游几乎无水进入台特玛湖,下游绿色走廊植被衰败严重。由于车尔臣河下游荒漠河岸林孤入沙漠,所以,在保护下游荒漠林植被中有一个重要环节是必须要注意加强对荒漠-绿洲过渡带植被的保育繁衍,进而保证荒漠河岸林生态系统的稳定。在进行车尔臣河下游输水的同时,要保证车尔臣河下游荒漠河岸林植被得到有效保育更新,一方面需要开展生态封育,严格控制放牧与开荒,同时每年在胡杨种子成熟期进行一次人工引水漫溢保证胡杨林的更新繁育;同时,为保障绿洲农业区经济功能的稳定,也要注

意对绿洲外围过渡带进行严格封育,禁止放牧和开荒,保证过渡带天然植被的生态需水。另一方面要对车尔臣河下游加强防沙治沙措施的实施。据统计,车尔臣河流域每年由风沙导致灾害的次数为 1100-1500次,最多达 2200 次。每年 8 级以上大风平均 15.8d,最多可达 37d。车尔臣河流域是维持台特玛湖湿地的重要保障,其沙漠化防治对于下游湿地保护具有非比寻常的意义。在这一区域尤其要强化封禁保护,切实实行"三禁"制度(禁止滥开垦、滥放牧、滥樵采),切实汲取长期存在的边治理、边破坏的教训,遏制沙地活化,保护沙区植被;同时进行生态防风林建设,通过人工措施建立稳定生态防风林,改善区域小气候,防治风沙危害与水土流失,加强防沙治沙效果,保护绿洲区生产建设。

(二)清理河床淤积,治理河流

车尔臣河纵坡度达 7‰(河道每千米下降 7m),河水流速较快,较大的坡降和较快的流速非但没有降低车尔臣河河道泥沙淤积,反而因为车尔臣河河道本底是沙漠,泥沙本身极易移动且基量大,导致河水含沙量较大,汛期时每立方米河水含沙约 70kg,且移动速度较和田河大许多,伴随洪水暴发,冲蚀效果更为显著,使得河床游荡性增强,河道容易形成弯道淤积,进而给防洪带来了难度。因此,要充分利用工程措施对下游河道进行疏浚、清淤,引水口加强防洪,治理河道,将河道淤泥清理至两岸,利用荒漠植被进行固定,一方面利用河道淤泥促进植被生长增加河道稳定性,另一方面有效清除河道淤泥。

(三)保护车尔臣河下游湿地,防止生态整体恶化

车尔臣河下游湿地地处沙漠边缘与内陆河尾闾,处于水路交错带,因此,生态系统极其脆弱。该区域湿地得以维持的生态用水主要源于车尔臣河下泄洪水与塔里木河向尾闾的生态输水,水量来源与人为因素息息相关。该湿地生态用水量的维持是保护该区域湿地生态系统的根本,因此,确保车尔臣河下泄洪水量和塔里木河向尾闾生态输水量至关重要。一方面要进行山区水资源调控,加强对下游生态需水的保障力度,同时,从生态需水角度计算车尔臣河下游湿地生态需水量,保障

下游湿地植被保育的生态用水;另一方面要对车尔臣河下游河道植被的生态需水量进行研究,确保湿地外围生态环境的健康发展,为下游湿地系统的完整性和稳定性创造条件。

十、塔里木河干流生态保护措施

塔里木河干流上、中游(阿拉尔-恰拉)北岸荒漠河岸林宽幅为 16-80km,南岸宽幅为 1-40km,塔里木河下游植被分布稀疏,两岸河岸林植被分布范围 1-2km,整体以中游分布范围最广,随着离河道距离的增加,荒漠河岸林面积递减,特别是南岸在近几十年来大面积毁林开荒,造成天然林面积大幅缩减。中游下段乌斯满-恰拉区段北岸林地面积呈波动的下降趋势,受库塔干渠引开都-孔雀河入塔里木河的影响,北岸林地得到一定恢复。整体看由上游至下游,随河道水量减少,河岸林退化程度和沙漠化逐渐加剧。干流下游段北岸恰拉至大西海子段耕地面积较多,人类活动对天然植被破坏较大,对荒漠河岸林破坏尤为严重。大西海子水库附近由于水库漫溢,分布有部分盖度较高的沼泽化草甸,阿拉干以下天然植被分布范围极其局限,草地基本退化,植被仅分布在河岸 1-2km 范围内。

因为塔里木河干流地处极端干旱区,降水基本没有生态意义,河道来水对地下水补给起着重要作用,地下水埋深对以胡杨、柽柳为建群种的荒漠河岸林起着关键性作用,所以河道来水量对植被的分布具有明显的控制作用。

(一)干流上、中游荒漠河岸林生态保护措施

根据塔里木河干流两岸荒漠河岸林植物群落发育状况和胡杨林林相,参考林地在两岸的分布和保护需要,建议在干流上、中游南北两岸现有荒漠河岸林天然植被分布范围内(15-30km)设立省级或国家级的自然保护区,并且根据荒漠河岸林的分布特征,在干流南北两岸不同区域范围内依次划定自然保护区的核心区、过渡区和综合保育开发区,针对自然保护区不同区域的特点,设定不同对策下的荒漠河岸林生态保护与植被保育措施,分别确定以建立国家级森林公园与湿地公园、实施

生态退耕、封育恢复与综合修复等为主的保护对策与措施。

1. 建立自然保护区核心区

对于塔里木河干流上、中游南北两岸近河道 5-8km,荒漠河岸林植被发育相对较好,林相以有林地为主的区域,设为干流上、中游荒漠河岸林自然保护区的核心区,并尽快以自然保护区核心区为基础申请建立国家级荒漠河岸林森林公园与湿地公园,以便对塔里木河干流荒漠河岸林生态系统与珍稀的自然胡杨林以及野生动物加以保护,同时以自然保护区核心区与各森林公园、湿地公园为基础,为塔里木河流域天然胡杨林申报联合国教科文组织《世界遗产名录》做好准备并服务。在自然保护区核心区主要的生态保护措施如下。

(1)严禁开荒、薪柴

对干流上、中游南北岸荒漠河岸林核心保护区,必须实施完全彻底的封育保护,严禁开荒、薪柴和放牧并禁止一切农业、牧业的开发。借助河道生态来水与生态引水设施,根据实际情况每 1-2 年对核心封育区实施人工控制淹灌,依靠生态系统的自我设计,通过自然演替进行恢复。在核心区内设立林管巡护站点与瞭望站,并设立野生动物救护保护站点,巡视常态化,对河岸林植被与生活于其中的野生动物实施严格的保护。

(2)生态退耕,还林还草

核心保护区内的一切耕地必须全部实施退耕,对退耕土地实施还林还草,恢复核心区内荒漠河岸林自然植被群落的自然属性,逐步恢复这一区域的群落结构与植被多样性,为野生动物多样性的恢复创造条件。

(3)建立原生态公园,适度开发旅游

基于干流上、中游荒漠河岸林核心保护区,尽快申请设立国家级森林公园与湿地公园,可以适度开发生态旅游业,以实现自然保护区与各国家公园的良性发展。

2. 建立自然保护区过渡区

依据干流上、中游荒漠河岸林植被分布与盖度情况,以及河岸林林相特征,建议将自然保护区核心区外至距离河道 15-20km,河岸林林相以疏林地为主的区域设立为自然保护区的核心区与综合保育开发区的过渡区。这一范围内同样应严格禁止开荒与薪柴造成的毁林,主要实施生态封育与人为干扰下的生态综合恢复,有控制地进行牧业发展并实施生态退耕还牧等措施,具体措施如下。

（1）退耕还牧

对干流上、中游荒漠河岸林自然保护区内核心区以外的过渡区同样应该实施生态退耕,区内所有的耕地建议实施退耕还牧,在本区内严禁农业开荒与大规模的农业发展,建议实施有控制的牧业发展,将生态退耕推出的土地发展高产牧草种植,并以此作为畜牧业发展的基础。

（2）生态封育

对自然保护区中的过渡区,同样建议实施生态封育,封育的目的是为有计划地发展牧业,并对已经退化受损的荒漠河岸林植被更好地进行恢复。封育区内可以以轮牧的形式适当发展牧业,但是严禁农业开荒与薪柴。

（3）综合生态修复措施

建议借助干流生态水,通过生态引水设施,对这一区域的天然植被每2-3年实施一次人工控制的淹灌,并辅以人工漂种、断根萌蘖、补植、激活种子库等综合措施,实现受损生态系统的恢复。

3. 自然保护区外围综合修复与生态开发区

对于干流上、中游荒漠河岸林自然保护区核心区与过渡区以外至两岸距离河道30-35km的范围内,植被以稀疏林地或稀疏灌木和多年生草本为主的区域,建议设为荒漠河岸林自然保护区的外围综合修复与生态开发区。本区内建议以自然植被的综合修复措施与生态农业、生态林业、生态牧业开发相结合。

（1）天然植被的综合生态修复

利用干流生态水资源,借助生态引水设施与引水渠道,有步骤、分区段地对这一区域进行生态修复与重建。每3-5年对这一区域实施人工控制的淹灌一次,结合人工补植、激活种子库、漂种补充种源等改善群落结构,促进退化天然植被群落的恢复。

（2）生态产业开发

在保证自然保护区核心区与过渡区、外围区内天然植被的保育与生态恢复前提下，在外围区实施以生态经济林、生态牧业为主的生态产业开发，生态产业开发应聚焦于高效节水产业，并兼顾保护区内天然植被的保育。建议发展枸杞、沙棘等生态经济灌木林，柽柳、梭梭与大芸或甘草等生态药业等，以实现生态效益与产业经济效益的双赢。

（二）干流下游荒漠河岸林生态保护措施

塔里木河干流下游段（恰拉-台特玛湖）荒漠河岸林是塔里木河干流退化最为严重的区段，现有河岸林植被多以稀疏的林地与低覆盖草地为主，分布在宽度为 1-2km 的范围内，呈不连续的带状、斑块状分布。基于对塔里木河干流下游荒漠河岸林现状及其退化过程与退化机理的分析，在塔里木河干流下游一期综合治理的基础上，提出确保塔里木河干流下游荒漠河岸林生态需水的同时，继续保持严格封育并结合综合的人工修复重建生态工程措施，以实现对干流下游河岸林天然植被的恢复与重建。为此需要以下具体工作。

1. 物种的选择与配置

塔里木河下游地区地处内陆，远离海洋，属典型的温带大陆性荒漠气候，区内植被物种多样性较低，分布的植物物种以温带荒漠植被为主。因为生境恶劣且脆弱性强，区内植物群落结构及整个生态系统稳定性较差，原本经过成百上千年形成的植物群落格局因为整个生态系统的严重退化而大大改变，物种多样性显著下降，许多区段物种甚至退化消失，从现有景观已经难以判断曾经的植物群落结构与组成，因此在恢复过程中需要对恢复植被物种进行科学审慎的选择。

（1）物种选择

塔里木河下游地区的气候属暖温带荒漠干旱气候，其主要特点是气候干旱、降水稀少，年降水量平均仅为 20-50mm，多大风和风沙天气，夏季炎热，年蒸发量（潜势）平均却达 2500-3000mm，而单从降水量看为极端干旱气候区。因此，在这样一个极端恶劣的环境中种植植被和进行生态恢复，一个关键问题在于选择合适的植物种和采取恰当的栽培技术。从造林的立地条件看,塔里木河下游地区除了光热资源有利外,其他条件都十分严酷,这里水分奇缺,地表含盐量高,尤其对于造林初期的幼苗来讲极为不利。因此,在选择植物种时,要特别注意选择耐盐、耐旱、耐高温、耐沙埋的植物种。在塔里木河下游进行水土保持与生态植被恢复,物种的选择应首选本土物种。区域内现有物种是在整个生态系统经历了千百年自然选择的结果,现存各个物种在长期对生境的适应过程中,已经在驯化机制与适应机制下形成了良好的对恢复区环境的适应能力,比如耐干旱、耐盐碱、耐高温、耐沙埋等,这些物种是群落演替过程中自然选择的结果,更适合用于恢复区的植被修复。因为干旱区生态系统中生境的异质性较强,而塔里木河下游经多年的生态环境退化,植物群落格局及生境更加破碎化、斑块化,异质性也更强,因此在选择过程中要兼顾具体恢复区实际的生境条件。对于恢复区周边存在相对较完善植被群落结构的,可根据其群落特征进行修复物种选择;对于严重退化且目前已经没有植被覆盖的区段,在选定乔灌木框架物种的同时,应根据土壤种子库中的物种组成,复原并重建恢复区的群落结构特征。

在综合考虑恢复植被物种应具备的本土化、高抗逆性、生态位交错、易成活、生长快等条件下,最终选择在塔里木河下游进行植被恢复的乔木首选胡杨(*Populus euphratica*);灌木选择本土物种柽柳(*Tamarix* spp.),并在此基础上引入疆内抗旱好、生长快的荒漠优势物种头状沙拐枣(*Calligonum caput-medusae*)、梭梭(*Haloxylon* spp.);乔灌木林下层草本物种选择以多年生草本为主,主要为本土胀果甘草(*Glycyrrhiza inflata*)、疏叶骆驼刺(*Alhagi sparsifolia*)、罗布麻(*Apocynum venetum*)、花花柴(*Karelinia caspica*)、河西菊(*Hexinia polydichotoma*)等。

(2) 物种配置

生态系统中的植物群落在不同生境下演替过程中会形成一定的群落结构物种组成,生态系统内的各植物种会依据自身的生活习性与生境资源条件在植物群落结构中占据一定的生态位,以保证自身种群对生境的最优适应和对生境资源的最佳利用,并相应减小与其他物种的种间竞争。因此在进行植被恢复与重建的过程中,要进行恢复物种的配置,这样一方面可以加速整个植物群落的构建,缩短生态系统中植物群落的演替过程,加速恢复周期;另一方面,合理的物种搭配可以适当避免物种间的竞争,优化对有限生境资源的利用。

本项目在补植重建与植被修复过程中,依据恢复区实际生境条件,遵循"宜草则草、宜灌则灌、宜乔则乔"的原则,因地制宜地进行物种配置。模式主要为灌草群落结构物种配置、多种草本群落结构物种配置、乔木林下层灌草群落结构物种配置。

灌草群落结构物种配置:灌木选择以本土物种柽柳和引入的疆内荒漠优势物种沙拐枣、梭梭为主,通过补植灌木,构建植物群落的框架,同时通过漫溢灌溉时对种子库的激活增加物种多样性,激活土壤中草本植物种。对于土壤种子库中种源丢失的区段,可以通过适当的人工漂种进行种源补充,漂种宜选择本土多年生草本,首选多年生草本甘草、骆驼刺等豆科植物,在实现物种搭配的同时,可以兼顾利用豆科草本的固氮作用对土壤进行适当改良。

草本群落结构物种配置:对于单一草本群落结构恢复重建中的物种配置,宜根据土壤种子库中物种组成进行物种配置,以实现退化前恢复区群落结构的特征。对于土壤种子库中物种单一且缺少多年生草本的区段,可以通过漂种进行种源补充,在物种搭配上选择多年生深根系草本为主,可以与土壤中单年生浅根系草本搭配。多年生草本首选骆驼刺、甘草、花花柴等。

乔木林下层灌草群落结构物种配置:随着生境的恶化及地表水文过程的改变,胡杨群落中胡杨种群更新乏力,胡杨林下植被退化严重,林下沙地活化,物种多样性下降。在构建乔木林下层群落结构时,可以选择相对耐阴的本土灌木柽柳作为林下灌木层,同时选择多年生草本甘草、河西菊等组成草本层共同构建林下灌草结构。

2. 生态恢复技术方法与实施步骤

(1)生态恢复方法

生态恢复指通过人工方法,按照自然规律恢复天然的生态系统。它试图重新创造、引导或加速自然演化过程。人类没有能力去恢复真的天然系统,但是可以帮助自然,把一个地区需要的基本植物和动物放到一起,提供基本的条件,然后让它自然演化,最后实现恢复。大自然具有很强的恢复能力,大多数情况下,人类需要的是减少对生态系统的干扰,采取适当的措施控制火灾、虫灾和杂草,自然界所具有的顽强能力,将逐渐恢复并实现生态系统的各种功能。然而对于生态环境退化严重的区域,单纯依靠"自然设计"理念进行以自然恢复为主要过程的生态恢复往往难以实现,因为物种的丢失甚至灭绝、种源的缺失、物种多样性的严重不足等会使得急需恢复的区域在短期内难以实现有效的恢复。因此这就需要我们加入"人为设计"的理念,在尊重自然演替规律的基础上,适当加入人为恢复措施以辅助退化的生态系统恢复。通过人工设计和恢复措施,在受干扰破坏的生态系统的基础上,恢复和重新建立一个具有自我恢复能力的健康的生态系统(包括自然生态系统、人工生态系统和半自然半人工生态系统);同时,重建和恢复的生态系统在合理的人为调控下,既能为自然服务,长期维持在良性状态,又能为人类社会、经济服务,长期提供资源的可持续利用,即服务于包括人在内的整个自然界和人类社会。

根据预恢复区实际的自然条件、植被群落退化现状及生物多样性现状等,目前通常采用的恢复方法有"物种框架法"与"最大多样性法"。

物种框架法:物种框架法是指在生态恢复过程中建立一个或一群物种,作为恢复生态系统的基本框架。这些物种通常是植物群落中的演替早期阶段(或称先锋)物种或演替中期阶段物种。这个方法的优点是只涉及一个(或少数几个)物种的种植,生态系统的演替和维持依赖于当地的种源(或称"基因池")来增加物种和生命,并实现生物多样性。因此这种方法最好是在距离现存天然生态系统不远的地方使用,如保护区的局部退化地区恢复,或在现存天然斑块之间建立联系和通道时采用。

应用物种框架法的物种选择标准:

1) 抗逆性强:这些物种能够适应退化环境的恶劣条件。

2) 能够吸引野生动物:这些物种的叶、花或种子能够吸引多种无脊椎动物(传粉者、分解者)和脊椎动物(消费者、传播者)。

3) 再生能力强:这些物种具有"强大"的繁殖能力,能够帮助生态系统通过动物(特别是鸟类)的传播扩展到更大的区域。

4) 能够提供快速和稳定的野生动物食物:这些物种能够在生长早期(2-5 年)为野生动物提供花或果实作为食物,而且这种食物资源是比较稳定和经常性的。

根据以上的恢复措施实施方法原则,我们在塔里木河下游胡杨林外侧或旁侧生态系统及植被群落退化严重区段采取以物种框架法为主要指导思想的补植恢复。物种选用恢复区本土及疆内抗逆性强且生长迅速、再生能力强的灌木物种(柽柳、沙拐枣、梭梭)作为先锋框架物种,在补植前后进行灌溉激活土壤种子库中的潜在植物种源,进而实现群落的正常演替。这其中通过补植或漂种实现选中的先锋框架物种的定植与建立,通过漫溢灌溉激活种子库实现其他植物种的补充与群落的演替。实施区宜选在现存胡杨林外侧或附近退化区域,或者因退化稀疏分布的柽柳或胡杨群落中以及斑块状分布的植物种群之间的退化区域,通过这些恢复措施的实施,促进退化生态系统的恢复,实现恢复植被与自然植被的融合,进而形成更大范围的生态功能区。

最大多样性法:最大多样性法是指在生态恢复过程中尽可能地按照该生态系统退化以前的物种组成及多样性水平种植物种进行恢复,需要大量种植演替成熟阶段的物种,先锋物种被忽略。这种方法适合于小区域、高强度人工管理的地区。这种方法要求高强度的人工管理和维护,因为很多演替成熟阶段的物种生长慢,而且经常需要补植大量植物,因此需要的人工比较多。

一般生长快的物种会形成树冠层,生长慢的耐阴物种则会等待树冠层出现缺口,有大量光线透射时,迅速生长达到树冠层。因此,可以配置 10%左右的先锋树种,这些树种会很快生长,为怕光直射的物种遮挡过强的阳光,等到成熟阶段的物种开始成长,需要阳光时,选择性地间疏一些先锋植物,留出来的空间,下层的植物会很快补充上去,过大的空地还可以补种一些成熟阶段的物种。

对于在荒漠区进行植被恢复,采用最大多样性法难度相对较大,可以在绿洲区、过渡带等人类聚居区附近实施。物种宜选择胡杨、柽柳作为乔灌层,根据土壤种子库中物种组成特征、附近群落结构及组成特征等选择草本及小灌木等林下层植被。恢复措施以补植与漂种为主。

(2) 生态植被恢复具体步骤

塔里木河下游地处极端干旱区,生态环境恶劣,风沙、酷暑、干旱多种因素胁迫。特殊的生态环境条件以及植被整体退化的现状要求在这个区域进行生态植被恢复,根据实际情况进行合理的设计与规划,制定适宜的恢复模式与步骤。

1) 恢复措施实施前的灌溉

由于生态恢复试验区土壤中水分含量较低,特别是近地表 50cm 的土壤层,水分含量基本都在萎蔫系数以下,直接进行植被恢复基本不可能,无论是补植还是自然落种的过程都难以实现幼株的建立与定植。因此在恢复措施实施前对恢复区进行底水的补充尤为重要,通过 1-2 次足量的漫溢式灌溉,可以极大地提升土壤墒情,为后续植被恢复措施的实施创造条件。

恢复措施前的灌溉应借助河道生态输水,实施期宜选在秋末,这样可以减少水分的无效蒸发,延长灌溉水的下渗时间,更高效地利用有限的生态水,另外,也能使土壤中的水分在冬季因冻结而得以最大限度的保存,为春季自然植被的萌发与人工补植恢复等创造条件。

2) 恢复措施实施时间的选择

基于"生态契合"的理念,对塔里木河下游进行生态植被恢复时,应该与恢复区内植被的正常生理过程与发生规律相符合。生态输水应选在植物萌发的春季或胡杨、柽柳等主要优势种落种的 7-10 月,同时适时地扩大受水面积,可以使有限的生态水资源发挥更有效的作用(陈亚宁等,2004)。

利用河道输水对恢复区进行漫溢恢复时,应首选秋季,这样可以在漫溢的同时兼顾柽柳等物种的落种期,同时可以利用秋季收集的本土物种种子对退化严重、种源缺失地段进行漂种以补充种源。另外,秋季气温的下降,蒸发减弱,有利于漫溢生态水的下渗和对土壤水分的补给,为第二年春季种子库第一时间激活和萌发创造条件。另一个漫溢的时间为早春 2-3 月,这个季节植物还均未萌发,同时温度不高,蒸发较弱,灌溉的生态水可更有效地补充土壤水分,在气温上升后对土壤种子库进行激活。

补植恢复措施实施时间可以选在秋季或春季,其中春季补植可以减少补植幼株从种植到萌发定植的时间,避免幼株萌发前因失水被抽干,从而能够提升补植幼株的成活率。若生态输水能够在秋季实施,则在秋末植物进入休眠后进行补植也可,补植后应利用生态输水对补植恢复区进行一次充分灌溉,补充土壤水分,提高土壤墒情,帮助补植幼株在第二年春天定植成功。

断根萌蘖措施应选在春季胡杨没有萌发前进行,早春3月底实施断根,可以缩短断根后到根蘖的时间,减小断根因天干失水被抽干而失活的危险。因为春季是恢复区的风季,植物失水较快,对选定的胡杨母株进行断根后,应适时通过灌溉补充土壤水分,刺激并保证根蘖的发生。

3)生态修复措施实施后,应利用生态输水对保育恢复区的天然植被适时进行抚育灌溉,保证恢复绩效,防止恢复后的天然植被出现逆向演替。综上,整个恢复过程模式与步骤可以概括为:秋末漫溢补水、早春实施具体措施、综合恢复措施实施后再次适时抚育灌溉补水这三个步骤。

3. 退化荒漠河岸林生态系统综合恢复技术措施

结合对塔里木河下游多年的生态监测及对生境条件的分析,并结合已经实施的试验示范中的经验与教训,提出以下荒漠河岸林退化群落修复改造与生态多样性构建技术措施。

(1)种源补充生境改善技术措施

生态退化导致生物群落物种丢失和种源短缺,并且受非生物因素控制,缺乏繁育条件,群落难以自然发生,在进行人工种源补充的同时,通过一定的人工措施改善繁育生境,促进和加速其生态恢复(陈亚宁等,2010)。

主要技术措施:①种子采集和处理。根据退化植物群落物种构成和参考生态系统物种构成,在种子成熟时采集退化植物群落丢失物种的种子,检测种子活力,并进行低温保存。②生境改善。在4-5月利用地下水或9-10月的河水对荒漠植被进行不定期漫灌补水。利用灌水前开垦的犁沟,因势利导,引导水流尽可能地均匀灌溉。对荒漠植被进行灌溉,不仅可以激活土壤种子库中的种子,促进种子萌发和幼苗生长,而且还能改善退化群落丢失物种的繁育生境。③种源补充。灌溉补水时,再通过水流撒播退化群落丢失物种种子,模拟丢失物种种群的自然生繁过程。

(2) 荒漠河岸林植物群落自然发生人工激发技术措施

在有种源保障的条件下,利用地表水过程,在恰当的时空范围内,通过改变退化生态系统土壤水分条件,有效激活退化荒漠生态系统的土壤种子库,促进和加速退化生态系统的生态恢复(陈亚宁等,2010)。

主要技术措施:在土壤种子库0-5cm种子密度大于200粒/m^2的生态退化区,在4-5月份利用地下水或9-10月的河水对退化荒漠植被进行不定期漫灌补水。利用灌水前开垦的犁沟,因势利导,引导水流尽可能地均匀灌溉。对退化荒漠生态系统进行灌溉,可以激活土壤种子库中的种子,促进种子萌发和幼苗生长。

(3) 荒漠植被自然恢复人工促进技术措施

根据生境状况,选择性改变种植地条件,依靠天然传播种子机制,促进退化荒漠植被的恢复。具体技术途径是将种源补充生境改善技术与荒漠植物群落自然发生人工激发技术联合应用。

主要技术措施:①种子采集和处理。在6-10月柽柳、胡杨种子成熟时采集种子。当蒴果由绿变黄、少数蒴果开裂时,即应抓紧采收。采种时,应选择生长旺盛,花枝繁茂的植株。采集的蒴果如果当时不撒播,应摊开或晒干。②生境改善。在8-9月份利用河流洪水对退化荒漠生态系统进行灌溉。利用灌水前开垦的犁沟,因势利导,引导水流尽可能地均匀灌溉。对荒漠植被进行灌溉,不仅可以激活土壤种子库中的种子,促进种子萌发和幼苗生长,而且还能改善退化群落丢失物种的繁育生境。③种子撒播。灌溉补水时,在弃水的入水口撒播柽柳、胡杨种子,模拟柽柳(胡杨)种群的自然生繁过程。第二年再补水两次,并引导其根系向深层伸展,两年生的柽柳即可免灌而自维持。

（4）退化群落的人工改造技术措施

因人为干扰影响和严重缺水，干流下游荒漠植被群落结构遭到破坏，植被盖度下降。在离水源较近的地段，利用土壤种子库、种子流进行群落改造。这是因为植被严重退化地段，结种母树较少，土壤含水率低，植被的天然更新受阻。利用土壤种子库或人工撒种，促进严重退化地段植物种群的发生和植被的恢复。

主要技术措施：①种子采集和处理。柽柳种类较多，种子成熟期也不一致，新疆从 6 月起到 10 月都有柽柳种子成熟，种子易飞散。当蒴果由绿变黄、少数蒴果开裂时，即应抓紧采收。采种时，应选择生长旺盛、花枝繁茂的植株。采集的蒴果如果当时不撒播，应摊开或晒干。②开沟。在有柽柳种源的植被退化区进行开沟，沟的深、宽为 40-50cm，沟间距离为 2-4m。可采用人工或机械开沟，在 8-9 月向沟内蓄水。沟内蓄水后，土壤盐分受到灌水淋洗淡化，有利于种子的发芽和出苗。若种源不足，可在蓄水后向水面人工撒播柽柳（胡杨）种子。③灌水。在 8-9 月利用弃水对荒漠植被进行不定期漫灌补水。利用灌水前开垦的犁沟，因势利导，引导弃水尽可能地均匀灌溉。对荒漠植被进行灌溉，可以激活土壤种子库中的种子，促进种子萌发和幼苗生长。④种子撒播。灌溉补水时，在弃水的入水口撒播柽柳种子（也可撒播胡杨种子），模拟柽柳（胡杨）种群的自然生繁过程。第二年再补水两次，并引导其根系向深层伸展，两年生的柽柳即可免灌而自维持。

（5）人工植被与天然植被的生态融合技术措施

在不破坏原有天然植被的前提下，向退化荒漠植被中适度引入人工植被，并向人工植被有控制的供水，在保证人工植被成活的同时，产生一定的空间生态效应，使融合区和响应区的原有荒漠植被得到保育和恢复。

主要技术措施：①引入树种。树种主要选择生长稳定、长寿、抗旱性强的乡土树种，如胡杨、灰杨、柽柳、梭梭、沙拐枣等。②栽种技术。树木栽种方法采用带状配置方式和穴状局部整地方式，以常规造林方法栽植，株行距为 2m×2m，树坑大小为 40cm×40cm×50cm。同时，铺设输水管线，确保人工栽种树木的灌溉。融合区配置为 4 条人工植被带加 3 条原生天然植被带,其中人工植被带的宽度为 20-30m,保留原生天然植被带宽度为 30-40m。

(6)胡杨萌蘖更新技术措施

包括胡杨表层根系自然萌蘖更新人工促进技术、胡杨开沟断根萌蘖更新技术、人工促进胡杨萌蘖更新等。

萌蘖更新的范围:现阶段胡杨的大面积更新恢复受给水条件等限制,采用人工辅助引水实现胡杨群落更新首先应在河道附近 0-150m 的范围局部实施较宜。

塔里木河下游地形平坦,坡降 1/7900-1/4500,但胡杨分布区微地形差异很大,落差高达 2-5m 以上,地表面淀积 40cm 厚细粒沙壤土,林内运输不便,大部分胡杨分布区主河道下切较深。实施更新给水条件很困难,采用人工和调用机械挖掘也存在许多问题。

由于在离河道边 50m 区域,根系分布状况较好,近期输水后,地下水位和土壤水分可基本满足植物生长的需求,具备萌蘖更新的条件;距河道边 50-150m 的范围实施萌蘖更新有一定的风险,随着与断流源区大西海子距离的增加,风险增大;距河道边 250m 以上的区域进行萌蘖更新困难很大。

自然萌蘖更新的人工促进措施:选取距离河道 100m 范围内长势良好的成年胡杨作为亲株,在胡杨附近距离胡杨 3-5m 的距离开挖环形灌溉沟,沟宽 1-2m,深 50cm 左右,借助生态输水的契机,利用生态闸抬高水位或通过泵取,在秋季入冬前和早春对选定胡杨进行充分灌溉,在胡杨亲株附近形成高土壤墒情的区域,刺激补水区内胡杨水平根系活力,促进根蘖的发生。

断根萌蘖更新措施:根据试验研究和分析可知,无论机械断根和人工采挖断根都可实现胡杨萌蘖更新,但需要达到一定的土壤深度并有适当的给水。实施范围可以延伸到距河岸 300m 甚至更远的范围内,实施主要以开沟断根萌蘖方式为主。其中开沟分为引水沟和断根沟,引水沟主要起引水作用。引水沟开好后应及时对胡杨林进行淹灌一次以达到浸润徒然、提高地下水位的目的。在此基础上再开断根沟,沟深 100-150cm,宽 50cm 左右,长 5-10m。根据胡杨水平根生长特性:距地

表 60cm 以上的水平根所占比例为 51.50%,深度在 60-80cm 所占比例为 27.50%,深度在 80cm 以下所占比例为 20%。毛沟开到 1m 深度时,大部分水平根系可切断,有利于大比例萌芽。综合比较断根沟深度以 100-130cm 为宜。断根在秋季与春季均可进行,但是春季效果更好。在早春 3 月底至 4 月初,胡杨母株尚未萌芽之时,对选取的母株邻近河岸侧或向阳侧进行断根沟开挖,并适时进行一次充分灌溉补水,一般当年即可萌发多株幼苗。

4. 生态恢复中应注意的问题

(1)一年生草本爆发式的增长

塔里木河下游土壤种子库赋存大量一年生草本猪毛菜、角果藜等物种的种子,加之在漫溢过程中随水漂入的这类物种种子,常常会出现在秋季底水灌溉和漫溢激活土壤种子库中一年生草本植物的现象。爆发式增长的一年生草本可以在短期内快速提高恢复区的植被盖度,同时可以为一些多年生的草本及灌木的定居创造一定的条件。但是单年生草本多是浅根系植物,在后期缺乏灌溉后会快速死亡,枯死的这些一年生草本常常聚集成堆,且干燥易燃,给塔里木河下游生态林的防火带来一定潜在危险,应特别注意! 另外一年生草本在生长过程中会大量消耗浅层土壤的水分与养分,这将会与另外一些群落结构的顶级物种形成一定竞争。但是因为这些物种种子量大且宜萌发,难以在恢复措施中避免,同时此类物种在后期群落演替中会逐渐让出生态位给多年生的抗逆性更好的物种,因此只需在前期做好森林防火即可,这些爆发式增长的单年生草本可以通过自然地群落演替被逐渐替换。

(2)补植措施中的注意事项

塔里木河下游荒漠河岸林生态系统所处的自然环境极为恶劣,空气干燥,降水稀少,地下水埋深大且土壤含水量低。在这一区域通过植被补植进行生态恢复重建,困难重重,所用树种必须具有极强的干旱抗逆性。根据试验研究得出如下结果。

1)如果单纯从补植幼株成活与干旱抗逆性看,建议在塔里木河下游进行植被补植恢复时应当首选柽柳。但是如果综合考虑到柽柳的高耗水特性可能会加剧研究区地下水埋深的加大等因素,应当结合生态位,实行多物种搭配补植,沙拐枣是一个良好的选择。

2) 如果要在胡杨林中退化的林下沙地进行补植重建,可以选择对遮阴有较好适应能力的柽柳幼株,同时可以在林间相对开阔且光照较好的区域搭配胡杨幼株。

3) 对于沙拐枣与胡杨幼株补植区,当根区土壤含水量降到田间持水量的 30% 以下时,应考虑适当补水灌溉,防止干旱胁迫下幼株组织受损;对于柽柳补植区域,主要在补植初期进行适当抚育保证其成活与定植,后期基本不需要灌溉抚育。

(3) 断根萌蘖中的注意事项与建议

胡杨的断根萌蘖是通过人工对母株实施一定的干扰与刺激,切断部分浅层土壤中的水平根,实现根蘖。这种措施对母株势必会造成一定扰动,由前期试验可以证实,少量的断根不会对母株的生理过程产生明显影响,但是在断根中应注意保护母株主要根系。试验发现萌蘖的水平根直径主要集中于 1-5cm,而超过 5cm 的水平根应避免伤及,以减轻对母株的扰动强度。鉴于此,建议断根尽可能人工实施,避免机械施工对主根的损伤;断根沟只在一侧开挖。

(4) 调整下游输水时间与输水方式

在向干流下游实施生态输水的过程中,除了要保证输水水量外,还要充分考虑到下游主要乔、灌木植物种子落种时间和种子寿命的特征,每年最适宜输水时间应以 7-9 月为宜。但从塔里木河洪水到来时间(一般 8 月以后)以及博斯腾湖周边地区农业生产需水情况看,7 月份给水的难度较大,加上水库蓄水和调水的时间,最可行的输水时间是 8 月中旬到 9 月底(陈亚宁等,2004)。另外种子繁殖的先决条件是有地表漫溢或表层土壤含水量较高,因此每次输水的水量不宜太小,除满足河道过水外,尽可能实现一定区域的地表漫溢,扩大受水面积,以促进天然植被的大面积更新和繁殖。

塔里木河下游目前采取的是沿河道"线形"输水方式,这种输水方式虽然对提升河道附近地下水位、拯救天然植被的生命系统起到了重要作用,但它只能起到对原有的、日益衰败的老龄植被的拯救和复壮作用,而不能实现胡杨、柽柳等植物的更新,更难以实现区域生态系统的可持续性。在 2000-2009 年的输水过程中，均采用沿单一自然河道"线形"输水方式，这对断流 30 余年的河流来说，是一个拯救生命的过程，是及时的和必要的，对河道附近地下水位抬升和拯救垂死的天然植被起到了重要作用，但对植被的影响范围极为有限，距保护"绿色走廊"的目标还有很大差距（陈亚宁等，2004）。为此，应实施双河道输水以及河道输水与面上供水相结合方式，有计划、分区段进行面上供水，由上段至下段逐步扩大恢复范围。2010 年下游实现了齐文阔尔河和老塔里木河两条平行的河道同时向下游输水，从目前实施效果来看，影响是明显的。

参 考 文 献

陈亚宁，张小雷，祝向民，等．2004．新疆塔里木河下游断流河道输水的生态效应分析．中国科学(D辑)，34 (5)：475-482.

陈亚宁，等．2010．干旱荒漠区生态保育恢复技术与模式．北京：科学出版社．

陈亚宁，杜强，陈跃滨，等．2013．博斯腾湖流域水资源可持续利用研究．北京：科学出版社：10.

程仲雷，海米提·依米提．2011．克里雅河流域水资源承载力初步研究．安徽农业科学，39(35)：21 997-21 999.

沈永平，王国亚，丁永建，等．2009．1957-2006 年天山萨雷扎兹-库玛拉克河流域冰川物质平衡变化及其对河流水资源的影响．冰川冻土，31 (5)：792-800.

沈永平，王顺德，王国亚，等．2006．塔里木河流域冰川洪水对全球变暖的响应．气候变化研究进展，2(1)：32-35.

王江红．2006．孔雀河中下游生态环境治理探讨．干旱环境监测，20(1)：35-37.

第七章 塔里木河流域生态水权
与生态补偿研究

生态水权问题在干旱区表现得尤为突出,是干旱区水资源利用与生态保护的关键所在。生态水权的建立是区域生态环境用水得以保证的基础,是干旱半干旱区的脆弱生态环境得以恢复的重要保障。干旱区以资源型缺水为特征,水资源开发过程中的生态与经济的矛盾十分突出,因此,分析确立干旱区内陆河流域的生态水权、探讨流域水资源开发过程中的生产与生态间关系以及生态补偿问题,对干旱区内陆河流域生态安全和经济社会可持续发展有着重要的现实意义。

第一节 流域水权问题

一、水权的提出和界定原则

水权也称水资源产权,是包含水资源所有权和使用权等各种用水权利的一个权利束。在水资源的所有权属于国家的前提下,水权主要是指水资源的使用权,包括占有、使用、经营、转让、收益和处分等一系列权利(和莹和常云昆,2006)。依照法律规定,水资源等自然资源归国家或集体所有,但客观上存在着水资源所有权与经营权、使用权的分离,导致了水资源产权模糊(张郁等,2003),从而导致部分区域的水权分配不均,造成各水资源利用部门使用不明确,浪费现象严重,无法达到水资源有效利用的目的。

界定水权不可避免会涉及方方面面的利益调整,因此必须遵循三方面原则(常云昆,2001):第一,可持续发展原则。力图达到水资源利用和水环境保护的协调统一。第二,效率原则。水资源使用权的界定应坚持效率优先,兼顾平等。效率原则包括两层含义:一是水资源使用权的界定能够起到节约用水、提高水资源利用效率的激励作用;二是从全流域整体出发,水资源使用权的界定不能绝对平等,而应在优先保证各地区基本生活用水的基础上,适当向水资源利用效率高的地区倾斜,这样有利于引导水资源向优化配置的方向发展。第三,补偿原则。如果水权的界定导致流域地区不同省份在水资源利用上的收益变化,收益大的省(区)应向利益受损的省(区)进行适度补偿。只要从总体上看,收益的增加大于部分地区的损失,水权的界定就是符合社会最大化原则的。

在水权的权属问题上,我国《水法》第三条规定"水资源属于国家所有。水资源的所有权由国务院代表国家行使。农村集体经济组织的水塘和由农村集体经济组织修建管理的水库中的水,归各该农村集体经济组织使用"。从权利行使的形态来看,水权可分为汲水权、饮水权、蓄水权、排水权等。从权利行使的目的来看,水权可分为家庭用水权、市政用水权、灌溉用水权、工业用水权和环保用水权等。我国《水法》主要依据上述两个标准对水权进行分类(唐忠辉,2009)。水法第四条从行使目的角度将水权主要分为生活用水权、生产经营用水权和生态环境用水权。

国内许多学者根据不同区域水权问题,对有效分配水权的方法进行了研究。李刚军等(2007)根据水权初始分配有效性、公平性与可持续性的原则,建立了水权初始分配指标体系,并构造了层次结构模型。然后利用标度转化法,将互反性的"1-9 标度"转化为互补性的"0.1-0.9九标度",再利用后者与指标体系建立模糊互补判断矩阵,并对该矩阵进行模糊层次分析,从而将模糊层次分析法(FAHP)引入了初始水权分配领域。

在缺水地区,水资源的初始分配必须首先满足基本生活用水和生态与环境用水,这已经成为共识。因此,初始水权分配的关键是工农业用水的分配,这也是地区水权分配的基础,然后才是在此基础上,研究工矿企业内部各行业和农业内部各行业,包括种植业、林业、畜牧业、副业、渔业的合理分配问题。一般地说,初始水权分配应符合以下基本原则(田圃德,2004;苏青等,2001):①在尊重历史的基础上协商调整原则。尊重历史就是说在水权初始分配中要尊重用水历史。首先是要尊重水权许可制度的成果。初始水权界定不是另起炉灶,而是坚持以现有水权许可为主要依据,避免给现有用水者造成不必要的混乱、恐慌和新的纠纷。其次,初始水权的界定还要尊重历史上用水许可涵盖的习惯用水。②合理性原则。合理性原则也是公平性原则的基本体现。目前对初始水权分配的公平性原则有不同理解。例如,有人认为在现状用水的基础上,按总量控制等比例增减就是公平的;也有人认为,按一定的用水定额比例分配就是公平的;还有人认为,只要能够为各方面所接受就是公平的等。鉴于对公平性原则没有提出客观标准,容易导致误解,我们强调合理性分析。合理性的标准首先是符合国家宏观调控政策,有利于全面建设小康社会,有利于逐步实现水资源的优化配置和高效利用,有利于提高水资源使用效率。③优先权设定原则。初始水权优先权的确定应坚持尊重历史、局部协商调整的原则。以先占用优先权为主,兼顾河岸权,适当考虑用水目的加以确定。在初始水权优先权设定的表达上,区分水资源的紧缺程度,选定适当的表达,对于水资源丰富且尚不会发生用水矛盾的流域,完全可以采用以取水许可授予时间为主,设立先占优先权。而对于水资源相对紧缺,枯水期即会发生用水冲突的流域,特别是针对个别用水的总取水量超过实际可更新的水资源总量的区域,通过不同的取水保证率条件,明确界定优先级别(秦大庸等,2005)。④生态公平原则。生态公平原则要求考虑生态取水因素,体现可持续发展的伦理观念。生态公平原则适用的领域有二:一是河流内外的水资源分配问题。由于防凌、减淤、生态、环境等也需要用水,所以存在河流内外水资源分配问题。国务院 1987 年的黄河水资源分配方案,分配的就是扣除黄河自身用水之后的多年平均水量(常柄言等,1998)。另一个是河流外生态的取水权问题。河流外生态作为特殊的主体,应赋予基本水权。⑤初始水权分配应有利于促进农业水资源高效利用。农业在保证粮食安全最低用水的前提下,允许水权有偿转让,主要目的是提高灌溉利用系数,促进农业种植结构调整,也包括适当比例水权向非农业转移,从而提高农业对水资源的利用率(常柄言等,1998)。

二、生态水权问题

随着生态环境的恶化以及由此带来的人们对环境保护意识的增

强,人们对良好生态环境和生活环境的追求日益强烈。《水法》第四条、第二十一条、第二十二条、第二十六条和第二十七条等条款都直接或间接规定了在水资源开发利用过程中要兼顾生态环境用水需要。第二十一条第二款规定"在干旱和半干旱地区开发、利用水资源,应当充分考虑生态环境用水需要",该条款强调规定了保护生态环境用水在某些情况下的优先地位。1992 年联合国环境与发展会议通过的《21 世纪议程》中就已经提出:在开发和利用水资源时,必须优先满足人类基本需要和保护生态系统。因此,水资源必须是在不破坏生态环境的前提条件下才能被开发利用,不能只追求对水资源的最大化占有、使用和效用的最大化,必须考虑水资源开发利用过程中的生态环境问题,用于生态环境部分的水资源水权是不能进行交易的。这类水权我们称之为生态水权。

　　我国西部干旱半干旱地区,由于特殊的气候条件,该地区的生态环境比较脆弱,很容易受到人为因素和自然因素的影响,甚至是毁灭性的破坏。由于以前我国对生态环境重视程度不够,多数地方过度开发(开荒、过牧)、形成生态环境异常严重的局面。特别是干旱半干旱地区生态环境对水的依赖性很强,在水资源的利用方面,由于社会经济的发展,在许多地区挤占了生态用水。在近 20 年来,干旱区经济的快速发展引起了社会经济用水量的大幅增长,使得生态环境用水大幅减少,从而导致了一系列生态环境问题:地下水位迅速下降、自然植被大面积衰亡、盐碱地面积增加、沙化加剧、河道断流延长、尾闾湖泊干涸。生态水权问题成为干旱区面临的严重问题。生态水权的建立是区域生态环境用水得以保证的基础,尤其是干旱半干旱区的脆弱生态环境得以恢复的重要保障。

　　十八大报告在大力推进生态文明建设中明确指出要建立反映市场供求和资源稀缺程度、体现生态价值和代际补偿的资源有偿使用制度和生态补偿制度。积极开展节能量、碳排放权、排污权、水权交易试点。生态水权作为水权的一个重要组成部分,无疑在生态文明建设中具有不可忽视的作用。

　　生态水权具体表现在维持生态与环境功能所需的水资源量,对包括滨河在内的河道而言,主要体现为最小流量的确定。对流域而言,多通过定额法确定生态需水量(丛振涛和倪广恒,2006)。生态水权的分配应在区域生态需水量(生态用水)的基础上,根据该区域水资源总量进行计算、分配。

我国部分学者对生态水权的实现做了一些尝试性研究与探索。如丛振涛和倪广恒(2006)对生态水权的实现方法和途径做了理论分析,认为生态水权的界定应以简单易行、便于操作为原则,对不同的气候区域,可以按照如下原则确定生态水权:干旱区内陆河应以下游尾闾的水量为目标;半干旱区的河流、河道生态水量应以入海水量为重要的控制目标;湿润区一般不存在河道最小生态水量问题,但修建大型水利工程特别是水力发电工程后,需要保证必要的基流与洪水过程,不能单纯以发电的经济效益考虑问题。吴季松(2004)就扎龙湿地补水中遇到的问题提出对生态水权问题的探讨,郑洲(2008)对绿洲生态水权分配的原则和方法进行了分析,认为绿洲生态水权界定有水质和水量两个方面。总体上讲,生态用水对水质的要求不是很苛刻(王让会等,2005)。李宗礼等(2008)在对石羊河流域水资源分配现状基础上,发现水资源调度在挖掘了当地水资源潜力和当前外调水潜力的情况下,仅能维持全流域生活、工业、部分生态需水和部分农业需水;为抢救下游生态,中游还需维持不超过现状水平年的地下水超采量,这将是流域可持续发展的隐患,而这将会造成更深一步的生态问题产生。邓铭江(2003)对塔里木河流域治理中的水权管理做了案例分析。左其亭等(2002)根据不同覆盖类型把生态用水分为:①植被生态用水。植被类型可分为绿洲人工林、荒漠河岸林、河谷林、荒漠林、低地草甸等。②湖泊、水库及重要河道生态用水。湖泊、水库、河道生态对当地生态环境有十分重要的意义,是维持当地生态系统的生命线。③城市生态用水。是指为了改善城市环境而人为补充的水量。主要包括公园湖泊用水、风景观赏河道用水、城市绿化与园林建设用水以及污水稀释用水。陈亚宁等(2008)结合对维系干旱区内陆河流域生态安全的生态需水量研究,从干旱内陆河流域的水文过程与生态系统的稳定性关系、维系天然植被的合理地下水位确定、生态用水的形式以及生态需水计算方法等方面进行了分析,并以塔里木河干流为例,计算得出塔里木河干流的天然植被耗水量和需水量分别为 $24.99 \times 10^8 \mathrm{m}^3$ 和 $31.74 \times 10^8 \mathrm{m}^3$。

目前,生态水权分配的实证研究非常少,我国学者也仅在湿地生态水权分配上存在个别案例研究。曹学章等(2011)对白洋淀流域湿地生态水权进行了实证研究,提供了难得的实证素材。湿地生态水权的计算公式如下:

$$W_{湿地水权} = (W_{总} - W_{生活耗}) \times \frac{W_{湿地耗}}{W_{上游生产生态耗} + W_{湿地耗}} \tag{7.1}$$

式中,$W_{湿地水权}$ 为湿地生态水权量;$W_{总}$ 为流域水资源总量;$W_{生活耗}$ 为以耗水量计的流域内基本生活需水量;$W_{湿地耗}$ 为以耗水量计的湿地生态需水量;$W_{上游生产生态耗}$ 为以耗水量计的湿地上游生产生态需水量。

选取水资源供需矛盾突出的三个水平代表年进行水资源量和需水量的分析计算,分别是平水年(保证率50%)、一般枯水年(保证率75%)和特别枯水年(保证率95%)。

其中,流域水资源总量($W_{总}$)一般可利用现有计算成果。基本生活需水量($W_{生活耗}$)是维持人的生命、健康以及满足基本生活需要的水资源,不包括人们更高层次的用水需求。湿地生态需水量($W_{湿地耗}$)常用生态学法和生态水文法计算。生态学法是将湿地生态需水划分为湿地植物、湿地土壤、生物栖息地、渗漏补水、溶盐洗盐、防止岸线侵蚀、净化污染物、旅游休闲等各项需水,分别计算各类需水量,然后再耦合。生态水文法主要从湿地的水文条件出发,通过对其长序列的水文资料分析,寻求该湿地较适宜的水文条件,然后与生态环境状况进行对照分析,得出相应的生态水位(或水面等),计算出需水量。湿地上游生产生态需水量($W_{上游生产生态耗}$)是湿地除基本生活需水以外的其他需水,这些需水是需从水资源总量中支出并消耗的部分,包括农田灌溉耗水、果园灌溉耗水、畜牧业耗水、工业耗水、水面面积扩大增加的耗水等需水。

将各项需水量结果代入式(7.1),可得到不同保证率下的年生态水权量。将湿地生态水权量与生态需水量进行比较,若湿地生态水权量大于湿地适宜生态需水量,可按湿地适宜生态需水量进行补水,使用的是湿地本身的初始生态水权,而未占用上游区域的水权,不需要对上游区域进行补偿;若湿地生态水权量小于湿地适宜生态需水量,但大于最小生态需水量,按照生态水权量供水,也不需要进行补偿,但若按照适宜生态需水量从上游地区为其供水,则占用了上游的水权,就需要对上游进行补偿;若湿地生态水权量远小于最小生态需水量,仍然按照最小生态需水量进行补水,也要占用其他地区的水权,需要对此进行补偿。

在我国西北干旱区,生态水权制度建设还处于理论探索的起步阶段,实证研究尚未涉足,要在大范围内实施还需要一个漫长的过程,因此我们需要选取典型区域进行试点,特别是生态环境脆弱的保护区。鉴于本书第六章提出的塔里木河流域重点生态工程设计,可以选择流域典型区域湖泊湿地生态保护工程进行试点研究。

三、塔里木河流域的生态水权

确立塔里木河流域生态水权的目的在于:提高流域水资源利用率、确保流域生态安全、实现流域经济社会的可持续发展。为此,针对塔里木河流域存在的生产、生态和生活用水的矛盾,提出如下建议。

(一)加快水权制度的建立,保障生态水权

在有限的水资源条件下,实现农业和生态高效用水与水资源的合理配置,大幅提高生产效率,实现生态系统良性循环及经济可持续发展,其重要的环节就是初始水权的合理确定。水权制度建设是实施水资源科学管理的重要基础,而初始水权的明晰是水资源优化配置的根本。缺乏科学合理且清晰的初始水权是塔里木河流域用水不合理的主要原因。水权的初始分配实质上是初始权益的划分,其界定对保护流域水资源、保护流域生态环境、协调各用水户的正当权益,促进节约用水和提高用水效率有着重要意义(何逢标和唐德善,2007)。

生态环境是人类生存的基础,保护生态环境是流域水资源利用的重要目标。塔里木河流域水资源比较匮乏、生态环境系统十分脆弱,在水资源实际利用中,生产用水强烈挤占了生态用水,给生态环境分配一定的水权是维护和恢复流域生态系统功能的基本要求,也是水权界定的一个主要目标。

水资源配置的优先顺序为:充分满足城乡生活用水,保障稳定人工

绿洲的生态用水,基本满足工业用水,公平分配农业基本用水,适度预留应急用水。生活基本用水关系到人类的生存权,必须予以有限保障。维持生态系统和水环境所必需的水资源量,是一种非排他性的公共品,当其作为旅游或观赏的用途时,是竞争性的,是可以通过初始水权分配和市场交易实现合理配置的,但当其作为防治生态危机、物种退化、水质劣化等用途时,是非竞争性的,没有人会排除在享用它们之外。人们从生态和环境改善得到的好处是难以收费的,因此没有市场,这类用水应由政府提供。在一个流域内,由于不同地区的经济发展程度各异,需水发生时段不同,人口的增长和异地迁移产生新的水资源需求;还有人类目前对气候变化的不可预测性等因素。在流域初始水权的配置中,不能分光吃净,要适当留有余地,以便应急和备用,并且政府应保留这部分预留的水权(姚傑宝等,2008)。而从塔里木河流域的水资源利用现状来看,不仅没有了预留应急的水,连生态用水也微乎其微。加快水权制度的建立是塔里木河流域乃至整个南疆地区持续发展的关键。

(二)确立流域生态产权制度

由于塔里木河流域生态资源的稀缺性,又具有经济学中公共产品属性,起初对水资源需求不高,政府一直将其视为公共产品配置,但是流域内农业、工业、城镇化发展迅速,用水矛盾紧张,占用生态用水发展产业和城镇现象十分普遍,不同的利益群体用水竞争就越发激烈。因此,确立水资源产权制度就显得尤为重要。以塔里木河流域"九源一干"总体水资源总量为基础,确立生态用水产权(即生态水权)、农业用水产权、工业用水产权、城镇用水产权制度。根据生态需水量建立生态水权红线制度、生态水权黄线制度,用市场化的手段保证生态产权不受侵害。

由于生态本身不能主张自己的权利,所以生态水权的实现与一般水权有所不同。针对塔里木河流域的特征,我们认为首先应该满足沿河两岸天然植被生长所需的最低水量,然后在初始水权的划分中对生态水权予以考虑,最后在水资源规划、水资源管理中实现生态水权。生态水权的实现首先是立法的保证,然后是水资源规划中对生态水权的规定,最重要的是水资源管理过程中水行政主管部门对生态水权的重视与落实,特别是要落实对侵害生态水权的惩罚措施。

(三) 确保生态水权,缩减农业水权

塔里木河流域水权交易转让主要是指生产生活用水之间的转让,生态用水由于长期被挤占,所以没有多余的水可供交易。2001 年国务院批准实施《塔里木河流域近期综合治理规划报告》,塔里木河流域管理局已先后实施了 14 次向塔里木河下游生态输水,从大西海子水库累计下泄水量 $41.64 \times 10^8 m^3$,10 次将水输到台特玛湖,有效改善了下游生态环境(详见 http://tahe.gov.cn/zhuanti/shushui/shouye.html)。目前已正式启动第 15 次生态输水工程。水权制度和水权市场建立以后,国家须不断增加回购生态水权的数量,补充生态用水,改善生态环境。就水权转让形式来说,农业、工业和生活水权之间的相互转让都是可能存在的,但就塔里木河流域的实际情况来看:根据塔里木河流域水资源公报计算,塔里木河农业用水量所占比例高达 96% 以上,因此,源流区农业节水潜力较大,水权交易转让主要是农业水权向工业水权的转让。

(四) 重点开展天然植被生态水权的计量研究

干旱区流域生态水权的实证研究甚少,为数不多的研究也仅停留在概念、原则、内涵等的理论探讨上。不同的生态系统涉及的生态水权内涵与计量方法都有所不同,针对目前塔里木河流域天然植被退化等突出生态环境问题,我们认为对天然植被生态水权的界定和计量是当务之急。

塔里木河流域天然植被生态水权是塔里木河流域源流和干流天然植被生态水权的实际主体及其授权的执行主体,拥有绿洲生态系统中天然植被生态用水的所有权、使用权与其他相关权利,同时承担相应的义务和责任。研究认为国家是天然植被生态系统生态水权的实际主体。国家可以授权塔里木河流域管理局、叶尔羌河流域管理局、和田河流域管理局与阿克苏河流域管理局及其南疆各地州与兵团各级政府作

为执行主体,负责天然植被生态水权分配。

　　流域天然植被生态水权的计量则采用潜水蒸发法,即天然植被生态水权需求等于天然植被面积乘以其潜水蒸发定额。借鉴曹学章等(2011)对白洋淀湿地生态水权的研究,我们认为塔里木河流域天然植被生态水权也不应该是一个定值,在不同的年份(平水年、一般枯水年和特别枯水年)有不同的生态水权量。

第二节　流域生态补偿问题

　　在生态补偿机制研究方面,20 世纪初期,英国经济学家 Arthur Ceeil Pigou 首次提出了根据污染所造成的危害程度对排污者征税,称之为"庇古税"。生态补偿的概念由"庇古税"延伸而来,是让污染者和破坏者对自己的行为所造成的生态环境质量的下降给予修复和补偿,实质是用经济学手段解决生态环境资源正外部性的问题。

　　国外对生态补偿研究以市场角度出发,通过付费对人类行为产生的生态系统状况下降给予补偿,保持生态系统的稳定性,提出生态环境服务付费(PES)概念(Kumar,2008)。国外对生态服务付费已经涉及水资源、污染物排放、森林生产、土地利用等多方面。国外最早对生态补偿机制实践的是美国,在 19 世纪 70 年代,美国麻省马萨诸塞大学的 Larsno 和 Mazzares 首次提出了帮助政府颁发湿地开发补偿许可证的湿地快速评价模型(张建肖和安树伟,2009)。1989 年,纽约市通过对流域上游地区的农场主、森林主以及木材公司进行补偿,促进农业和林业的发展,使得影响水质的磷含量和微生物病原体有效减少,最终达到改善水质的目的。1996 年,美国环境保护局颁发了一项《基于流域的交易草案框架》,旨在对美国各州建立流域贸易制度进行指导,成立流域银行。流域银行作为一个可供票据交换的系统,通过中介的进入,可以供污染排量买卖交易(李俐,2013)。澳大利亚在马奎瑞河建立"灌溉者支付流域上游造林协议",由食品与纤维协会向新南威尔士州的林务局支付"蒸腾作用服务费"为其获得的流域生态环境功能性服务价值付费。1998 年,澳大利亚建立世界第一家碳汇交易市场,开始用市场手段对二氧化碳排放进行治理(李静云和王世进,2007)。德国与捷克达成易北河综合整治协议,对源头 1500km² 实现生态补偿,取得了良好的经济效益和生态效益(赵玉山和朱桂香,2008)。国外关于生态服务付费机制建立,其参与主体大多是市场上的供给方、需求方和中介者,市场机制是基础性决定作用,政府发挥宏观管理作用(李怀恩等,2009)。

退耕还林是一项长期而艰巨的任务,政府补偿机制是目前开展生态补偿最主要的形式,也是目前比较容易启动的补偿方式。国外有许多类似我国退耕还林工程的项目,如美国的土地休耕保护计划(CRP)、欧盟的土地保护计划(CPP)、加拿大的森林长期覆盖计划(PCP)和墨西哥的环境支持服务计划(PSAH)等,这些计划在减少水土流失、保护生态环境方面发挥了巨大作用。国外的土地一般归地主私有,在这种私有土地制度下,生态补偿契约设计的研究取得了丰富的成果,Smith(1995)以美国土地休耕保护计划(CRP)为例,运用机制设计理论分析了成本最低的 CRP 的性质,认为 3400 万英亩[①]的休耕土地成本每年不应超过 10 亿美元。Moxey 等(1999)基于委托代理模型,认为在隐藏信息和隐藏行动的条件下,按投入土地面积计算转移支付补偿标准的方式能够实现最佳的真实自愿告诉机制(truth-telling mechanism)。White(2002)通过对 Moxey 模型的扩展得到了不同的结论,认为按投入成本计算转移支付补偿标准的契约更有效,按投入成本计算的生态补偿标准契约允许监管者设计一个相对简单的机制。但随后 Ozanne 和 White(2007)通过数理模型分析认为,在存在道德风险和逆向选择条件下按投入土地面积和投入成本设计的农业环境政策契约的效果等同,二者在生态保护效果水平、补偿费、监测成本和检测概率确认等方面的效果一致,同时还得出在违规罚金可变条件下,最优的契约独立于农场主的风险偏好。

国内对生态补偿的研究兴起于 20 世纪 90 年代,对生态补偿探索重点指向流域源头、生态功能区、欠发达地区(周雪玲和李耀初,2010)。从 1992 年到 1998 年,国内处于生态补偿理论阶段(杨光梅等,2007)。

---

① 　1 英亩≈0.404 856hm²

毛显强等(2002)认为生态资源具有公共产品属性,其产权不明晰,往往导致"公地悲剧"、"搭便车"现象,生态补偿机制建立在产权明晰的基础上和补偿额度以资源产权让渡的机会成本为标准的前提下讨论。杨光梅等(2007)提出以现实为基础的生态补偿标准计算是生态补偿的关键,将生态服务研究与生态补偿研究相结合。欧阳志云等(2013)科学界定生态补偿地域范围、明确生态补偿载体和对象,是建立合理的生态补偿机制的基础。黄立洪(2013)构建生态补偿标准与生态补偿机制,从生态系统服务、成本、获利、受损、生态足迹等角度对生态补偿标准计算方式进行了探讨。从 1998 年至今,我国生态补偿实现了理论与实践相结合阶段,崔琰(2010)运用成本估算法与费用估算法确定黑河流域生态补偿标准,计算黑河流域上中游区域进行流域生态资源环境保护的总成本。构建资金补偿模式,建立专项资金模式、政策扶持模式、异地开发模式、流域租赁模式、一对一交易模式等黑河流域生态补偿模式。中央对生态补偿机制的建设十分重视,2013 年 4 月 23 日,在第十二届全国人民代表大会常务委员会第二次会议上,国务院关于生态补偿机制建设工作情况的报告明确指出,建立生态补偿机制是建设生态文明的重要制度保障。在综合考虑生态保护成本、发展机会成本和生态服务价值的基础上,采取财政转移支付或市场交易等方式,对生态保护者给予合理补偿,是明确界定生态保护者与受益者权利义务、使生态保护经济外部性内部化的公共制度安排,对于实施主体功能区战略、促进欠发达地区和贫困人口共享改革发展成果,对于加快建设生态文明、促进人与自然和谐发展具有重要意义。

自 1999 年退耕还林工程率先在四川、甘肃、陕西三省实施试点以来,许多学者对退耕还林政策的激励机制和农户差异对退耕还林实施的影响进行了探讨,张俊飚和李海鹏(2003)首次关注了我国退耕还林政策实施的激励不相容和不对称信息问题,指出这是我国退耕还林政策制度改进的方向。刘燕和周庆行(2005)从公共经济学理论视角分析了退耕还林中地方政府和农民的成本效益问题,认为中央政府忽视了地方政府的利益,加重了地方政府负担,同时对农户的补偿与其承担的成本相比明显不足,中央政府应加大对地方政府和农户的补偿,建立长效的生态补偿机制。国家从 2007 年开始决定完善退耕还林政策,即进入后退耕还林时期,新一轮补偿政策出台。为了继续巩固退耕还林第一阶段成果,新阶段下的退耕生态补贴实现继续延长一轮,生态林继续延补 8 年,经济林延补 5 年(庞淼,2012)。庞淼(2012)进一步指出后退耕还林时期生态补偿存在的问题主要有退耕补偿政策缺乏灵活性和适应性;退耕补偿标准的降低影响了农户对工程的满意程度;退耕补偿的年限确定缺乏区域性差别;补偿主体和资金来源单一。鉴于中央生态补偿投入的重点区域在中西部地区、重点生态区和贫困地区,西部从事生态环境保护工作的科研人员应以此为契机,进一步加强退耕还林生态补偿机制的研究。

近年来,地处我国西北干旱区的塔里木河流域,其生态与经济社会发展之间的问题已经成为学术界和决策部门关注的热点之一(赵锐锋等,2009;陈亚宁等,2003;陈亚宁,2011;郝兴明等,2006;雍会等,2014)。塔里木河流域由于其流域面积大,涉及利益群体之多,流域生态环境脆弱,经济社会落后,如何协调流域生态—经济—社会系统可持续发展,一直是干旱区流域生态经济问题的难点。因此,塔里木河流域生态补偿机制建立在绿洲生态空间格局的基础上,确定流域生态功能区,将绿洲山地水源地和荒漠生态区作为补偿对象,建立市场化的生态补偿机制,对于加快流域生态与经济社会可持续发展,改善流域各民族生产、生活水平有着重要的现实意义(禹朴家等,2010;乔旭宁等,2012)。

不同保证率生态水权量与适宜和最小生态需水量的确定,是进行生态补水量计算的唯一途径。然而补水用的是谁的水权、补水责任的主体是谁、如何补偿、补偿标准如何确定,伴随一系列问题的产生,生态补偿机制研究迫在眉睫。生态补偿机制是对生态补偿的发展,是生态补偿方法、措施及政策等的综合体。以保护并可持续地利用生态系统为目的,通过自然手段或人为手段调整不同参与者与利益相关方的成本分摊和利益分配,从而形成方法措施和政策的综合体系(杨晓萌,2009)。

生态补偿源于生态学中自然生态补偿的概念和生态平衡思想,它通过对损害(或保护)生态资源环境的行为进行收费(或补偿),提高该行为的成本(或收益),从而激励损害(或保护)行为的主体减少(或增加)因其行为带来的外部不经济性(或外部经济性),达到保护生态资源的目的。流域生态补偿是指流域内从事生态保护和建设、享受生态效益、影响和损害生态系统现状的行为主体,按其投入、受益、损害的情况,分别获得成本补偿、支付生态成本、承担治理和修复责任的一种生态补偿机制(麻智辉和李小玉,2012)。流域的生态补偿机制是以保护流域生态环境,促进流域内人与自然和谐共处、上下游协调发展为目的的,依据生态系统服务价值、生态保护成本、发展机会成本、运用政府和市场手段,调节流域内上下游之间以及与其他生态保护利益相关者之间利益关系的公共制度(张志强等,2012)。

生态补偿机制是一种新型的资源环境管理模式,建立和完善生态补偿机制是落实科学发展观、促进区域协调发展的重要途径,也是建设资源节约型、环境友好型社会的重要举措,对于缩小区域差异、实现可持续发展具有重要意义(车环平,2009)。有利于调动社会各方面保护生态环境的积极性,促进优化经济结构和转变经济增长方式。生态补偿机制的建立涉及政策、法律、财政以及许多规则和措施的制定,是一个复杂的系统工程,需要认真研究和逐步实施。流域生态补偿机制是生态补偿机制的一个重要组成部分。

塔里木河流域各地州、兵团师在水资源的开发利用上,统筹兼顾、全面协调发展的思想认识存在不同程度的偏差,抢占、挤占生态水的问题比较突出,影响了流域的协调发展。现行的管理手段是当用水单位发生了超限额用水,流域管理职能部门按相关法规对其进行轻微的罚款,但罚款的数额并不足以抵消其多引水而需缴纳的水费。这种生态保护与经济利益关系不协调,使流域内原本就脆弱的荒漠环境面临更大的生存危机。要解决这个问题,就必须按照"谁开发谁保护、谁破坏谁治理、谁受益谁补偿"的原则,加快建立塔里木河流域生态补偿机制。

进行流域生态补偿机制研究需要解决的几个关键科学问题是:①科学界定流域生态补偿的主体和客体(对象);②采取的基本原则;③合理确定生态补偿标准的计算方法;④生态补偿模式的正确选择。

下面就这几方面问题开展讨论。

一、生态补偿主体的界定

(一)生态补偿主体的定义

主体的界定是开展生态补偿实质性研究的重点,是实施生态补偿的关键。谭秋成(2009)指出生态补偿项目存在两个重要方面,就是生态环境的补偿者和受偿者,生态环境的补偿者即生态补偿主体。由于生态环境的公共产品特性,所有人都可能成为环境保护行为的受益者,但并非所有的生态受益者都是生态补偿的主体,因此在实践中不能将补偿主体界定得过于宽泛,否则会使该制度丧失可操作性。生态补偿主体是依照生态补偿法律规定有补偿权利能力和行为能力,负有生态环境和自然资源保护职责或义务,且依照法律规定或合同约定应当向他人提供生态补偿费用、技术、物资甚至劳动服务的政府机构、社会组织和个人(尤艳馨,2007)。我国相关法律也确立了谁开发,谁保护;谁污染,谁治理;谁破坏,谁恢复的原则,生态补偿主客体的确立应依据这些原则。但由于没有具体的可操作性法规,生态补偿实施起来存在一定的困难。因此,目前主客体界定的原则虽然确定,但具体实施还是很复杂,更多的补偿主体是不明确的(毛显强等,2002)。

(二)国内外生态补偿主体的选择

德国是以政府为生态补偿主体,实施效果比较好的国家之一,资金支出主要是横向转移支付。所谓"横向转移",就是通过一整套复杂的计算及确定转移支付的数额标准,由富裕地区直接向贫困地区转移支付。其中易北河生态补偿机制最为典型。易北河多方筹集生态补偿资金,其中一项便是排污费(企业和居民的排污费收取后,统一交给污水处理厂,污水处理厂按一定比例保留一部分后,剩下的上交国家环保部门)。2000 年,德国的环保部门拿出 $900×10^4$ 马克给捷克,用于建设捷克与德国交界的城市污水处理厂,充分体现了对环保的重视,不但满足了自身发展的需求,更实现了双赢(吴晓青等,2002)。

在美国,生态补偿实践的典型代表是纽约市与上游 Catskills 流域

(位于特拉华州)之间的清洁供水交易。纽约市约 90％的用水来自上游 Catskills 和特拉华河。1989 年美国环保局要求,所有来自地表水的城市供水,都要建立水的过滤净化设施,除非水质能达到相应要求。在这种背景下,纽约市经过估算,如果要建立新的过滤净化设施,需要投资 60×10^8-80×10^8 美元,加上每年 3×10^8-5×10^8 美元的运行费用,则总共至少要 63×10^8 美元。而如果对上游 Catskills 流域在 10 年内投入 10×10^8-15×10^8 美元以改善流域内的土地利用和生产方式,水质就可以达到要求。因此,纽约市经过比较权衡之后,最后决定通过投资购买上游 Catskills 流域的生态环境服务。在政府决策得以确定后,水务局通过协商确定流域上下游水资源与水环境保护的责任与补偿标准,通过对水用户征收附加税、发行纽约市公债及信托基金等方式筹集补偿资金,补贴上游地区的环境保护主体,以激励他们采取有利于环境保护的友好型生产方式,从而改善 Catskills 流域的水质(赵玉山和朱桂香,2008)。

在亚洲,日本很早就已经认识到建立水源区利益补偿制度的必要性。在 1972 年,日本制定了《琵琶湖综合开发特别措施法》。目前,日本的水源区所享有的利益补偿共由 3 部分组成:水库建设主体以支付搬迁费等形式对居民的直接经济补偿;依据《水源地区对策特别措施法》采取的补偿措施;通过"水源地区对策基金"采取的补偿措施(赵玉山和朱桂香,2008)。

目前,学术界认为我国生态补偿主体分为以下几种:中央政府(国家)、地方各级政府、受益组织或者企业、个人(何承耕,2007)。

1. 国家

主要是由国家的职能和生态环境与自然资源的公共物品属性决定的。就我国目前的国情来看,中央政府将在相当长的一段时间内成为主要的补偿主体。中央政府主要负责国家重点生态功能区、重要生态区域、大型废旧矿区和跨省流域的生态补偿(刘丽,2010)。

2. 地方各级政府

地方各级政府主要负责本辖区内重点生态功能区、重要生态区域、废旧矿区、集中饮用水水源地及流域、海域的生态补偿。将生态补偿列入各级政府预算,切实履行支付义务,确保补偿资金及时、足额发放(欧阳志云等,2013)。

3. 法人型和非法人型组织

企业组织作为生态补偿的主体,是因为企业从事生产经营活动几乎都要涉及自然资源的利用和实施影响生态环境的行为,而且企业往往是导致生态环境问题的主要"肇事者"。本着"谁破坏,谁恢复"、"谁污染,谁治理"、"谁受益,谁付费"的原则,企业应当是主要责任的承担者。由企业向自然资源的所有者或生态环境服务的提供者支付相应的费用,避免企业把本应自己承担的污染成本转嫁给社会或者利用生态环境的外部经济性"搭便车"降低生产成本,从而实现企业外部成本的内部化。这样,一方面可以减少企业的污染行为,另一方面补偿费用也是国家生态补偿资金的主要来源。在现代社会,企业是越来越重要的生态补偿主体。在国家生态补偿体系中,要充分发挥企业作为生态补偿主体的作用(何承耕,2007)。

4. 个人

公民作为生态补偿主体,主要是公民作为生态环境的占用者和自然资源的享用者,其个人生活、家庭生活和从事个体经营活动产生外部不经济性行为。例如,个体或家庭生活产生的生活垃圾、开饭馆的个体工商户排出的大量废气等,他们也应当交纳相应的垃圾处理费和排污费,承担相应的生态补偿责任。除了对自己的直接环境污染行为承担补偿责任外,公民作为最终的消费者,还必须为间接的环境污染行为承担补偿责任。比如,合理的天然气价格应该包括环境治理成本,作为最终用户的居民,在购买天然气的同时履行了补偿责任(李文华等,2006)。

二、生态补偿客体的确定

(一)生态补偿客体的定义

生态补偿的客体也称之为主体间权利义务共同指向的对象,具体到生态补偿法律关系中,是指围绕生态利益的建设而进行的补偿活动。生态补偿对象主要包括:水土保持,野生动物保护,流域生态环境保护,湿地保护,自然景观及动植物资源多样性保护,由生态环境保护而导致公平发展权的丧失(蔡邦成等,2005)。

生态补偿的客体主要分为以下 4 类。

第一类,为生态保护做出贡献者。如地处水源地或重要生态保护区的居民或政府,为了保护生态系统,会进行生态投资,如植树造林或停止一些污染企业的招商引资等。由于生态保护是一种公共性很强的物品,完全按照市场机制是不可能满足需求的。既然是公共物品,就存在生产不足甚至产出为零的可能性,这就需要利用生态补偿机制来解决这一问题(杨丽韫等,2010)。

第二类,生态破坏的受损者。如矿产资源开发过程中,对矿产资源所在地造成的生态破坏,只有对受损者进行生态补偿,才能激发受损者进行生态恢复的主动性。由于这类客体是生态破坏中的受害者,给受害者以适当的补偿符合一般的经济原则和伦理原则。

第三类,生态治理过程中的受害者。如在流域治理或生态系统恢复过程中,为保护与恢复生态停产或搬迁的企业,或搬迁的居民。这些企业或居民只有通过生态补偿机制,才有可能继续生存。

第四类,对减少生态破坏者给以补偿。有些生态破坏确实是人们迫于生计而为之,是贫穷、污染所致。在这种情况下,如果不能从外部注入资金和机制就不可能改善生态环境。因此,对生态环境的破坏者也不得不给以补贴。

(二) 生态补偿客体的类型

流域生态补偿分为水质保持、水量保持和洪水控制三个方面。尽管这三种服务相互关联,但通常具有不同的受益人。对这三种流域服务的公共补偿,以及对水质与水量的私人补偿,都有利于上游保护者,特别是当地的一些穷人。在流域生态补偿方面,比较成功的例子包括:纽约水务局通过协商确定流域上下游水资源与水环境保护的责任与补偿标准;南非将流域生态保护和恢复行动与扶贫有机地结合起来,每年投入约 1.7×10^8 美元雇佣弱势群体来进行流域生态保护,以改善水质,增加水资源供给;澳大利亚利用联邦政府的经济补贴推进各省的流域综合管理工作等（万本太和邹首民，2008）。

森林补偿。森林是陆地上最重要的生态系统，各国实施生态服务付费的具体案例绝大部分是围绕森林的环境服务展开的，且多以市场机制为基础。Landell-Mills 和 Porras（2002）*Silver Bullet or Fools' Gold? A Global Review of Markets for Forest Environmental Services and Their Impact on the Poor* 一书介绍了世界上已有的 287 例森林环境服务交易，这些案例并非仅集中于发达地区，而是遍布美洲、加勒比海、欧洲、非洲、亚洲以及大洋洲的多个国家和地区，涉及政府购买、自组织的私人交易、开放的市场贸易及生态标记 4 种环境服务交易类型，其中碳储存交易、生物多样性保护交易、流域保护交易、景观美化交易、综合服务交易等森林生态系统的补偿，主要通过碳蓄积与储存。

三、生态补偿遵循的原则

（一）可持续发展原则

可持续发展思想的内涵是要求人类水资源的开发利用应以不影响后代人对资源的需求为基础。塔里木河流域可持续发展不仅要求保持水资源的消长平衡和环境不受破坏，关键是要保证水资源在价值形态上始终保持保值增值的态势，对流域内的各个行政单位实施的生态补偿应当符合市场和价值规律，以维持水资源的经济、合理、可持续的利用。塔里木河流域生态补偿制度建立的基本宗旨是协调生态功能区开发与保护的矛盾，实现生态功能区的区域经济利益与整体生态利益之间的协调发展，其终极目的是促进人与自然的永恒和谐（周大杰等，2005）。

（二）生态服务有价原则

生态系统服务功能是指人类直接或间接从生态系统得到的各种利益（欧阳志云等，2013）。塔里木河流域各类生态系统的生态系统服务功能主要有水源涵养、土壤保持、生物多样性保护、防风固沙、碳固定、灾害防护、调节气候、环境净化、病虫害控制等。塔里木河流域生态补偿最直接的目的是保护上述生态系统服务功能赖以存在的生态系统，从而实现生态系统服务的可持续提供。因此生态系统提供的服务功能是塔里木河流域生态补偿制度设计的重要科学基础。

（三）政府与市场相结合原则

从公共产品角度出发,生态系统向人类提供合格的生态公共物品,其受益者是国家和区域的居民、企业、社会团体等。生态公共产品由国家、地方政府提供,国家和地方政府担负主要职责。从经济学角度出发,生态系统为人类提供生态系统服务,可以看成生态系统是生态服务的供给方,人类、企业或者团体是需求方,可以采用市场交易规则支配生态服务产品。塔里木河流域作为我国重要生态屏障区,能够有效抵御塔克拉玛干沙漠的外移,为我国中东部地区提供良好生态环境。同时,塔里木河流域生态系统为流域经济社会发展提供持续、稳定的生态服务产品(水资源、土地资源、良好生态环境等),支撑流域经济社会发展。因此该部分应该计算入流域企业生产成本之中。总之,塔里木河流域生态补偿机制建立遵循政府与市场相结合原则,国家作为生态服务产品提供者,担负起大部分生态补偿责任,地方企业和生产者应将生态服务产品价值纳入生产成本之中。

（四）节水优先原则

人多水少、水资源时空分布不均是塔里木河流域的基本水情。塔里木河流域县级以上人民政府及其水利、经济和信息化、住房和城乡建设、农业、质量监督检验等部门应当加快实施节水技术改造,加强企业用水管理,普及农业高效节水技术,逐步淘汰落后的、耗水量高的用水工艺、设备和产品。流域健全节约用水的利益调节机制和制度体系,对节水设备和技术推广等做具体规定。

四、生态补偿标准的估算及案例

生态补偿标准计算是实现生态补偿的前提,也是生态补偿的关键环节。生态补偿标准就是指如何确定流域生态保护受益主体具体分担的投入量,确定受益主体对投入主体的补偿支付金额标准(李怀恩等,

2009)。由于生态补偿对象的多样性以及范围的不确定性等原因,目前在学术界并没有形成公认的生态补偿标准的确定方法(李晓光等,2009)。

李晓光等(2009)根据目前大部分生态补偿标准的理论基础将计算方法分为三大类:价值理论法、市场理论法和半市场理论法。价值理论法主要包括生态系统服务功能价值法、生态效益等价分析法;市场理论法的代表方法是市场法;半市场理论法主要包括意愿调查法(支付意愿法)、机会成本法、费用分析法、水资源价值法和微观经济学模型法。其中,生态系统服务功能价值法是基于生态系统服务功能本身的价值或修正后的价值来确定生态补偿标准的一种方法,起源于生态系统服务功能定义的完善(Dasgupta,2007)。但其计量出来的生态系统服务功能的价值往往非常大,超出人类社会生产出的价值,只能作为生态补偿的理论标准,成为生态补偿的上限。生态效益等价分析法(HEA)是一种比较先进的确定生态系统服务功能价值的方法,从破坏的生态系统服务功能的恢复价值出发得到生态补偿的标准,符合生态补偿的目的,但由于有很多假设,且参数因子很多,需要专业人员进行认证,很可能由因子选择的差异造成评价结果的不同。市场法的原理是把生态系统服务功能看成一种商品,围绕着商品建立一个市场,市场的买卖双方分别是生态补偿的补偿者和受偿者。市场法确定生态补偿标准主要用于水资源的生态补偿和碳排放权交易(Roach and Wade,2006)。其前提是建立一个相对稳定的市场,使用范围比较小。

我们归纳总结了目前常用的几种估算方法及其实际应用,以期为塔里木河流域生态补偿标准的计算提供参考。

(一)支付意愿法

支付意愿法(willingness to pay,WTP)又称条件价值法(contingent valuation method,CVM)、意愿调查法,是对消费者进行直接调查,了解消费者的支付意愿,或者用他们对产品或服务的数量选择愿望来评价生态系统服务功能的价值。消费者的支付意愿往往会低于生态系统服务的价值。

$$P = WTP_u \times POP_u \tag{7.2}$$

式中,P 为补偿的数值;WTP 为最大支付意愿;POP 为各类人口;u 为各类受水区。

案例 1:徐大伟等(2013)对此方法进行了改进,确定辽河流域生态补偿标准。采取调查问卷的方式对辽河流域中游 7 个城市居民进行支付意愿的实地调研。采取条件价值评估方法,测量其支付意愿值(WTP)和受偿意愿值(WTA),结合式(7.2),最终确定水资源支付意愿值为 59.29 元/(人·年),受偿意愿值为 248.56 元/(人·年)。

$$WTP = \sum_{i=1}^{k} AWTP_i \frac{n_i}{N} \tag{7.3}$$

$$WTA = \sum_{i=1}^{k} AWTA_i \frac{n_i}{N} \tag{7.4}$$

式中,WTP 为受访地区居民的平均支付意愿;WTA 为受访地区居民的平均受偿意愿值;$AWTP_i$ 为受访地区居民第 i 水平的支付意愿值;$AWTA_i$ 为受访地区居民第 i 水平的受偿意愿值;n_i 为受访者总数中支付意愿为 $AWTP_i$ 的人数或受偿意愿为 $AWTA_i$ 的人数;N 为受访者总数。

支付意愿法在确定生态系统服务功能价值上已经有很多应用,如 Loomis 等(1996)采用支付意愿法对巴西东北部的森林生态系统的保护价值进行评估;Homles 等(1998)利用支付意愿法对美国西北部的森林保护价值进行评估。意愿调查法获得的数据一般被用来作为复杂分析的基础数据。意愿调查法直接针对利益相关者进行调查,故其应用范围很广。其缺点在于风险比较大,即调查得出的结论可能会与真正的意愿不相符合,产生这种结果的原因是利益相关者对调查的理解情况不同,而且被调查者可能会朝自己有利的方向阐释意愿。

(二)机会成本法

机会成本法(opportunity cost approach)是指水源保护区(投入主体)为了整个流域的生态环境建设而放弃一部分产业的发展,从而失去了获得相应效益的机会,即财政税收损失。我们把放弃产业发展所可能失去的最大经济效益称为机会成本,以此作为流域生态补偿标准。简单地说,机会成本指为了得到某种东西而必须放弃的所有其他东西的最大价值。

案例2：李屹峰等(2013)应用机会成本法对青海三江源自然保护区生态移民补偿标准进行了研究。主要运用牲畜机会成本法、草场机会成本法以及地区发展差异法，分别以移民所拥有的牲畜、移民所拥有的土地权、不同地区发展差异为核心来确定生态补偿的标准。

牲畜机会成本法：生态移民工程使得牧民失去了原本可以每年连续带来收入的牲畜(以羊单位计)，对其造成了经济损失，即机会成本，生态补偿应能弥补这些经济效益，每年的补偿标准C可以表示为

$$C = n_p \times A \tag{7.5}$$

式中，n_p为牧民每年宰杀(即产生经济效益)的羊单位数，具体推导过程详见文献(李屹峰等，2013)；A代表每个羊单位的经济效益。

草场机会成本法：牧民除了自己放牧牲畜之外，还可以不放牧而将自己拥有的草场出租于他人放牧，而由于生态移民工程使得牧民失去了可供出租的草场，对其造成了经济收入的损失，即机会成本，生态补偿标准应能弥补这些经济效益，每年的补偿标准C可以表示为

$$C = r \times S \tag{7.6}$$

式中，r为牧民出租草场的平均价格；S为牧民原本所拥有的草场总面积。

地区发展差异法：与其他的生态补偿项目不同的是，生态移民工程将居民整体搬迁到异地，原则上要至少保证牧民在搬迁后的收入不低于新居住地当地的平均水平，每年的补偿标准C应该是

$$C = (I_a - I_b) \times N \tag{7.7}$$

式中，I_a为移民新村所在的自治州人均年收入；I_b为移民新村的人均年收入；N为生态移民总人口数。

具体可根据实际情况选择一种或多种方法进行平均确定生态补偿标准。

案例3：秦艳红和康慕谊(2011)根据机会成本法，以陕西省吴起县退耕还林工程为例，对吴起县的退耕还林标准进行了计算。

首先是研究方案的设计。统计分析吴起县农村人均纯收入和经济发展速度，确定经济发展速度目标，以此计算退耕还林后吴起县农民的

目标收入。选取吴起县铁边城镇的典型农户(家庭人口5人)为研究对象,该农户在退耕还林(草)实施第一年,主要执行退耕还林任务,并着手修建羊舍,次年开始引种,种母羊当年即可产羔,平均年产3只羔羊。除舍饲养羊外,农户仍从事种植业。因此,产业结构调整过程中,农户每年的直接投入与产出情况如下。

投入项目包括:羊舍建设投资(C_1),羊舍维修费用(C_2),引种投入(C_3),饲料开支(C_4),防疫治疗开支(C_5),机械、水电等其他费用(C_6)和灾害损失(C_7)。收益项目包括:羔羊出栏收入(I_1)、羊毛收入(I_2)和种植业收入(I_3)。(C_1-C_7、I_1、I_2分别为基础母羊的数量N的函数,具体见参考文献(秦艳红和康慕谊,2011)。

补偿标准的计算过程:根据农户舍饲养羊的资金投入方式,设计三种不同的产业结构调整方案,即一次性投入、两次分批投入、多次分批投入,根据产业结构调整中每年的实际投入和产出情况,计算不同资金投入方式下的投入、产出和净收益,与目标收入相比较,计算每种方案下的补偿数额。

方案一:一次性投入。要计算假如农户一次性投资,引入多少只种母羊可以保证一次生产周期结束时(第6年)当年家庭总收入达到预期收入目标。不考虑固定资产折旧与引种投入,仅考虑羊舍和母羊在正常使用情况下的投资与收益。第6年农户舍饲养羊与种植业的净收益为$B=(I_1+I_2+I_3)-(C_2+C_4+C_5+C_6+C_7)$。

按照预期目标收入,计算出第6年的家庭总收入为M。因此,问题可以表示为,当N(整数)取何值可以使得$B=(I_1+I_2+I_3)-(C_2+C_4+C_5+C_6+C_7)\geqslant M$从而求得$N$的值。该实施方案下补贴年限只需两年。

方案二:两次分批投入。一次性投入风险较大,假如农户分两次达到饲养规模,首批引进一半数量的母羊,待两年后积累了一定的经验,再次引入剩余一半数量的种母羊,最终达到规模。引入种羊的前一年对羊舍进行扩建。该方案下,总补贴量比一次性投入的补贴需求高,补贴年限延长至5年。

方案三:多次分批投入。对于另外一些农户来说,有可能采取多次分批投入、逐渐扩大规模的方式。该方案对农户来说风险更低,但所需补偿期限更长,总补偿额度更高。

最后,基于国家政策、农户风险评估、当地经济条件以及养羊投资的其他干扰因素等多方面的权衡考虑,从而确定一个退耕还林(草)的补贴标准。

机会成本法被认为是目前较为合理且常用的确定生态补偿标准的方法,避免了对复杂的生态系统服务功能价值的估算,得到简单的保护成本。其缺点是,在生态保护过程中,保护者放弃了很多机会,不仅仅是农业或者林业的收入,也包括矿产资源或者发展工业等,这种机会成本是相当高的,目前的研究都仅仅考虑机会成本的一部分。国内多数学者认为机会成本可作为生态补偿下限(赵翠薇和王世杰,2010;余新晓等,2007)。

(三) 费用分析法

水源涵养区为维持和保护流域生态要承担一定的费用,此费用可用来判定受益区对水源供水区要进行的生态补偿额度。这就是费用分析法(李怀恩等,2009)。

$$P = \sum_{i=1}^{4} C_i \tag{7.8}$$

式中,P 为补偿额(万元/年);C 为水源区生态保护和环境建设所花费的成本投入(万元/年);C_1 为植树造林、封山育林等增加森林植被的费用(万元/年);C_2 为农业非点源污染治理费用(万元/年);C_3 为城镇污水处理设施建设费用(万元/年);C_4 为河道清理等费用(万元/年)(注:所有费用均含人工费用)。

江中文(2008)根据陕南地区生态环境保护投入情况,将投资资金平均分配到每年的投资范围内,采用费用分析法计算了陕南地区水源保护区的补偿标准。该方法费用核算过程简洁、容易理解、便于操作。但水源保护区所支出的费用具有不确定性,计算费用时需全面考虑。在具体实施过程中也有一定的技术难度,比如非点源污染治理费用在实际中是很难确定的。另外,费用的标准也是动态变化的,给计算也增添一定的难度。

（四）水资源价值法

当流域生态服务（如洁净水资源）价值可直接货币化时，可基于市场价格实施流域补偿。这就是水资源价值法（李怀恩等，2009）。根据水质的好坏来判定是受水区向水源区补偿还是水源区向受水区补偿。

$$P = Q \times C_c \times \delta \tag{7.9}$$

式中，P 为补偿额；Q 为调配水量；C_c 为水资源价格；δ 为判定系数。

其中，C_c 可采用污水处理成本或水资源市场价格。δ 的取值为：当上游供水水质好于Ⅲ类时，$\delta = 1$；当水质劣于Ⅴ类时，$\delta = -1$；否则，$\delta = 0$。

江中文（2008）根据南水北调中线工程的调水水量及陕西省水资源费征收标准，采用水资源价值法计算商洛、安康、汉中三市的补偿标准。这种方法简单易行，但 C_c 还可以进行改进，比如可以采用水资源价值来替换。判定系数 δ 还可以细化，可以根据优质优价的原则来合理确定。计算中参数的取值对结果影响较大，因此要结合流域实际状况慎重选择。当流域水资源交易市场逐步形成和完善时，基于水资源价值的补偿是最易行和可操作的。

实际应用中，由于生态补偿对象和补偿类型的不同，往往需要综合多种方法确定生态补偿标准。下面是西部干旱区内陆河流域生态补偿标准计算的两个典型案例，对塔里木河流域生态补偿标准的确定具有重要的借鉴意义。

案例 4： 乔旭宁等（2012）对渭干河流域生态补偿标准进行研究，将生态损益、居民支付意愿和综合成本考虑分别作为最高、最低和参考标准。研究认为，在小流域生态补偿中可引进市场机制，在流域上下游政府的主导下，以此标准为谈判基本框架，在流域生态服务功能的供给者和受益者之间进行协商，确定最后补偿标准。

生态损益：根据流域上下游间不同生态系统服务功能的空间转移价值来确定补偿标准。首先计算渭干河流域 4 县的生态服务功能价值，再运用 ArcGIS 的缓冲区分析功能、引力场模型、交运算等方法计算出生态服务功能转移总价值。结果表明，2007 年上游向下游 3 县共溢出生态服务功能价值 24.83×10^8 元,向库车、沙雅和新和转移价值分别为 2.81×10^8 元、6.42×10^8 元和 15.60×10^8 元。

居民支付意愿:根据实地调研获取。样本发放范围包括渭干河流域的 4 个县,共发出样本 610 份,有 528 份有效问卷反馈。运用非参数估计的方法对流域居民的平均最大支付意愿进行计算。结果表明渭干河流域生态系统恢复与保护的居民平均每户每年的平均支付意愿在 71.93-120.52 元,中点值为 96.22 元。2006 年,渭干河流域共有居民 262 394 户,考虑到有 3.22% 的被调查者拒绝支付,即扣除 8449 户后,流域具有支付意愿的居民 253 945 户,渭干河流域居民每年的支付意愿在 1826.63×10^4-3060.54×10^4 元,中点值为 2443.46×10^4 元。

综合成本:通过对上游地区农牧业经济损失评估、生态建设和环境保护成本效益分析和工业发展机会成本核算,结合下游地区的经济发展水平,确定流域水资源保护的补偿标准。计算结果为 6.70×10^8 元,可作为参考标准。

结合上述各类补偿标准对农民福祉的影响,最终确定适合的补偿标准。此案例为流域上下游不同主体间进行补偿标准的博弈提供了依据,有助于补偿效率的提高和流域多元主体、多种生态要素条件下补偿机制的构建。

案例 5:金蓉等(2005)对黑河流域生态补偿机制的研究认为黑河流域生态补偿标准可按照以下方法估算:①以退耕(牧)还林(草)的农、牧民的收益损失作为补偿的下限,即在流域生态恢复中,对导致移民农、牧民经济收入或发展机会减少的补偿,这是对移民农、牧民的最低利益保障;②以生物多样性、调节气候、涵养水源、降污、休闲游乐以及科研价值之和作为补偿上限;③在制定补偿额度时,要综合考虑流域上中下游地区的经济社会发展水平及群众生活水平等,最终确定补偿额。

生态补偿标准评估依据:①以直接市场价值法评估气候调节、商品价值和生物多样性;②以影子工程法评估降污价值间接利用的生态效益价值;③以机会成本法评估农(牧)民的退耕(牧)及移民损失;④以旅行费用法来评价游憩效益和科学考察效益;⑤以支付意愿法来评估生物多样性价值。

五、生态补偿模式的选择

生态补偿的主客体、原则和标准建立之后,补偿方式就成为至关重要的问题。合理补偿方式的设计是生态补偿政策顺利开展的客观要求,其实质是由补偿主体的多元性与补偿对象的需求多样性共同决定的(杨欣和蔡银莺,2012)。

生态补偿的方法和途径很多,按照不同的准则有不同的分类体系。按照补偿方式可以分为资金补偿、实物补偿、政策补偿和智力补偿等;按照补偿条块可以分为纵向补偿和横向补偿;按照空间尺度大小可以分为生态环境要素补偿、流域补偿、区域补偿和国际补偿等;而补偿实施主体和运作机制是决定生态补偿方式本质特征的核心内容,按照实施主体和运作机制的差异,大致可以分为政府补偿和市场补偿两大类型,随着流域生态补偿机制的不断完善,NGO(非政府组织,non-government organization)参与型补偿模式逐渐发展起来,徐永田(2011)对这三类补偿模式进行了详细的概括和总结,并列举了典型案例,具体如下。

(一)政府补偿模式

政府补偿是目前各国开展生态补偿最重要的形式,也是比较容易启动的补偿方式。政府补偿模式是以国家或上级政府为实施和补偿主体,以区域、下级政府或农牧民为补偿对象,以保护国家生态安全、维持社会稳定、促进区域协调发展为目标,以财政补贴、政策倾斜、项目实施、税费改革和人才技术投入等为手段,对生态保护者进行合理补偿的一种方式。政府补偿模式主要适用于规模较大、补偿主体分散、产权界定模糊的流域。大型流域的生态补偿资金需求大,利益关系错综复杂,需要政府行政权力的保障以及政府财政的有力支持。天然林资源保护工程是我国针对生态环境不断恶化的趋势做出的一次重大政府生态补偿尝试,同时也是我国六大林业重点工程之一,1998 年开始试点,2000年 10 月 24 日经国务院正式批准实施。全面停止长江上游、黄河上中游地区天然林采伐;大幅调减东北、内蒙古等重点国有林区木材产量达

$1990.5 \times 10^4 \, m^3$；由地方负责保护好其他地区的 $9420 \times 10^4 \, hm^2$。加快森林的培育，在长江上游和黄河中上游地区新建 $1466 \times 10^4 \, hm^2$ 森林和草地，以将这一地区的森林覆盖率提高 3.72%。补偿标准是每年每亩 5 元，90% 以上由中央政府出资。

目前，我国大型流域中的政府补偿模式主要有以下几种形式：财政转移支付、政策补偿、生态保护项目实施、环境税费制度等。

财政转移支付是政府补偿中最重要的手段，包括横向转移支付与纵向转移支付。政策补偿即政府根据区域生态保护的需要，通过实施差异性的区域政策，鼓励上游地区实行环境友好型的生产生活方式或直接吸纳社会资本投入水源区的生态保护与建设中，从而达到生态补偿效果的一种间接补偿方式。生态保护项目实施也是政府补偿的重要手段。国家实施生态保护项目有比较明确的生态保护政策目标和比较充裕的资金支持，可以在短期内收到很好的生态补偿效果，但项目实施都有一定的期限，在项目执行期结束后生态补偿效果的继续维持是个很大的难题。生态保护项目实施在流域生态补偿中主要是通过对大型流域上游重要生态功能区的建设来起到间接补偿的作用。环境税收政策是调节经济发展与生态环境保护的经济杠杆，包括环境税、与生态环境保护有关的税收和优惠政策、消除不利环境影响的补贴政策以及生态环境的收费制度。通过环境税费制度的实施，一方面可以有效筹集生态补偿资金；另一方面通过调整市场信息，可以使企业和消费者选择有利于生态保护的生产生活方式。但是环境税费的实施也存在着一定的阻碍因素，如纳税者对政府部门的游说、费率确定及税目设置的合理性问题。环境税费制度的适用范围广，对流域水资源的受益者均可按照合理比率征收税费，从而实现对水源地的直接补偿。

（二）市场补偿模式

市场补偿是流域生态服务受益者通过市场机制对保护者的直接补偿，是政府补偿的有效补充形式，也是生态补偿机制创新的主要方向。交易的对象可以是生态环境要素的权属，也可以是生态环境服务功能，或者是环境污染治理的绩效或配额。通过市场交易或支付，兑现生态

（环境）服务功能的价值。市场补偿具有直接性与多元化的特点，有着资金来源广、制度运行成本低的优点，但是也存在着补偿难度大、短期行为严重等缺陷，因而适用于规模较小、补偿主体集中、产权界定清晰的流域生态补偿，其具体形式主要包括自发组织的私人交易补偿、开放的市场贸易以及生态标记等。

自发组织的私人交易模式是指生态环境服务的受益方与支付方之间的直接交易，适用于生态环境服务的受益方较少并很明确、生态环境服务的提供者较为集中或数量较少的情况，一般形式为一对一交易。自发组织的私人交易常见于较小流域上下游之间的生态补偿，如法国皮埃尔矿泉水公司案例。法国皮埃尔公司为保护其蓄水层免受农药污染、养分流失等问题的威胁，投资 900×10^4 美元购买了水源区 $1500hm^2$ 的农业用地，以高于市场价的价格吸引土地所有者出售土地，并承诺将土地使用权无偿返还给那些愿意改进土地经营方式的农户。同时，公司还与乳品企业及农场签订合同要求农场采用环境友好型的生产经营方式。作为回报，公司每年向每个农场按每公顷土地 320 美元的价格支付补偿，连续支付 7 年。这些项目实施后的监测结果显示，该公司成功地减少了非点源污染，并成为一对一交易中的典型案例。

当生态服务市场中交易双方的数量多且不确定，并且交易标的可被标准化为可计量、可分割的商品形式时，在政府明确生态服务为可交易商品或制定了需求规则的条件下，可以使其进入市场进行交易，即开放贸易方式。澳大利亚的水分蒸腾计划是典型的开放贸易方式。澳大利亚 Mullay-Darling 流域下游一个由 600 个灌溉农场主组成的食物与纤维协会与新南威尔士州林务局达成协议，该协会根据在流域上游建设 $100hm^2$ 森林的蒸腾水量，以每 100×10^4 L 水缴纳 17 澳元的价格向州林务局购买盐分信贷，新南威尔士州林务局利用这一经费在上游地区采取种植脱盐植物、栽植树木或多年生深根系植物等措施，有效保护了水质，避免了盐碱化。随着环境管理体制以及市场经济体制的进一步完善，市场贸易的补偿方式将在更大范围内发挥生态补偿的作用。

生态标记是一种间接支付生态服务的价值实现方式，主要指对生态环境友好型的产品进行标记，如有机食品、绿色食品的认证与销售。

通过生态标记,体现该产品保护生态的附加值,从而体现生态环境保护的效益。

(三) NGO 参与型补偿模式

NGO 参与型补偿模式指在流域生态补偿中,以非政府组织为主要行动者,由其利用资金补偿、实物补偿或智力补偿等多种手段,通过与相关部门或被补偿者的积极合作,从而实现流域的生态补偿。NGO 参与模式在生态补偿中有着高效率、灵活性好、容易引进国外资源和方式多样化的优点,能够减轻政府在流域生态补偿中的工作量,是有效保护流域生态环境的一个重要途径。其中较为典型的案例就是世界自然基金会(WWF)长沙项目部在洞庭湖开展的长江项目。湖南省汉寿县西洞庭湖的青山湖围垦成垸居民根据国家"退田还湖、平垸行洪"政策全部搬迁,恢复湿地 1.60×10^4 亩。相应地,国家也给予了当地居民一定的资金补偿,但是这些补偿并没有使原住渔民的生计问题得到很好的解决。1999 年 WWF 长江项目在洞庭湖设点开展工作以来,通过估计和帮助湖区农户退田还湖、发展替代生计和开展社区共管,不仅保护了生态环境,还提高了农民的收入。但由于我国目前环境法律制度不健全、投资环境事业的风险较高等不良因素的影响,NGO 参与流域生态补偿的程度与规模较小,且存在资金短缺和社会知名度低的问题,难以独自承担生态保护重任,因而 NGO 参与型补偿模式一般只能作为政府补偿及市场补偿的辅助模式加以运用。

问卷调查是国内学者在进行生态补偿方式研究中较常用到的研究方法,下面就两个典型案例进行分析。

案例 1:赵雪雁等(2010)对甘南黄河水源补给区生态补偿方式的选择进行了研究。文章在概括总结国际上生态补偿项目各种补偿方式的基础上,利用问卷调查了解农牧民对现行补偿方式的响应、分析农牧民对不同补偿方式的偏好、不同补偿方式对生态补偿项目持续性及农牧民生计能力的影响。结果表明:甘南黄河水源补给区的农牧民对现行"退牧还草工程"的补偿方式(现金补偿和实物补偿)不太满意,其中,不满意现金补偿方式的原因在于他们认为补偿金主要用于维持基本的生活,对于自身发展没有任何帮助,一旦补偿结束,他们的生存将成问题。而不满意实物补偿方式的原因是,一部分人认为目前所提供的牲畜种类、暖棚大小与他们的实际需求不相符,一部分人担心遭到各级政府的欺瞒。大部分农牧民希望能够提供有助于能力建设的补偿方式(如技术补偿、产业补偿、政策补偿)。考虑到甘南黄河水源补给区是一个以藏族为主的少数民族地区,农牧民具有特殊的生产生活方式、文化习俗及价值观,且受教育水平较低。因此,生态补偿方式的选择不仅要考虑对生态补偿项目持续性的影响,而且要考虑农牧民的可接受性及能力建设。通过访谈调查,基于提高项目可持续性以及农户能力的设计理念,最终提出了现阶段甘南黄河水源补给区生态补偿项目应选择能力补偿与现金/实物补偿相结合的补偿方式。

案例 2: 杨欣和蔡银莺(2012)同样也是利用问卷调查的方式,分析武汉市农户对不同农田生态补偿方式的认知、选择及其影响因素,在此基础上指出了政府补偿方式在农田生态补偿领域的缺陷及引进市场方式的建议。研究表明:①武汉市农户对农田生态补偿的认知程度较低,仅有 10.71% 的受访农户听说过生态补偿、生态危机等概念;49.02% 农户对现行的现金补偿方式不太满意,认为补偿金额太低;94.65% 的受访者更倾向于接收更高额度的现金补偿方式。②进一步调查农户接受农田生态补偿方式的偏好表明,31.67% 的受访农户偏好现金补偿,一方面原因在于现金补偿最简单且可以根据自己的需要自由支配;另一方面可以杜绝被欺瞒和克扣的现象。36.19% 的受访户偏好有利于能力建设的补偿方式的原因在于,他们认识到在我国目前的环境政策形势下,可借助于生态补偿实现生计资本的优化和转型,提高可持续生计能力。偏好实物补偿的农民,是由于实物补偿有助于他们更方便地发展生产,尤其是农业生产资料的提供部分缓解了他们购买难和购价高的问题。③农户对现金、实物、技术(智力)、政策等农田生态补偿方式的选择偏好受其性别、年龄、家庭人口、家庭年收入、家庭中需抚养人口数和文化程度的显著影响。研究提出构建农田生态补偿的交易平台、完善生态环境物品数量化的体系设计和管理模式的多样化是推进农田生态补偿市场化运作的关键。

六、塔里木河流域生态补偿探讨

塔里木河流域面积约 $102 \times 10^4 km^2$，流域内有 5 个地（州）、4 个兵团师，水资源开发利用过程中始终存在着上下游问题、左右岸问题、兵团与地方问题、生态与生产问题以及地下水与地表水的管理问题等。十八届三中全会以后，中央决定改革我国现行的生态环境管理体制，改变以往单一要素管理部门设置，整合多个管理部门力量，推动生态环保"大部制"建立。塔里木河流域生态补偿机制的核心是流域管理与区域管理及地方与兵团的管理关系梳理和整合。塔里木河流域生态环境不断恶化和破坏的深层原因是流域生态管理体制的不顺。塔里木河流域生态补偿机制的构建更多地集中在双赢经济结构中各个主体的相互关系和相互作用、权力和责任方面，强调"流域与属地"和"兵团与地方"之间生态职责与权力的匹配，生态补偿更加注重生态建设与经济增长之间关系的优化和调整。同时，塔里木河流域的生态补偿还要综合考虑水源涵养区（山区）与灌区、上游与下游、工业与农业、生产与生态、排污与治污间的关系。在我国生态环保"大部制"即将全面推行的大背景下，塔里木河流域生态补偿机制应重视体制创新在流域可持续发展中的运用。

（一）生态补偿主体和客体多样化

生态补偿机制要严格坚持"谁破坏，谁补偿；谁受益，谁付费"的原则，确立补偿的主体和对象，针对一些难以确定补偿主体与补偿对象的现象，则需要建立相对的主体与对象的权利义务责任制（金高洁等，2008）。如由于上游区的水土保持工程、环境污染治理、节水灌溉投入等对下游灌区的生态环境和水质密切相关，因而对上游区赋予一定的义务，即上游区有责任保护水源涵养区的生态环境、水土保持以及污染治理程度，使水质、水量达到一个预先规定的标准。为了达到此标准，源流区必然会放弃一定的发展机会并付出相关的劳动和治理保护成本，而此时受益的为灌区，毫无疑问灌区（补偿主体）理应对源流区（补偿对象）做出补偿，这是灌区的义务，也是灌区的权利。同样，上游灌区的经济活动还要对下游灌区的生产活动、水质保护和生态需水承担一定的义务。若是上游灌区的生态保持、水质等没有达到规定的标准而损害了下游灌区水资源利用的权利,那么,上游灌区需对下游灌区做出补偿,此时的补偿主体即上游灌区,补偿对象为下游灌区。就塔里木河流域而言,目前存在的突出问题是,垦荒不断,农业灌溉用水持续增加,强烈挤占了下游生态用水,塔里木河流域的"九源一干"均因上游的过度用水而下游生态用水严重不足,荒漠化过程加剧。在塔里木河流域,这种生产与生态用水的矛盾十分尖锐,补偿的主、客体问题一直没有得到解决。现实中,补偿主体和客体的确定必须针对具体的生态问题,明确问题的权利和义务主体,从而确定主体和客体的承担者。

就目前塔里木河流域的经济发展水平和生态补偿实施程度而言,中央政府是生态补偿的主要主体,地方政府是次一级主体,加快建立以企业为主要生态补偿主体的补偿机制是目前亟待解决的问题,而个人作为生态补偿主体则是随着未来经济发展逐渐需要尝试的主体形式。分析认为塔里木河流域生态补偿的客体主要有三类,即生态红线保护区范围,重点生态保护区范围和流域水质、水量。

1. 塔里木河流域生态补偿主体

塔里木河流域生态补偿主体可大致分为如下 4 个层次。

中央政府。在塔里木河流域经济活动中,中央政府是经济活动的重要主体,不仅提供公共产品,而且还通过制定经济活动规则获取收益,拥有财政收入支配权。从生态产权角度来讲,某些生态环境产权属于全体人民群众所有,国家代人民行使管理、保护和利用的权利,保障其公共生态环境不受破坏,而中央政府通过中央转移支付制度、税收制度等多种手段,对生态脆弱地区进行倾斜。由于塔里木河流域范围大,所属地区经济发展落后,补偿能力差,中央政府应该成为流域补偿的主要主体。

地方政府。地方各级政府也是塔里木河流域经济的主体,拥有一定的财政支配、物资分配和投资等方面的实质性权利,对流域地区有着重要的影响。塔里木河流经南疆 5 地(州)、19 个主要县市、4 个兵团师。塔里木河流域经济社会活动是流域内各级地方政府主导下的绿洲经济,地方政府对本地的生态环境负主要的保护义务。按照中央第十八届三中全会改革决议,中央政府与地方政府的财权与事权的相匹配,中央政府在担负起国家责任的同时,地方政府应每年按比例从财政收入拿出用于本地生态环境区域建设。

企业组织。社会主义市场经济的条件下,企业是生产商品和提高服务,而且在这个过程中寻求利益最大化的经济运行主体之一。企业不仅是商品服务提供者,也是生态环境的主要破坏者。近几年,由于中国产业由东南部向中西部的产业转移,塔里木河流域引进一些高污染、高耗能企业进入流域生产,导致流域生态环境急剧恶化。这些企业进入新疆,享受自治区"三免两减半"招商引资政策(三年免征企业所得税,两年减半征收),地方政府仅有一些建设税收入,对地方经济没有太多的贡献,没有对当地的生态环境进行补偿。不仅如此,有些企业对产生的废水、污水不但没有很好地治理,排放到下游,对土壤、大气、植被已造成影响和污染。因此,建立以企业为主要生态补偿主体的补偿机制迫在眉睫。

个人。塔里木河流域涉及人口 848.35×10^4 人,流域内(除库尔勒、库车、泽普等石油基地)以传统农业(林果业、棉花、畜牧养殖)发展为主,农业用水比例达到 96% 以上,是塔里木河流域最大的耗水主体。近几十年,塔里木河流域城镇化速度明显加快,城镇用水规模快速增加,城镇用水大量抽取地下水。一些新开荒的农业大户更是以开采地下水作为主要生产用水,造成地下水位大幅下降,挤占了生态环境用水。在塔里木河流域,绿洲边缘荒漠植被主要靠地下水和土壤水维系其生命和生长发育,地下水位的大幅下降,导致一些浅根系、耐旱性差的天然植被死亡、地表覆盖度降低,对地表生态过程的影响极大。因此,城镇居民和一些开荒大户(公司或个人)也成为生态补偿主体之一。

2. 塔里木河流域生态补偿客体

(1)生态红线保护区范围为补偿客体

塔里木河生态红线范围区应该以现状平原区天然植被分布格局为依据,即平原区天然植被总面积及天然植被空间分布格局就是塔里木河流域平原区的生态红线,将塔里木河流域平原区天然植被生态红线保护区作为补偿客体,天然植被生态红线范围为 7165.7×10^4 亩(表7.1)。生态红线保护区范围的确定依据及划分原则详见第三章。

表7.1　塔里木河流域"九源一干"生态红线补偿客体面积

（单位：$\times 10^4$ 亩）

序号	河流	生态红线
1	阿克苏河	1540.10
2	叶尔羌河	804.60
3	和田河	461.60
4	开都-孔雀河	1164.20
5	迪那河	166.06
6	渭干-库车河	299.43
7	喀什噶尔河	253.33
8	克里雅河	119.41
9	车尔臣河	100.30
10	塔里木河干流	2256.67
合计	—	7165.70

（2）重点生态保护区范围为补偿客体

重点生态保护区范围以塔里木河流域"九源一干"集中连片分布的天然植被为生态补偿客体。根据流域生态系统服务功能,主要分布在流域灌区外围和灌区以下的范围,总面积 3295.23×10^4 亩(表7.2)。

表7.2　塔里木河流域"九源一干"重点生态补偿范围

（单位：$\times 10^4$ 亩）

序号	河流	重点保护范围
1	阿克苏河	54.35
2	叶尔羌河	269.50
3	和田河	261.00
4	开都-孔雀河	164.00
5	迪那河	19.64

续表

序号	河流	重点保护范围
6	渭干-库车河	5.98
7	喀什噶尔河	115.17
8	克里雅河	100.89
9	车尔臣河	48.03
10	塔里木河干流	2256.67
合计	—	3295.23

考虑到塔里木河干流绿色带的生态重要性,以及塔里木河(特别是干流)生态河流的定位,本处将整个塔里木河干流生态红线面积纳入重点生态补偿范围。

(3) 以流域水质、水量为生态补偿客体

考虑塔里木河流域跨界断面的水量、水质因素,建立生态保护投入补偿模型,通过判断实际水质、水量是否达到跨界断面的考核标准,计算塔里木河流域"九源一干"之间的补偿量或赔偿量。将以塔里木河整个流域的水质、水量为生态补偿客体,以现有流域水质、水量监测断面为基础,监测水质、水量变化,制定合理补偿额度。同时,博斯腾湖的水质保护问题已经十分突出,是当然的流域水质、水量的生态补偿客体。

(二) 运用多种方法确定补偿标准

针对目前塔里木河流域面临的主要生态环境问题以及生态保护措施,确定生态补偿对象,采取合适的计算方法确定生态补偿标准是今后需要深入探讨并加以解决的重点和难点。这里我们初步提出一些如何选择适合的生态补偿标准计算方法的建议。

首先,对于塔里木河下游生态输水工程,无论是从塔里木河干流,还是从开孔河向下游进行生态输水,从理论上说这部分水是不可交易的生态用水,不需要进行补偿,但是,考虑到水资源对上中游地区以及开孔河流域当地人民生产生活的影响,在实施可持续发展战略的背景下,上级政府可以通过补贴改革的手段,促进这些地区进行产业结构调整,从而保证下游的生态用水。生态环境改良后,就会长期发挥生态效益,后代人也是受益者,政府有必要代表未来进行受益补偿。补偿标准可以采用水资源价值法或机会成本法进行计算。

其次,为实现塔里木河流域生态红线保护目标,需要建立各级生态保护区,如重要生态功能区、生态脆弱区、生物多样性保育区。针对不同保护区的要求采取相应的标准计算方法。重要生态功能区是重要的水源涵养区,具有保持水土、防风固沙、调蓄洪水等重要功能,一般可采用费用分析法进行补偿标准的计算,由于环境容量有限,可能需要退耕还林或生态移民,则可选择机会成本法或支付意愿法进行计算。生态脆弱区也是生态敏感区,是指塔里木河流域"九源一干"平原区分布的重要天然林、湖泊、湿地以及河流下游两岸的荒漠河岸林。这一区域采取的保护措施有生态封育、人工恢复重建等,势必影响到农牧民的放牧规模,因此也可以借鉴机会成本法或支付意愿法进行生态补偿标准计算。

对于塔里木河流域已经实施或计划实施的各类重要生态工程,必须根据生态工程的特点,详尽分析实施过程会对生态环境及人类社会产生哪些影响,影响分析得越细致、越具体,就越有利于生态补偿标准计算方法的选择。

总之,塔里木河流域生态补偿标准的确定是一个极其复杂的过程,需要更多的研究、试点和实践,因为它涉及水资源利用、水环境和生态保护等多个方面因素,具有其特殊性和复杂性,为此,需要针对流域不同类型的生态补偿建立具体的生态补偿标准,需要对塔里木河流域生态补偿机制进行深入研究,尤其是生态补偿标准确定的方法问题。

(三) 建立多元化的补偿机制

从生态补偿机制的实施情况来看,政府主导的补偿模式普遍存在着效率不高、代理成本高、实施模式单一等问题;而市场化的生态补偿实施范围较小,目标短期性明显;NGO 参与则缺乏资金和社会知名度,风险较高。这三种模式各有弊端,因此,应同时采取政府、市场、社会三方结合的方式,实现生态补偿资金来源的多样化,才能弥补财政补偿资金不足,满足流域生态环境保护地居民生存和生产发展的需要,促进流域生态环境保护地和受益地区良性循环,协调发展(麻智辉和李小玉,2012)。

塔里木河流域在生态补偿方式的选择上应借鉴国内外流域生态补偿模式的宝贵经验,因地制宜,不断创新,走"输血型"与"造血型"相结合的道路,探索多元化的生态补偿路径。首先,塔里木河流域经济条件落后于我国东南沿海发达地区,因此生态补偿方式仍以政府补偿为主,其中政策补偿是一个重要途径,对需要补偿的地区给予政策优惠条件,如政策制定优先权、低息贷款、税收减免等;同时,国家应加大对生态保护项目的投资力度,这也是政府补偿的重要手段。第二,实行技术补偿,向补偿地区引进技术人才和管理人才,提供免费的技术服务和咨询,帮助和引导补偿地区经济社会的发展。第三,目前塔里木河流域还没有形成完善的市场补偿模式,因为它的建立需要完善的环境管理体制和市场经济体制支撑,尽管如此,在实际生态补偿模式实践中只有积极引入市场补偿机制,在实践中不断补充和完善,才能促进生态补偿模式的创新和向多元化发展。第四,刘春腊和刘卫东(2014)对中国生态补偿的省域差异进行研究发现,新疆目前主要的生态补偿类型是森林生态补偿、资源开采生态补偿(煤炭、石油)和草原生态补偿,因此在新疆还应着手进行其他生态补偿类型、补偿模式的试点研究,不断探索多种非政府补偿方式,并结合流域水资源不同用水主体的自身特点,探索出不同补偿模式的适用范围,为我国流域生态补偿的实践提供有益指导,为加快建立和完善流域生态补偿机制提供帮助。

(四) 生态环境管理体制的健全和完善

首先,要保障生态补偿的公众参与权,实现社会监督。我国的生态补偿实践是由政府首先推动的,但必须依靠公众社会的参与。虽然我国的生态补偿机制研究起步较晚,公众的参与意识不是很强,但是近年来环境问题的日益突出让公众的环保意识不断增加,生态补偿的理念逐渐深入人心,公众参与的热情高涨,各种环保社团和组织大量涌现。为了保障公众的参与权应该从以下几个方面努力:一是完善公众参与模式,建立听证制度、民意调查机构,建立网络平台等拓宽公众表达意愿和利益的平台;二是建立激励机制,政府通过转移支付、税收优惠和贷款优惠等鼓励公众对生态补偿的参与和贡献;三是实行信息透明制度,改变政府、企业、公众信息不对称和不透明的状况,利用电视、报纸、手机和网络媒介等建立生态补偿相关信息的传播共享机制,让社会大众享有充分的知情权;四是扶持非政府组织(NGO)的发展,NGO 是环境保护与生态补偿的重要力量,要为 NGO 的发展创造良好的政策、法律和技术等环境条件,帮助和支持 NGO 的生态补偿活动。

其次,引入市场交易制度,实现流域生态系统管理的市场化,建立塔里木河流域生态交易市场。水资源总量分配、水质管理是流域生态系统管理重要方面(刘永等,2007)。单纯从生态学角度看,产业发展占用生态用水、流域水质不断恶化是简单生态环境问题,从流域生态系统管理角度来看则是由于市场化交易制度在生态资源配置中的缺失。目前,塔里木河流域仍以行政命令式分配地表水、排污权、地下水开采权。引入市场交易制度、建立流域性的生态要素流通市场、让市场自由配置生态资源是解决水资源供需矛盾,解决其他产业发展占用生态用水、污染生态环境等问题的重要途径。

第三,创建新型生态管理体制,实现生态系统管理的综合化。十八届三中全会以来,中央提出建立新型生态文明体制,生态文明体制是深化国家治理体制改革中很重要的一部分。新型的生态文明,需要完整的生态体制管理机制支撑,用制度保护生态环境,改革以往以行政为主导的生态管理体制,建立以市场机制为主导的新型生态管理体制。目前塔里木河流域内有三种生态管理行政主体,第一种是塔里木河流域管理委员会代表自治区统一分配和管理流域地表水;后两种是地州和兵团生态管理行政主体,分别管理各自区域内的地下水资源、矿产资源、大气资源等其他生态资源以及本区域内污染物排放、土地开垦等。塔里木河流域内三种管理主体分别管理各自区域内的生态系统、经济系统、社会系统,现行生态管理体制势必割裂完整的流域生态经济系统。构建新型流域生态管理体制,首先应从流域整体出发,改变以往各自为政的环保行政管理方式,统一整合行政资源,实现地表水、地下水等生态资源统一管理;其次要建立塔里木河流域生态功能区保护和开发制度,加大对流域山地、荒漠、沙漠等生态系统功能区保护和修复力度,划定生态红线,确定合理的绿洲开发规模。

结　语

塔里木河流域在地域上包括塔里木盆地周边向心聚流的九大水系和塔里木河干流、塔克拉玛干沙漠及库木塔格沙漠三大区,流域总面积约 $102\times10^4\,km^2$。塔里木河总长 2437km,其中干流长度 1321km。塔里木河是一条纯耗散型河流,塔里木河干流并不产流,主要由其上游的阿克苏河、叶尔羌河和和田河"三源流"补给,因而,干流水量的丰枯完全依赖源流区的来水量。为此,合理、科学调配塔里木河上游"三源流"的水资源利用,对塔里木河干流的生态安全维护乃至整个塔里木河流域的经济发展至关重要。

根据水资源公报,近些年塔里木河流域各项用水中农业用水所占比例达到96%以上,其他用水方式的总和还不到4%,除去林牧渔畜、工业、城镇公共、生活等用水,最后用于生态环境的水量微乎其微。生态用水量的不足导致了源流区下游生态环境恶化,进而导致塔里木河下游生态环境的恶化。有研究表明(姜全生,2002),叶尔羌河流域 10 年平均年来水量为 $80.65\times10^8\,m^3$,灌区实际引水量为 $65.2\times10^8\,m^3$,引水比高达 80.84%。水资源的配置十分单一,主要是农业和灌区生态用水,但对全流域和塔里木河流域的绿洲生态水资源配置不够,造成叶尔羌河下游荒漠生态区供水不足,常年断流,生态恶化。再如阿克苏河流域,该区社会经济的发展、人口迅速增加、耕地面积不断增加,使得流域内耗水量增加。用水结构不合理,农业用水挤占了大量的生态用水,导致了农业用水和生态用水矛盾突出。这不仅造成流域内生态环境脆弱,同时导致了补给干流的水量不断减少,使得干流区(尤其是下游段)的生态环境急剧恶化。和田河、开都-孔雀河等其他河流的水资源的利用存在同样问题(陈亚宁,2011;陈亚宁等,2013)。可以说现在这种发展在很大程度上是以生态环境退化为代价的。

在过去的 10 年里,塔里木河流域"九源一干"的土地利用/覆被状况发生了很大变化,主要表现为绿洲及绿洲边缘的耕地面积的扩大,绿洲外围荒漠化过程加剧。在过去 10 年间(2001-2010 年),塔里木河流

域耕地面积增加近 20%，农业灌溉需水量增加约 $82 \times 10^8 \, \mathrm{m}^3$。灌溉面积的大幅增加，不仅把塔里木河流域综合治理节约出的水和这些年因气温升高、降水增多而新增的水资源全部用掉，并强烈挤占了生态用水，加剧了用水矛盾。同时，为满足新垦荒地的灌溉需求，还进行了大规模地下水开发，导致地下水位大幅下降，生态忧患和潜在风险日益加大。为此，必须尽快实施退耕、减地、还水行动计划（陈亚宁，2014），全面规划，根据不同区域的条件有计划地实施。同时，尽快构建流域生态水权和生态补偿机制，确保流域生态安全和经济社会可持续发展。

参 考 文 献

蔡邦成，温林泉，陆根法. 2005. 生态补偿机制建立的理论思考. 生态经济，1：47-50.

曹学章，董文君，黄强，等. 2011. 白洋淀流域湿地生态水权的实证研究. 资源科学，33(8)：1431-1437.

常柄言，薛松贵，张会言. 1998. 黄河流域水资源的合理分配与优化调度. 郑州：黄河水利出版社.

常云昆. 2001. 黄河断流与黄河水权制度研究. 北京：中国社会科学出版社.

车环平. 2009. 我国生态补偿机制存在的问题及对策. 重庆科技学院学报，(7)：53-54.

陈尉，刘玉龙，杨丽. 2010. 我国生态补偿分类及实施案例分析. 中国水利水电科学研究院学报，8(1)：52-58.

陈亚宁，崔旺诚，李卫红，等. 2003. 塔里木河的水资源利用与生态保护. 地理学报，58(2)：215-222.

陈亚宁，杜强，陈跃滨，等. 2013. 博斯腾湖流域水资源可持续利用研究. 北京：科学出版社：10.

陈亚宁，郝兴明，李卫红，等. 2008. 干旱区内陆河流域的生态安全与生态需水量研究. 地球科学进展，23(7)：723-738.

陈亚宁. 2011. 新疆塔里木河流域生态水文问题研究. 北京：科学出版社.

陈亚宁. 2014. 中国西北干旱区水资源研究. 北京：科学出版社.

丛振涛，倪广恒. 2006. 生态水权的理论与实践. 中国水利，(19)：21-24.

崔琰. 2010. 黑河流域生态补偿机制研究. 兰州大学硕士学位论文.

邓铭江. 2003. 试论塔里木河流域综合治理中的水权管理. 中国水利，专刊：49-52.

郝兴明，陈亚宁，李卫红. 2006. 塔里木河流域近50年来生态环境变化的驱动力分析. 地理学，61(3)：262-272.

何承耕. 2007. 多时空尺度视野下的生态补偿理论与应用研究. 福建师范大学博士学位论文.

何逢标，唐德善. 2007. 塔里木河流域水权管理体系初探. 中国农村水利水电，(3)：34-36.

和莹，常云昆. 2006. 流域初始水权分配. 西北农林科技大学学报(社会科学版)，(3)：112-117.

黄立洪.2013.生态补偿量化方法及其市场运作机制研究.福建农林大学博士学位论文.

江中文.2008.南水北调中线工程汉江流域水源保护区生态补偿标准与机制研究.西安建筑科技大学硕士学位论文.

姜全生.2002.新疆叶尔羌河流域水资源分配与绿洲生态.新疆农业大学学报,25(增刊):62-65.

金高洁,方凤满,高超.2008.构建生态补偿机制的关键问题探讨.生态保护,388(1B):46-48.

金蓉,石培基,王雪平.2005.黑河流域生态补偿机制及效益评估研究.人民黄河,27(7):4-6.

李刚军,李娟,李怀恩,等.2007.基于标度转换的模糊层次分析法在宁夏灌区水权分配中的应用.自然资源学报,22(6):872-879.

李怀恩,尚小英,王媛.2009.流域生态补偿标准计算方法研究进展.西北大学学报(自然科学版),39(4):667-672.

李静云,王世进.2007.生态补偿法律机制研究.河北法学,25(6):108-112.

李俐.2013.中美生态补偿制度比较研究.山东师范大学硕士学位论文.

李文华,李芬,李世东,等.2006.森林生态效益补偿的研究现状与展望.自然资源学报,21(5):677-688.

李晓光,苗鸿,郑华,等.2009.生态补偿标准确定的主要方法及其应用.生态学报,29(8):4431-4440.

李屹峰,罗玉珠,郑华,等.2013.青海省三江源自然保护区生态移民补偿标准.生态学报,33(3):764-770.

李宗礼,冯起,刘光琇,等.2008.基于生态安全的石羊河流域初始水权分配.水利发展研究,(1):46-48.

刘春腊,刘卫东.2014.中国生态补偿的省域差异及影响因素分析.自然资源学报,29(7):1091-1104.

刘丽.2010.我国国家生态补偿机制研究.青岛大学博士学位论文.

刘燕,周庆行.2005.退耕还林政策的激励机制缺陷.中国人口·资源与环境,15(5):104-107.

刘永,郭怀成,黄凯,等.2007.湖泊-流域生态系统管理的内容与方法.长江流域资源与环境,27(12):5352-5360.

麻智辉,李小玉.2012.流域生态补偿的难点与途径.福州大学学报,(6):63-68.

毛显强,钟瑜,张胜.2002.生态补偿的理论探讨.中国人口·资源与环境,12(4):38-41.

欧阳志云,郑华,岳平.2013.建立我国生态补偿机制的思路与措施.生态学报,33(3):6867-6892.

庞淼.2012.后退耕还林时期生态补偿的难点与问题探析.社会科学研究,5:138-141.

乔旭宁,杨永菊,杨德刚.2012.流域生态补偿研究现状及关键问题剖析.地理科学进展,31(4):395-402.

秦大庸,褚俊英,杨柄.2005.做好初始水权分配促进水资源优化配置.中国水利,(13):7-15.

秦艳红,康慕谊.2011.基于机会成本的农户参与生态建设的补偿标准——以吴起县农户参与退耕还林为例. 中国人口·资源与环境, 21(12): 65-68.

苏青, 施国庆, 祝瑞祥. 2001. 水权研究综述. 水利经济, (4): 3-11.

谭秋成. 2009. 关于生态补偿标准和机制. 中国人口·资源环境, 19(16): 1-6.

唐忠辉. 2009. 水权类型化与水权优先权. 行政与法, (6): 105-107.

田圃德. 2004. 水权制度创新及效率分析. 北京: 中国水利水电出版社.

万本太, 邹首民. 2008. 走向实践的生态补偿案例分析与实践探索. 北京: 中国环境科学出版社.

王让会, 于谦龙, 李凤英, 等. 2005. 基于生态水文学的新疆绿洲植被生态需水量研究. 水土保持通报, 25(5): 100-104

吴季松. 2004. 从扎龙湿地补水探讨生态水权问题. 中国水利, (6): 19-21.

吴晓青, 陀正阳, 杨春明, 等. 2002. 我国保护区生态补偿机制的探讨. 国土资源科技管理, 19(2): 18-21.

徐大伟, 刘春燕, 常亮. 2013. 流域生态补偿意愿的 WTP 与 WTA 差异性研究: 基于辽河中游地区居民的 CVM 调查. 自然资源学报, 28(3): 402-409.

徐永田. 2011. 我国生态补偿模式及实践综述. 人民长江, 42(11): 68-72.

杨光梅, 闵庆文, 李文华, 等. 2007. 我国生态补偿研究中的科学问题. 生态学报, 27(10): 4289-4300.

杨丽韫, 甄霖, 吴松涛. 2010. 我国生态补偿主客体界定与标准核算方法分析. 生态经济(学术版), (1): 298-302.

杨晓萌. 2009. 生态补偿机制的财政视角研究. 东北财经大学博士学位论文.

杨欣, 蔡银莺. 2012. 农田生态补偿方式的选择及市场运作——基于武汉市 383 户农户问卷的实证研究. 长江流域资源与环境, 21(5): 591-596.

姚傑宝, 董增川, 田凯. 2008. 流域水权制度研究. 河南: 黄河水力出版社.

雍会, 吴强, 张凤华, 等. 2014. 外部性影响、准公共品分割与塔里木河流域农业开发. 干旱区资源与环境, (2): 44-51.

尤艳馨. 2007. 我国国家生态补偿体系研究. 河北工业大学博士学位论文.

余新晓, 吴岚, 饶良懿, 等. 2007. 水土保持生态服务功能评价方法. 中国水土保持科学, 5(2): 110-113.

禹朴家, 张青青, 樊自立, 等. 2010. 玛纳斯流域生态补偿机制探析. 水土保持通报, 30(5): 191-195.

张建肖, 安树伟. 2009. 国内外生态补偿研究综述. 西安石油大学学报(社会科学版), 18(1): 23-28.

张俊飚, 李海鹏. 2003. "一退两还"中的博弈分析与制度创新. 中国人口·资源与环境, 13(6): 55-58.

张郁, 吕东辉, 秦丽杰. 2003. 基于合约化的水权交易市场分析. 地理科学, 23(1): 118-121.

张志强, 程莉, 尚海洋, 等. 2012. 流域生态系统补偿机制研究进展. 生态学报, 32(20): 6543-6552.

赵翠薇，王世杰.2010.生态补偿效益、标准——国际经验及对我国的启示.地理研究，29(4)：597-606.

赵锐锋，陈亚宁，李卫红，等.2009.塔里木河干流区土地覆被变化与景观格局分析.地理学报，64(1)：95-106.

赵雪雁，董霞，范君君，等.2010.甘南黄河水源补给区生态补偿方式的选择.冰川冻土，32(1)：204-210.

赵玉山，朱桂香.2008.国外流域生态补偿的实践模式及对中国的借鉴意义.世界农业，4(4)：14-17.

郑洲.2008.绿洲生态水权界定及其分配.干旱区资源与环境，22(8)：71-75.

周大杰，董文娟，孙丽英，等.2005.流域水资源管理中的生态补偿问题研究.北京师范大学学报(社会科学版)，5：131-135.

周雪玲，李耀初.2010.国内外流域生态补偿研究进展.生态经济(学术版)，(1)：311-313.

左其亭，周可法，杨辽.2002.关于水资源规划中水资源量与生态用水量的探讨.干旱区地理，25(4)：296-301.

Dasgupta P. 2007. Nature and economy. Journal of Applied Ecology，44：475-487.

Homles T，Alger K，Zinkhan C，et al. 1998. The effect of response time on conjoint analysis estimates of rainforest protection values. Journal of Forest Economics，4(1)：7-28.

Kumar P. 2008. Payment for ecosystem services：emerging lessons. Ecological Economics，4：2-14.

Landell-Mills N，Porras IT. 2002. Silver bullet or fools' gold：a global review of markets for forest environmental services and their impact on the poor. A research report prepared by the International Institute for Environment and Development (IIED)，London.

Loomis JB，Adamowicz WL，Boxall PC，et al. 1996. Measuring general public preservation values for forest resources：evidence from contingent valuation surveys. *In*：Adamowicz W，Boxall P，Luckert M，et al. Forestry，Economics and Environment. Wallingford：CAB International：91-102.

Moxey A，White B，Ozanne A. 1999. Efficient contract design for agri-environment policy. Journal of Agricultural Economics，50(2)：187-202.

Ozanne A，White B. 2007. Equivalence of input quotas and input charges under asymmetric information in agri-environmental schemes. Journal of Agricultural Economics，58(2)：260-268.

Roach B，Wade WW. 2006. Policy evaluation of natural resource injuries using habitat equivalency analysis. Ecological Economics，58(2)：421-437.

Smith RBW. 1995. The conservation reserve program as a least-cost land retirement mechanism. American Journal of Agricultural Economics，77(1)：93-105.

White B. 2002. Designing voluntary agri-environment policy with hidden information and hidden action：a note. Journal of Agricultural Economics，53：353-360.

彩　　图

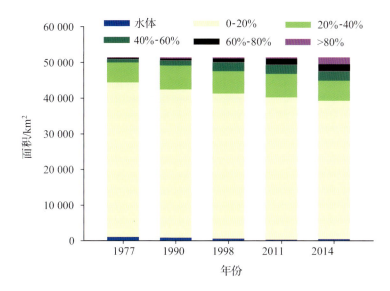

图 1.2　塔里木河干流植被带不同覆盖度等级所占面积

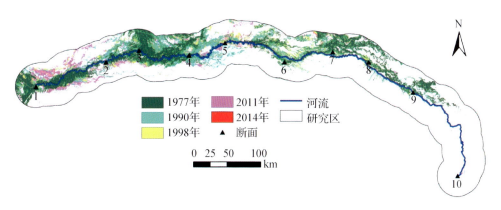

图 1.3　塔里木河干流植被覆盖度＞20％的植被带叠置分析图

1. 肖夹克；2. 沙雅塔里木大桥；3. 新渠满；4. 帕曼水库；5. 英巴扎；6. 喀尔曲尕水库；
7. 罗布人村寨；8. 恰拉；9. 大西海子水库；10. 台特玛湖

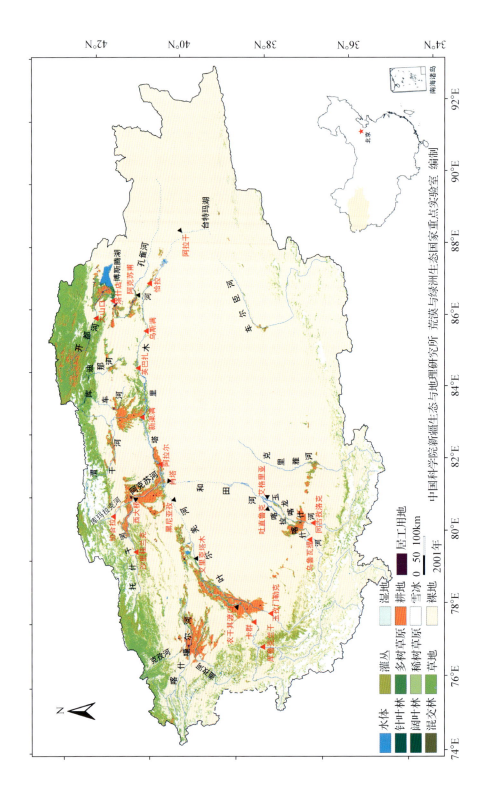

中国科学院新疆生态与地理研究所 荒漠与绿洲生态国家重点实验室 编制

2001年

水体　灌丛
针叶林　多树草原
阔叶林　稀树草原
混交林　草地

湿地
耕地
雪水 0 50 100km
裸地

居工用地

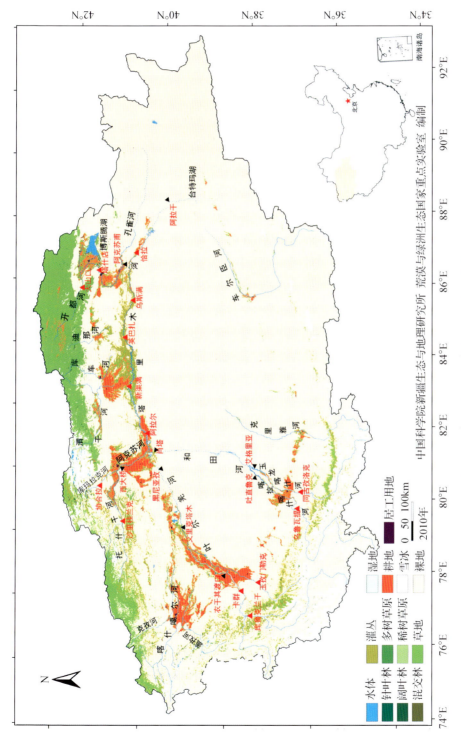

图 2.1 塔里木河流域土地利用分类图

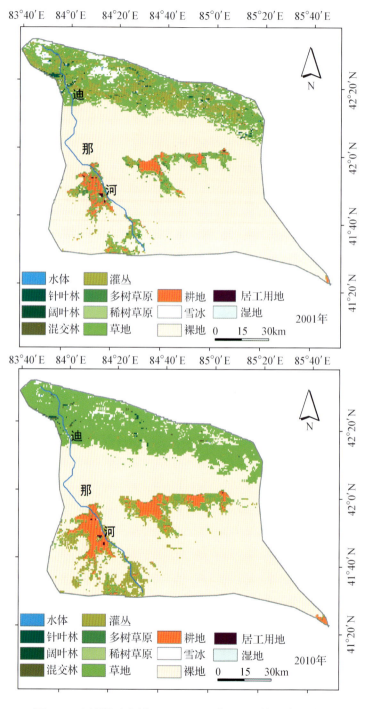

图 2.9 迪那河流域 2001-2010 年土地利用类型变化

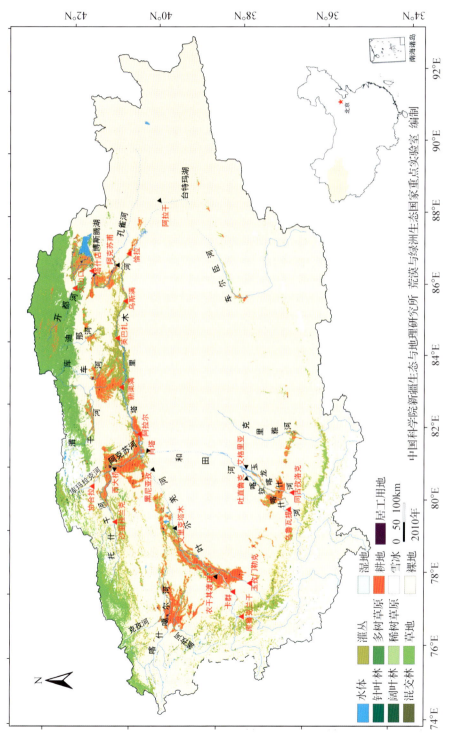

图 2.1 塔里木河流域土地利用分类图

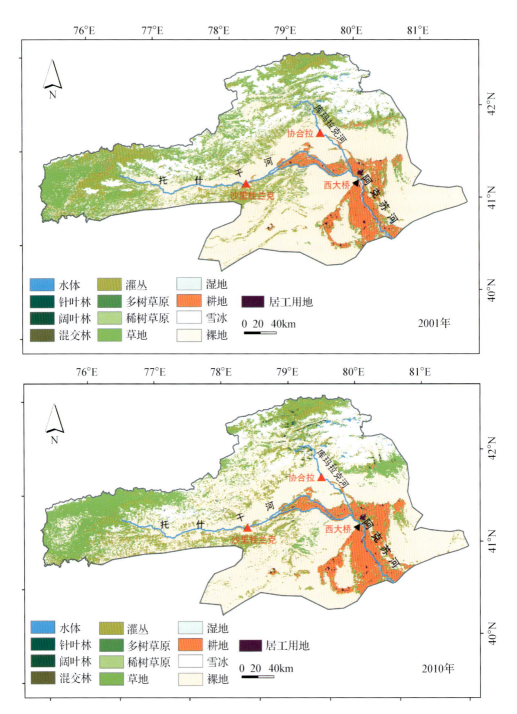

图 2.3　阿克苏河流域 2001-2010 年土地利用类型变化

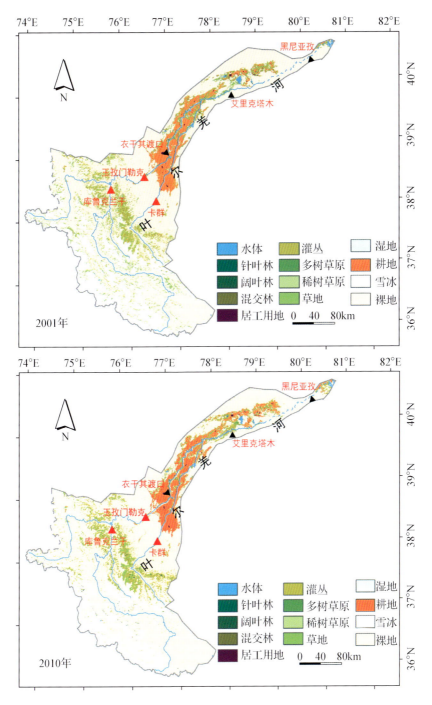

图 2.4　叶尔羌河流域 2001-2010 年土地利用类型变化

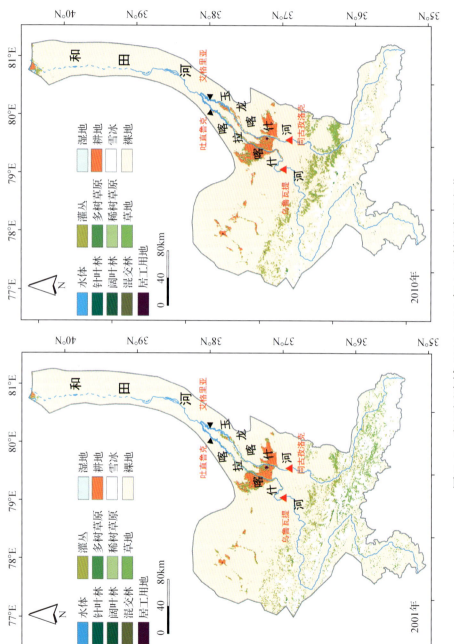

图 2.5 和田河流域 2001-2010 年土地利用类型变化

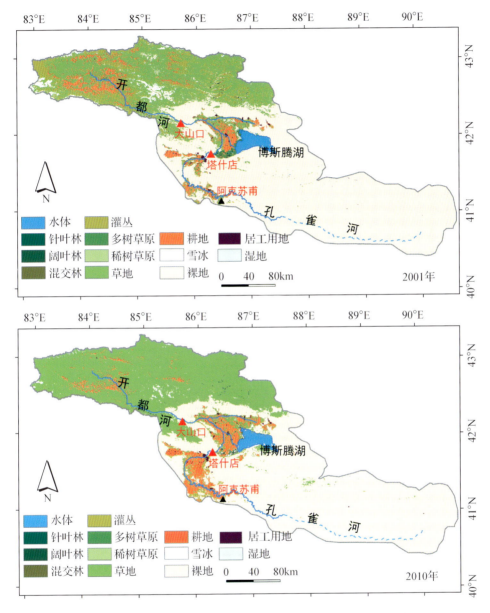

图 2.6　开都-孔雀河流域 2001-2010 年土地利用类型变化

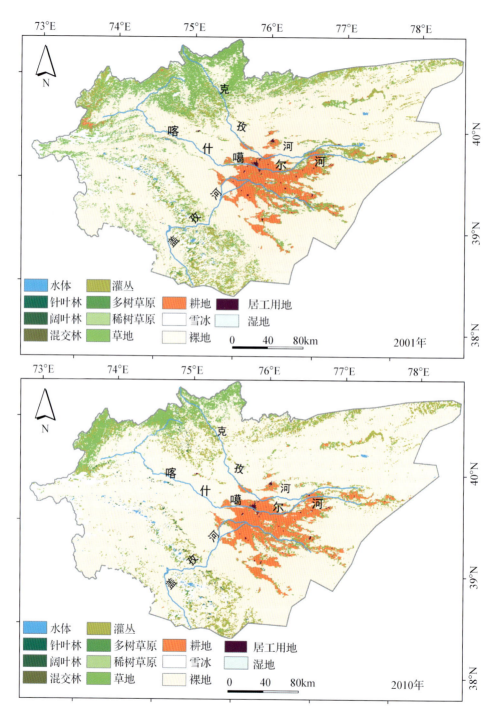

图 2.7　喀什噶尔河流域 2001-2010 年土地利用类型变化

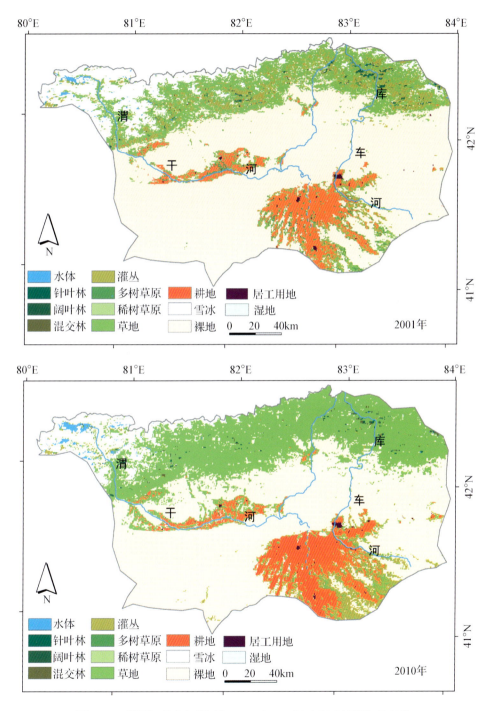

图 2.8　渭干-库车河流域 2001-2010 年土地利用类型变化

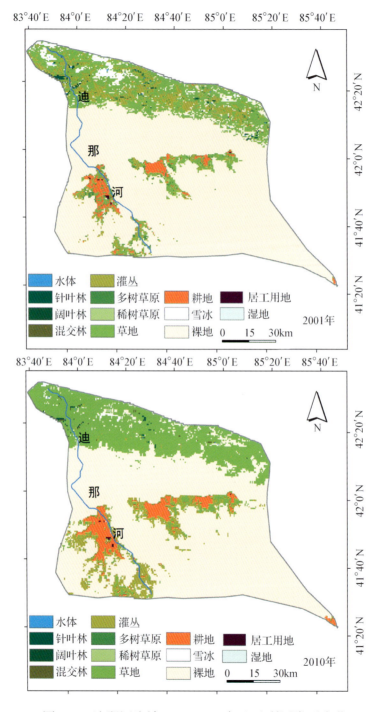

图 2.9 迪那河流域 2001-2010 年土地利用类型变化

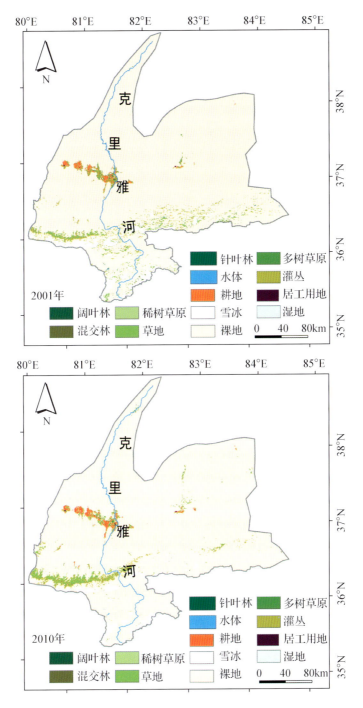

图 2.10　克里雅河流域 2001-2010 年土地利用类型变化

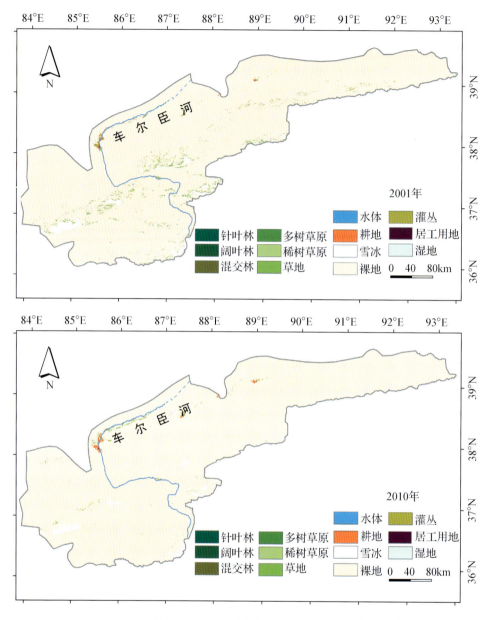

图 2.11　车尔臣河流域 2001-2010 年土地利用类型变化

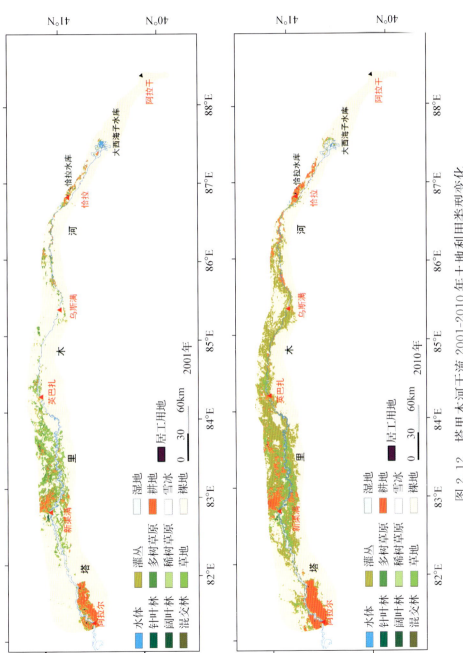

图 2.12　塔里木河干流 2001-2010 年土地利用类型变化

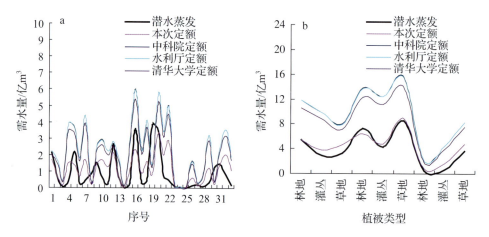

图 4.11　不同定额指标计算的干流生态需水量与文献数据对比分析

a. 不区分指标类型按统计条目计算；b. 按植被类型计算

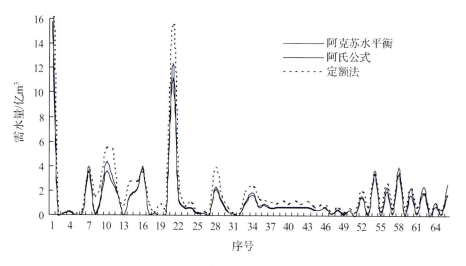

图 4.12　三种公式计算结果的一致性对比

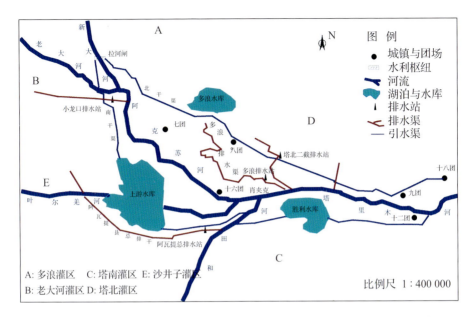

图 6.1　阿克苏河流域平原区主要灌区与农业灌溉回排干渠位置示意图